国家社会科学基金一般项目（21BZZ012）
天津市教委社会科学重大项目（19JWZD005）
研 究 成 果

创新中的安全

西方主要国家科技保密政策比较研究

SECURITY IN INNOVATION

A COMPARATIVE STUDY OF SCIENCE AND TECHNOLOGY SECRECY POLICIES IN MAJOR WESTERN COUNTRIES

陆明远　冯　楠 ◎ 著

中国社会科学出版社

图书在版编目（CIP）数据

创新中的安全：西方主要国家科技保密政策比较研究 / 陆明远等著. —北京：中国社会科学出版社，2022.9
ISBN 978 - 7 - 5227 - 0457 - 9

Ⅰ. ①创… Ⅱ. ①陆… Ⅲ. ①科学技术—保密—政策—对比研究—西方国家 Ⅳ. ①G321

中国版本图书馆 CIP 数据核字（2022）第 118048 号

出 版 人	赵剑英
责任编辑	张　林
特约编辑	张冬梅
责任校对	冯英爽
责任印制	戴　宽

出　　版	中国社会科学出版社
社　　址	北京鼓楼西大街甲 158 号
邮　　编	100720
网　　址	http://www.csspw.cn
发 行 部	010 - 84083685
门 市 部	010 - 84029450
经　　销	新华书店及其他书店
印　　刷	北京明恒达印务有限公司
装　　订	廊坊市广阳区广增装订厂
版　　次	2022 年 9 月第 1 版
印　　次	2022 年 9 月第 1 次印刷
开　　本	710 × 1000　1/16
印　　张	22.25
插　　页	2
字　　数	336 千字
定　　价	118.00 元

凡购买中国社会科学出版社图书，如有质量问题请与本社营销中心联系调换
电话：010 - 84083683
版权所有　侵权必究

序　言

"科技立则民族立，科技强则国家强。"当今世界正处于新一轮科技革命中，新兴科技极大地改变了人类生产方式，成为各国综合国力增长的主要推动力。近年来，中国对新兴技术的重视程度空前提升，已经将科技创新视为国家竞争力的核心因素，在这一背景下，国家发展、科技进步、科技安全进一步融合，具有极为重要的战略地位。

第一，中国的国家科技实力稳步提升，已经成为推动国家现代化的核心力量。习近平总书记指出："科学技术从来没有像今天这样深刻影响着国家前途命运，从来没有像今天这样深刻影响着人民幸福安康。我国经济社会发展比过去任何时候都更加需要科学技术解决方案，更加需要增强创新这个第一动力。"两百多年以来，三次科技革命彻底改变了人们的生产和生活方式，也不断影响着国际局势的变化发展，回顾中国的近现代发展经验教训，在第一次和第二次科技革命中的封闭落后令中国错失了发展机遇，甚至一度丧失了国家主权。中华人民共和国成立后，国家抓住第三次科技革命的机遇，极大地推动了社会生产力的发展，国家综合国力和国际影响力不断提升。可见，每当新一轮科技革命来临时，一个国家如果能够强占先机，率先在某些重要科技领域产生突破，进而引领整个科技革命，就能极大地提升其综合国力，从而成为改变既有世界格局的重要力量。因循守旧只会错失机遇，掌握核心科技、提高创新能力并及时将科技成果应用到实际中产生经济效益，以科技带动经济发展、以科技维护国家安全，并利用国家实力继续推动科技创新发展，实现科技与成果相互促进的良性循环，才能为国家发展提供源源不竭的动力。

第二，国家科技安全已经成为国家安全的重要组成部分。"安而不忘危，存而不忘亡，治而不忘乱。"改革开放四十多年来，我国科学技术事业发展迅速。尽管取得了丰硕的成果，但目前在科技领域，重发展轻安全的思想普遍存在。管理层面上，国家科技安全预警、监测和管理体系建设处于起步阶段，识别、防控和应对科技安全问题能力还十分薄弱，科技引发的伦理、生命、生态、环境等领域的新问题时常发生。当前我国科技安全面临着外部威胁和内部威胁，其中外部威胁主要是部分西方发达国家对我国科学技术进行遏制，由于国家间的竞争以及意识形态的分歧，部分发达国家把我国当作假想敌，在政府层面对我国实行技术遏制，以技术专利垄断市场，通过技术标准优势加强技术壁垒。西方发达国家的跨国公司为了防止技术应用扩散，在向我国进行技术转移时采取技术保护措施，对我国实行技术封锁。此外，某些西方发达国家利用其科技优势推行霸权主义，利用其主导地位不断加强科技优势，并以此推行政治、经济、文化霸权，导致我国科技安全长期面临不利态势。

第三，科技保密已经成为实现国家科技安全的主要抓手。保密工作是没有硝烟的战场，科技秘密历来是敌对势力和竞争对手窃取的重要目标。长期以来，国际上围绕科技秘密的保密与窃密斗争尖锐激烈，各国在强化对自身先进科技成果保护的同时，想方设法通过各种手段和途径获取别国的先进科学技术，以加大本国的发展潜力和核心竞争力。个别西方大国大搞单边主义，实行贸易保护政策，封锁高科技产品与技术的交流合作，千方百计地遏制和打压我国科学技术发展，对全球科技发展形势带来诸多不确定因素。随着我国创新驱动发展战略的深入实施和经济实力不断增强，创新水平和科技实力大幅提升，科技支撑和引领经济社会发展的作用愈加突出，针对我国科技领域的窃密活动愈加频繁，科技秘密的重要性和加强科学技术保密工作的必要性愈加显著。信息技术快速发展，办公自动化广泛普及，大数据、物联网、人工智能等新技术、新应用、新业态发展强劲。涉密主体日趋多元，国际科技合作领域扩大，科技人员跨国界流动加速，科技创新和成果转化节奏加快。保密与窃密的斗争已经逐步成为高新技术的攻防和对抗，失泄密风险急剧扩大，科学技术保密工作面临着日益复杂的环境。因此，加强科技保密体系建设，提高科技保密能力，对于维护国家科技安全具有重要的战略意义，各方必须提高认识，保持清醒，自觉从维护国家安全和利益的高度出发，切实重视和做好科学技术保密工作。

在国家科技安全面临历史机遇与风险的关键时期，本书根据当今世界格局下各个国家和地区的综合实力和政策制度的典型性，选择美国、英国、俄罗斯和日本作为主要研究对象，作为典型发达国家，这些国家各自具有不同的特点，同时对我国科技保密工作有许多可借鉴之处。

首先，综合分析科技发达国家科技保密的相关法律法规及标准规范。近些年来，美英俄日等国先后出台了一系列保密相关法律法规，细化保密管理，以一种更细致的方式保护科技。通过梳理四国科技保密的相关法律法规及标准规范，研究四国科技保密机制，从组织机构、责任体系、获取与传播方式、注册表的制定，敏感信息的认定、目录编制、标注标识、解除控制以及教育培训等方面深入研究四国科技保密管理体系。

其次，深度探索科技发达国家科技保密的定密解密管理机制。目前我国已有的科技信息保护研究仅限于知识产权及其对创新的影响，其主要制度性安排包括知识产权制度和国家保密制度，相关的研究亟待更新。本专著致力于研究科技信息定密解密管理机制，运用保密手段，在科技安全的基础上促进科技发展。

最后，全面研究科技发达国家科技保密的全流程机制。本研究深度关注培训检查等实务层面，科技保密工作是由无数细节构成的，具有极其明显的短板效应，需要对信息进行全流程的梳理和管控，流程中的很多细节如培训、检查等具体工作虽然具体，但对科技信息安全的作用非常重要。为此，详细梳理这些具体工作的细节能够对我国相关工作起到重要的参考作用。

古语云："不拒众流，方为江海。"国家科技事业的发展离不开方方面面的支持。该专著的问世正逢其时，能够在一定程度上满足目前对于西方国家科技保密管理实务知识的需求，并能够直接应用于宣教、科研等工作中。该书作者陆明远同志及天津大学国家保密学院作为国内较早投身保密科研的人员单位，从事保密相关科研教学工作十余年，并具有政府、企业、国际交流等丰富经历，上述这些要素共同促成了该书的完成，期待能够早日与社会各界见面，为建设国家贡献绵薄之力！

马寿峰

天津大学国家保密学院

2021 年 12 月

目 录

第1章 总论 (1)
1.1 国际安全形势与国家安全政策 (2)
 1.1.1 当前国际安全形势 (2)
 1.1.2 典型西方国家安全政策 (6)
 1.1.3 我国国家安全政策 (13)
1.2 传统安全与非传统安全 (14)
 1.2.1 传统安全 (14)
 1.2.2 非传统安全 (15)
 1.2.3 传统安全与非传统安全的关系 (17)
1.3 科技对国际战略格局变化的影响 (20)
 1.3.1 三次科技革命对国际格局的影响 (20)
 1.3.2 科技给中国带来的挑战和机遇 (31)
 1.3.3 关于科技安全的研究 (34)

第2章 核心概念和比较标准 (36)
2.1 科技信息与科技领域 (36)
 2.1.1 科学和技术的区别与联系 (36)
 2.1.2 科技信息 (38)
 2.1.3 科技领域 (40)
 2.1.4 科技管理 (41)
2.2 科技安全概念的内涵与外延 (43)
 2.2.1 总体国家安全观是科技安全的指导框架 (43)
 2.2.2 科技安全是国家安全的重要组成部分 (45)

2.2.3　科技安全是国家安全的坚强保障 …………………… (48)
　2.3　科技领域保密工作的分类与重点 ……………………………… (49)
　　2.3.1　秘密及其分类 …………………………………………… (49)
　　2.3.2　国家科学技术秘密的定义与存在形式 ………………… (52)
　　2.3.3　科技保密工作 …………………………………………… (54)
　　2.3.4　商业秘密、知识产权与科技秘密的关系 ……………… (56)
　2.4　保密与科技保密的区别与联系 ………………………………… (59)
　　2.4.1　科技保密是保密工作的重要组成部分 ………………… (59)
　　2.4.2　科技保密工作必须立足科技领域 ……………………… (61)
　2.5　研究方法与比较标准 …………………………………………… (63)
　　2.5.1　分析方法 ………………………………………………… (63)
　　2.5.2　具体研究方法 …………………………………………… (66)
　　2.5.3　比较标准 ………………………………………………… (67)

第3章　世界主要国家保密政策概览 ……………………………… (72)

　3.1　美国保密工作概况 ……………………………………………… (72)
　　3.1.1　保密相关法律法规 ……………………………………… (72)
　　3.1.2　组织机构 ………………………………………………… (74)
　　3.1.3　涉密人员 ………………………………………………… (75)
　　3.1.4　现行政策 ………………………………………………… (75)
　　3.1.5　美国总体保密工作的特点 ……………………………… (77)
　3.2　英国保密工作概况 ……………………………………………… (78)
　　3.2.1　保密相关法律法规 ……………………………………… (78)
　　3.2.2　组织机构 ………………………………………………… (79)
　　3.2.3　涉密人员 ………………………………………………… (81)
　　3.2.4　英国总体保密工作的特点 ……………………………… (82)
　3.3　俄罗斯保密工作概况 …………………………………………… (84)
　　3.3.1　保密相关法律法规 ……………………………………… (84)
　　3.3.2　组织机构 ………………………………………………… (86)
　　3.3.3　涉密人员 ………………………………………………… (86)
　　3.3.4　俄罗斯总体保密工作的特点 …………………………… (88)

3.4 日本保密工作概况 …………………………………………… (89)
　3.4.1 保密相关法律法规 ………………………………………… (89)
　3.4.2 组织结构 …………………………………………………… (91)
　3.4.3 组织保密工作具体内容 …………………………………… (92)
　3.4.4 日本总体保密工作的特点 ………………………………… (101)

第4章 美国科技保密工作体制 …………………………………… (105)

4.1 美国科技计划的全过程管理 …………………………………… (105)
　4.1.1 美国科技管理体制 ………………………………………… (106)
　4.1.2 科技计划与预算制订体系 ………………………………… (107)
　4.1.3 美国科技计划的管理过程 ………………………………… (109)
4.2 美国科技项目管理模式 ………………………………………… (111)
　4.2.1 科技项目管理类型 ………………………………………… (113)
　4.2.2 科技项目管理的基本模式 ………………………………… (113)
　4.2.3 美国重大科技项目的管理方式 …………………………… (114)
　4.2.4 国防部 DARPA 项目经理人制度 ………………………… (115)
4.3 军事科技保密管理 ……………………………………………… (116)
　4.3.1 美国国防科技管理 ………………………………………… (117)
　4.3.2 国防部涉密信息类别 ……………………………………… (125)
　4.3.3 美国国防部科技信息保密工作 …………………………… (127)
　4.3.4 美国军事科技保密特点 …………………………………… (141)
4.4 美国基础研究安全保密 ………………………………………… (143)
　4.4.1 基础研究安全的定义 ……………………………………… (143)
　4.4.2 影响美国基础研究安全的方式 …………………………… (144)
　4.4.3 保护美国基础研究安全的方法 …………………………… (147)
4.5 国家工业安全计划 ……………………………………………… (150)
　4.5.1 美国工业安全许可制度 …………………………………… (151)
　4.5.2 机构安全许可 ……………………………………………… (153)
　4.5.3 人员安全许可 ……………………………………………… (155)
4.6 美国能源部对承包商的要求 …………………………………… (158)
　4.6.1 CRD 的概念 ………………………………………………… (158)

4 / 创新中的安全

  4.6.2 CRD 实例 …………………………………………… (159)
 4.7 典型案例 ………………………………………………… (161)
  4.7.1 著名科学家因涉嫌间谍、欺诈和税款被判
    入狱 13 年 ……………………………………… (161)
  4.7.2 美俄双重国籍公民向俄罗斯军方非法出口
    受管制技术 ……………………………………… (163)
  4.7.3 前承包商试图向伊朗输送美国军事技术 ………… (165)

第 5 章　英国科技保密工作体制 ……………………………… (169)
 5.1 英国科技计划的全过程管理 …………………………… (170)
  5.1.1 英国科技计划的发展历程 ……………………… (170)
  5.1.2 英国科技计划的管理体制 ……………………… (172)
  5.1.3 英国科技计划的制定 …………………………… (178)
  5.1.4 英国科技计划的实施 …………………………… (180)
  5.1.5 英国科技计划的评估 …………………………… (181)
 5.2 英国科技项目管理模式 ………………………………… (185)
  5.2.1 英国科技项目管理体制 ………………………… (185)
  5.2.2 英国科技项目的全过程管理 …………………… (187)
 5.3 国防部科学技术战略 …………………………………… (190)
  5.3.1 摘要 ……………………………………………… (192)
  5.3.2 地缘政治环境 …………………………………… (193)
  5.3.3 了解未来 ………………………………………… (193)
  5.3.4 做出正确决策 …………………………………… (194)
  5.3.5 抓住机会 ………………………………………… (197)
  5.3.6 战略实施和进度监督 …………………………… (201)
  5.3.7 更广泛背景下的国防部科技战略 ……………… (202)
 5.4 X 清单制度 ……………………………………………… (202)
  5.4.1 "X 清单"及"X 清单"承包商的定义 ………… (202)
  5.4.2 "X 清单"资格获取 ……………………………… (202)
  5.4.3 网络安全模型(CSM) …………………………… (204)
  5.4.4 "X 清单"承包商的安全要求 …………………… (206)

第6章 俄罗斯科技保密工作体制 (233)

6.1 俄罗斯科技项目管理模式 (234)
- 6.1.1 俄罗斯科技管理体制 (234)
- 6.1.2 俄罗斯科技项目的资金资助来源——基金会 (236)

6.2 俄罗斯科技成果转化服务模式 (240)
- 6.2.1 俄罗斯科技创新政策 (240)
- 6.2.2 俄罗斯科技成果转化服务模式 (243)
- 6.2.3 俄罗斯科技成果转化服务模式的保障措施 (245)
- 6.2.4 俄罗斯技术转移中心 (247)

6.3 俄罗斯的国家科技安全 (250)
- 6.3.1 科技安全的基础保障——科技创新能力 (251)
- 6.3.2 科技安全的法制保障——科技法规制度 (253)
- 6.3.3 科技安全的环境保障——科技环境安全 (253)
- 6.3.4 俄罗斯现有科技成果与科技成果对国家安全的重要性 (256)

6.4 俄罗斯军事科技保密体制 (258)
- 6.4.1 俄罗斯保密工作总体概述 (259)
- 6.4.2 俄罗斯军事科技保密工作的重点 (260)
- 6.4.3 俄罗斯进行军事科技保密工作的措施 (262)
- 6.4.4 军事领域科技秘密保护的特点 (273)

第7章 日本科技保密工作体制 (276)

7.1 日本科技计划的全过程管理 (276)
- 7.1.1 日本科技政策的发展历程 (276)
- 7.1.2 日本科技计划的管理体系 (279)
- 7.1.3 日本科技计划的预算组织实施机制 (282)

7.2 日本科技创新模式 (284)
- 7.2.1 日本科技创新模式的演变 (284)
- 7.2.2 颠覆性技术创新计划(ImPACT) (288)
- 7.2.3 "登月(Moonshot)型"研发制度 (292)

7.3 日本科技保密管理法律法规 (296)

7.3.1　特定科技秘密 …………………………………………（297）
　　7.3.2　防止不正当竞争 ………………………………………（297）
　　7.3.3　关键技术保护 …………………………………………（299）
　　7.3.4　对外经济贸易 …………………………………………（301）
　　7.3.5　军事防卫 ………………………………………………（302）
　7.4　日本科技保密五项原则 ………………………………………（303）
　　7.4.1　有助于"接近控制"的措施 ……………………………（304）
　　7.4.2　有助于"取出困难"的措施 ……………………………（306）
　　7.4.3　有助于"确保可视性"的措施 …………………………（309）
　　7.4.4　有助于"提高对机密信息的认识"的措施 ……………（312）
　　7.4.5　有助于"维持/增进信任"的措施 ……………………（315）
　7.5　利用商业秘密保护科技信息 …………………………………（316）
　　7.5.1　利用商业秘密保护科技信息的科技体系原因 ………（316）
　　7.5.2　利用商业秘密保护科技信息的保密体系原因 ………（316）

第8章　西方国家科技保密的总结与思考 ……………………（320）

　8.1　西方科技保密工作的现状及特点 ……………………………（320）
　　8.1.1　科技保密制度逐步建立 ………………………………（320）
　　8.1.2　科技保密职责日趋明晰 ………………………………（321）
　　8.1.3　科技保密服务逐渐细化 ………………………………（322）
　　8.1.4　科技保密手段不断升级 ………………………………（323）
　　8.1.5　科技保密要求日趋严格 ………………………………（323）
　　8.1.6　科技项目管理逐渐清晰 ………………………………（324）
　8.2　西方科技保密的变化及趋势 …………………………………（324）
　　8.2.1　设立秘密分水岭，无须审查即可解密 …………………（324）
　　8.2.2　重视科学与技术，科技顾问首进内阁 …………………（325）
　　8.2.3　审视投入产出比，政策推行仍有摇摆 …………………（326）
　　8.2.4　跨部门同步目标，保护关键基础设施 …………………（326）
　　8.2.5　科技安全政治化，"中国倡议"史无前例 ………………（327）
　　8.2.6　保密与科研融合，规范保密责任落实 …………………（327）
　　8.2.7　鼓励定密异议权，促进定密自我校正 …………………（328）

8.2.8　定密系统精简化,建议采用两层密级 …………………… (328)
　　8.2.9　流程技术现代化,减少人工定密解密 …………………… (329)
 8.3　西方科技保密的借鉴与启示 ……………………………………… (330)
　　8.3.1　及时研判国际变化,顶层谋划保密战略 ………………… (330)
　　8.3.2　制度文化共同发力,全面保护敏感信息 ………………… (331)
　　8.3.3　操作层面细化要求,切实提高可操作性 ………………… (332)

参考文献 ………………………………………………………………… (334)

后　记 ………………………………………………………………… (339)

第 1 章

总　　论

章首开篇语

21 世纪以来，在经济全球化的背景下，国际安全形势跌宕起伏，各类风险叠加交错，传统安全问题与非传统安全问题相互影响、相互转换，给全球国家治理带来新的挑战。自特朗普就任总统后，美国政府不断强化单边主义，推行强权政治和大国竞争政策，致使局部冲突加剧，诸多国际安全架构遭受冲击，国际安全合作遭遇严重阻碍。如今全球科技不断革新，国家科学技术发展的水平，日益成为其国际竞争的核心领域，在相当程度上决定了一个国家在世界格局中的地位。面对动荡失序的世界，国际社会需要凝聚广泛共识，积极推进安全合作，寻找化解冲突和紧张局势纷争的有效办法，共同推动人类发展事业稳步前进。

本章重点问题

- 国际安全形势与国家安全政策
- 传统安全与非传统安全的关系
- 科技对国际战略格局变化的重大作用

引导案列

科技霸权——美国出口管制"实体清单"

"实体清单"是美国商务部工业与安全局用于对两用物项（军民两用

的敏感物项和易制毒化学品）进行管制的工具，美国以维护其国家安全利益为由，利用实体清单实施科技霸权，限制高科技产品和技术的输出，并对其他国家进口美国技术实施严格监控。

实体清单就像是一份美国贸易对象的黑名单，在实体清单上的企业和实体将会遭到美国的技术封锁，并从国际供应链上除名。美国的《出口管理条例》中虽然提供了申请取消的程序，但实际上，被列入清单的企业基本上无法通过从名单上除名的申请，也就意味着实体清单上的企业根本无法获得《出口管理条例》中所列出的任何技术和产品。

自1997年起，世界各国的多家企业先后被列入美国"实体清单"。2018年以来，美国对中国敌意加剧，罔顾国际法规，公然挑起对华"贸易战"，先后将中国技术进出口集团有限公司、海康威视、华为以及哈尔滨工业大学等多家中国企业和机构列入实体清单，其目的不言而喻，那便是限制中国军事和科技力量发展，稳固其超级大国地位，继续实行美国在全球的霸权。

科技日益成为国际竞争的核心领域，也是一个国家安定发展的保障力量。随着中美科技领域的脱钩，我国非独立自主的技术领域风险日益增加，补足科技短板刻不容缓，只有将关键核心技术掌握在自己手中，保障好国家科技安全，才能实现总体国家安全，实现真正的长治久安。

（资料来源：腾讯网有改动）

1.1 国际安全形势与国家安全政策

1.1.1 当前国际安全形势

进入21世纪以来，全球迎来了前所未有的快速发展，而随着经济社会的全面进步，世界也正面临着不同以往的多样化风险。2019年我国《新时代的中国国防》白皮书中指出，当今世界正经历百年未有之大变局，世界多极化、经济全球化、社会信息化、文化多样化深入发展，和平、发展、合作、共赢的时代潮流不可逆转，但国际安全面临的不稳定性不确定性更加突出，世界并不太平。而在2020年年初，突如其来的新冠肺炎疫情席卷全球，给全球政治带来了全方位冲击，国际安全形势出现明显的波折起伏，各种风险交错叠加，为全球带来了更大的挑战。

纵观全球政治生态，如今国际安全形势呈现出如下几个特点：

1. 总体和平局面保持，军备竞争持续升温

作为唯一的超级大国，美国近年来不断调整国家安全战略和国防战略，大幅增加军费投入，重点发展所谓能够改变战局的颠覆性技术，持续增加在研发和试验方面的投入，更新换代和部署新型武器装备，如F-35战机、滨海战斗舰、新型鱼雷等，同时加快提升核、太空、网络、导弹防御等领域的能力，对全球战略局势的稳定造成了损害。奉行单边主义的美国还推崇大国竞争策略，其他各个大国加紧应对美国军事科技动态，增强自身战略威慑与反威慑能力。作为唯一能在军事上与美国相抗衡的国家，俄罗斯以发展非对称和强威慑战斗力为依托，将新一代战机、无人作战系统、隐形化智能武器和全球导航定位系统作为军队装备优先发展的项目，强化核、非核战略遏制能力，努力维护战略安全空间和自身利益。欧盟独立维护自身安全的倾向增强，加快推进安全和防务一体化建设。北约持续扩员，加强在中东欧地区军事部署，频繁举行军事演习。

在新冠肺炎疫情笼罩下，主要国家并没有放慢科技创新的步伐，推动关键领域和关键技术的快速发展，尤其聚焦信息技术、太空存在、战略威慑与反威慑等领域。值得注意的是，新冠肺炎疫情引起了全球对于生物领域的关注，新兴生物技术的发展正在带来全球生物安全态势的深刻变革，生物学与其他领域新兴技术的交叉融合增加了生物武器扩散的危险。

综合来看，目前世界总体和平与稳定的大局未变，大国关系既有对抗性和摩擦性加剧的一面，也有竞争性接触、选择性合作维持的一面，尽管军备竞争不断加深、科技创新持续提速，但大国间仍然守住了不发生军事冲突和战争的底线。

2. 局部紧张态势频发，地缘博弈冲突不断

历史上，中东一直是大国争夺的焦点地区，也是地缘政治矛盾比较集中的热点地区。当前叙利亚内战已经基本结束，美军撤出了在叙利亚的主要力量，但还保有几个军事基地，可能继续施加一定影响。俄罗斯在结束叙利亚内战的进程中发挥了关键作用，并且在疫情下继续拓展影响力，已成为中东地区重要平衡力量。伊朗、以色列、土耳其、沙特等国也在地区安全中十分活跃，频繁采取军事行动，共同推进中东地缘态势的演变。美

国退出伊朗核问题全面协议，恢复并不断加码对伊朗制裁，已对欧亚大陆地缘战略关系形成长期影响。2020年伊朗伊斯兰革命卫队"圣城旅"总司令苏莱曼尼被美国暗杀，使得继续阻止伊朗发展核武器变得非常困难，中东地区形势一度出现严重紧张局面。

疫情下，美国没有放松在俄罗斯周边的军事部署，持续从北极、中东欧和黑海三个方向加强对俄罗斯的军事侦察和遏制行动，持续向俄罗斯施压。

长期以来，中国坚持以利益增量的方式发展与周边国家的关系，推动利益共同体、命运共同体构建，使周边地区安全局势出现趋稳态势。2020年，中美在西太平洋地区地缘博弈的基本形式已经发生改变，美国已逐渐从在幕后支持纵容与中国存在争端的地区国家制造麻烦转向直接向中国施压，加紧实施印太战略，加大军事力量进入南海的力度，拉拢其盟友和伙伴加入"巡航"，使得南海方向出现了发生军事摩擦的风险。印度对华政策出现倒退，引发中印边界一度陷入紧张局势。

朝鲜半岛局势没有出现大的波动，但也没有走出重要敏感时期。为避免半岛局势出现重大反复，政治解决半岛问题的紧迫性进一步上升。

3. 安全问题复杂交织，国际合作遭遇挫折

近年来，除军事和政治斗争问题外，难民危机、金融危机、恐怖主义等也日趋严重，成为新的国际热点安全问题。

在整个中东，国际恐怖主义治而未绝。在"阿拉伯之春"过去整整十年后，地区局势更加混乱，极端主义死而不僵、内乱得不到平息、大量难民流离失所。叙利亚反恐怖主义斗争虽然取得很大战绩，但并未铲除极端组织生存的政治土壤。而在拉丁美洲，智利、厄瓜多尔、玻利维亚等国相继深陷政治斗争激化、治理难题凸显的窘境。

在新冠肺炎疫情的冲击下，西方国家经济社会发展也遭遇瓶颈，美国社会进一步撕裂，种族矛盾上升、极端主义抬头。美国财政赤字达到空前水平，这不仅意味着美元贬值的压力陡增，也给全球金融体系带来了难以预测的风险。国际金融风险意味着全球经济可能面临严重下行，而经济困难又必然导致更多安全挑战。欧洲经济因疫情受到严重拖累，同时面临难民危机，以及难民进入欧洲以后带来的欧洲安全形势恶化问题，犯罪率上升，恐怖主义事件时有发生。

在疫情问题上，欧盟虽然展现出团结的一面，承诺要采取协调一致的行动以挽救经济，但各国政府应对措施不一，分歧不断，英国完成"脱欧"进程也令欧洲一体化进程遭到严重冲击。应对类似新冠肺炎疫情这类波及广泛的重大危机，不能缺少广泛的国际合作，然而内部事务缠身的美国单方面宣布退出多个国际组织，不断削减长期以来自身所承担的国际责任，致使国际合作面临重重困难，国际安全治理供求失衡进一步加剧。

案例1—1

国际安全风向标——大国军事对抗

2020年，大国竞争作为国际政治的主基调更加凸显，美俄不顾全球疫情处于暴发态势，积极谋局布势，掀起了更为激烈的军事对抗，使得双方军事对抗的风险进一步加剧，也对全球安全与稳定构成了严峻的挑战。

美国以《国家安全战略》《国防战略》等文件为指导，面对不确定性激增的战略环境，更加聚焦大国竞争，强调以"美国优先"重塑国际秩序与大国格局，通过前沿部署、抵近侦察、武力炫耀等方式频频向俄罗斯施压示强。2020年5月29日，美国出动2架B-1B"枪骑兵"战略轰炸机，前往欧洲及黑海地区执行长程战略轰炸机特遣队任务，并在黑海上空演练了对俄发动空袭的作战流程；6月3日，美国空军出动4架B-52轰炸机，飞至俄罗斯附近的北极地区上空，执行了穿越北极地区飞往欧洲的远航训练任务；8月18日和19日，美国连续两天出动P-8A"海神"巡逻机和RC-135战略侦察机，同时出现在黑海和波罗的海上空，抵近俄边界进行侦察活动。

此外，两国军事对抗领域也在不断拓展，从天空、水面向太空、水下发展。8月25日，美军"海狼"号核潜艇罕见亮相，停靠在挪威北部港口城市特罗姆瑟，而与挪威海紧邻的巴伦支海，是俄海军北方舰队弹道导弹核潜艇和攻击型核潜艇的主要活动区域，对俄施压意图明显。11月17日，美军利用宙斯盾驱逐舰试射标准-3IIA反导拦截弹，成功拦截了洲际导弹。而随着美国退出《中导条约》后，双方在反导领域的对抗还将进一步升级。

面对美国咄咄逼人的军事挑衅，俄罗斯也毫不示弱，选择了第一时间的对等报复。6月10日，针对美军B-52战略轰炸机在俄边境地区模拟对俄北极军事设施实施大规模核打击的挑衅举动，俄迅速派出了4架图-95战略轰炸机飞临美国边境，演练摧毁美阿拉斯加军事设施课目；8月27日，针对美核潜艇在俄附近领海挑衅，俄"鄂木斯克"号核潜艇也随即在美国阿拉斯加附近"冒头"；在反导领域，俄罗斯则针对性强化反导作战能力建设，不断试射新型反导拦截弹、"锆石"高超音速导弹等进行强力反制。俄罗斯国防部副部长克里沃鲁奇科已经表示，将于2020年底前接收首批S-500防空导弹系统，并在2023年前部署3个团数量的S-400防空导弹系统和4套S-350防空导弹系统，以打破美军构建起来的反导系统。

（资料来源：澎湃新闻网，有改动）

思考：

随着美俄关系的日趋尖锐，双方在军事安全领域的对抗将会更为频繁和激烈，这将对未来国际安全形势走向带来哪些影响？

1.1.2　典型西方国家安全政策

纵观世界各国，国家安全是安邦定国基石，各国都把维护本国国家安全视作头等大事。不同国家立足于不同的战略定位和目标，制定了独具特色的国家安全政策。

1. 美国

美国拥有最全面复杂的国家安全相关立法。在早期美国安全法律主要是单一领域的法令、条例，美国具有里程碑意义的综合性国家安全法律是1947年的《国家安全法》，该法于1947年7月由时任总统杜鲁门签署生效，为第二次世界大战后美国军事与情报系统重组和外交政策的调整奠定了基础，颁布70多年来，该法经数次修订完善。"9·11"事件之后，美国继续加强国家安全立法、执法力度，美国国会通过《爱国者法》，作为反恐行动的法律依据。2018年3月，特朗普政府颁布了《澄清境外数据的合法使用法》法案，该法案旨在明确美国数据主权，为美国建立了跨境数据调取霸权。此外,美国还有涉及政治、经济、外交、科技、教育等广泛领域的多部安全立法,同时根据国家形势变化,相关法律也会及时进行修订,这为保障国家安全奠定了坚实的基础。

除法律文件外,美国《国家安全战略报告》(以下简称《报告》)是反映美国政府外交政策及其战略走向的标志性文件。作为世界超级大国,美国的政策走向对于国际局势的稳定具有举足轻重的作用。在2017年特朗普向国会提交了此报告,该报告显示了特朗普政府对美国国家安全发展策略的构想。报告中确定了涉及美国国家安全"四大核心的国家利益",即保卫美国国土安全、美国人民和美国的生活方式;促进美国繁荣;强力捍卫和平以及提升美国影响力。《报告》指出,在军事方面必须加大对军队建设的物质、财力、人员、技术等全方位投入,重视网络技术、网络基础设施和网络在军事中的运用及核武器的特殊作用,同时推进太空探索。在上任前,特朗普多次强调"美国优先"的理念,这一点在其安全战略中也有所体现。《报告》中指出拓展美国的全球影响力是保证美国国家安全的支柱之一,其将中国视为战略"竞争者",提出要在多边机制中(同其他国家)展开竞争并实现领导,以捍卫美国的利益和原则。

知识库 1—1

美国《国家安全战略报告》

美国《国家安全战略报告》是由美国政府向国会提交的对国际安全环境、特别是美国面临的威胁作出判断,阐述美国政府在内政、外交和防务等方面的总体目标和宏观政策。1997年出版的《军语及相关术语》中将"美国国家安全战略"界定为"为达到巩固国家安全目标而发展、运用和协调国力的各部分(包括外交、经济、军事和信息等)的政策组合"。这一战略报告的法律基础是美国国会1986年正式通过的《戈德华特—尼科尔斯国防部改组法》,其中第603款明确规定,美国总统应当每年向国会提交一份"国家安全战略报告",以阐明美国国家安全战略。

迄今为止,美国共有6位总统向国会提交了17份正式的《国家安全战略报告》,其中罗纳德·W.里根政府分别在1987年和1988年提交2

份；乔治·赫伯特·沃克·布什政府分别在1990年、1991年和1993年提交了3份报告；连任两届美国总统的威廉·杰斐逊·克林顿在其任职期间提交了最多的报告，分别在1994—2000年提交了共7份国家安全战略报告；乔治·沃克·布什（小布什）政府在2002年、2006年提交2份，奥巴马政府时期在2010年、2015年提交共2份以及特朗普政府在2017年提交的1份。截至2021年4月，拜登政府尚未提交正式的报告，只发布了《国家安全战略临时指南》。

2. 英国

英国最早的一部国家安全类法律是《1848年叛国罪重罪法案》，该法案的某些部分至今仍然有效。英国先后通过了多部维护国家安全的法律，如《官方秘密法》（1989）、《国民紧急应变法》（2004）、《反恐与安全法案》（2015）等，不断尝试明确和细化中央政府与地方政府在应对具体安全威胁方面的职责权限，随着国家安全形势任务的发展变化，英国国家安全法治体系日益丰富完善。

除法律外，英国还发布国家安全战略报告，其中指示了国家未来安全工作主要内容和重点问题。最近一份报告发布于2016年，其中除了传统国家安全问题外，重点关注网络安全。报告指出要将网络安全视为一项高优先级事务，其重要程度与恐怖主义和"国家支持型威胁"（state-sponsored threat，由其他国家采取直接或间接方式实施攻击的威胁）相当。英国政府正与各私营企业积极合作，防止并缓解网络攻击活动对其关键信息基础设施的影响，同时英国国家网络安全中心将进一步增加用于自动化检测系统及主动网络防御方案的投入。

案例1—2

不断完善的英国国家安全法律

几百年来，恐怖主义一直是英国国家安全面临的最严峻威胁之一，英国政府将强有力的安全立法视为打击恐怖主义的宝贵工具，通过不断完善强化国安立法以应对恐怖主义威胁。

早在1700年，英国便采取了国家安全相关立法措施以防止政权颠覆、打击恐怖主义等危害国家安全的举动，同时以消除公民部分自由作为打击颠覆势力的手段，例如对恐怖主义犯罪分子取消公民享有的人身保护权力等。在之后英国以反恐怖主义为重点，不断加强国家安全立法。

1938年英国通过针对恐怖主义的立法——《预防暴力法》，尽管该法律并未直接定义恐怖主义，但其主要目的是为了遏制北爱尔兰独立分子的暴力行为，打击支持分裂主义的爱尔兰共和军。这项法律虽然为临时性立法，但一直沿用至1954年。

进入21世纪，英国立法者认识到，需要更新立法来反映国家面临的现代恐怖威胁。2000年《反恐怖主义法》修改了1974年法案对恐怖主义的定义，其中将恐怖主义描述为"暴力行动或威胁造成严重后果，对公众健康和财产安全构成严重威胁。公开严重干扰或严重破坏电子网络系统以影响政府或国际政府组织及恐吓公众，以及出于推进政治、宗教、种族或意识形态的目的使用暴力或威胁使用暴力"。

《反恐怖主义法》除了将恐怖主义的定义扩展到宗教、种族和意识形态领域，还赋予了警察部门更广泛的执法权以打击国内和国际恐怖主义。

"9·11"事件之后，英国的《2001年国家安全法》在下议院二读审议后迅速通过。该法案不仅丰富了构成恐怖主义的非法活动类型，还引入一系列前所未有的法律，包括限制公民自由和基本人权，其中最明显的是可以在不经过指控和审判即可无限期拘留涉嫌恐怖活动的外国人。

2005年伦敦"七七"爆炸案后，英国进一步修改《反恐怖主义法》，严厉打击口头或书面推论、陈述和煽动恐怖袭击，例如将直接或间接煽动、鼓励恐怖主义，发行涉恐怖主义出版物以及美化、庆祝与恐怖主义相关的宣传活动列为恐怖主义犯罪活动，参与此类活动的人员会受到不同程度的刑事指控。不仅如此，被发现散布或创办涉恐怖主义出版物，接受过培训或获得了恐怖行为所需技能也将会被逮捕。

2015年，英国发布了最新的《国家安全法》，进一步强化国家安全立法，在其中加入了有助于执法部门直接打击恐怖主义犯罪的新规定，同时对可疑恐怖分子实施包括更快的护照扣押程序和行使临时排除令。此外，新法案还降低了执法部门行使其强制权力的门槛，例如警察只要有合理的理由怀疑潜在恐怖分子打算离开英国或从英国前往他国参与实施针对英国境内的恐怖主义活动，就可以对其实施限制性措施。

（资料来源：中国经济网，有改动）

思考：

英国不断完善国家安全立法的做法对于我国国家安全建设有哪些启示？

3. 俄罗斯

1991年苏联解体后，俄罗斯经历了一系列重要的地缘政治事件以及国际恐怖主义威胁，如北约东扩、车臣战争、西方对俄罗斯的经济制裁等，这些重大事件刺激俄不断修改国家安全战略及相关法律。如今俄罗斯联邦国家安全领域现行的法律体系已经相当成熟和完善，到目前为止，俄罗斯在保证国家安全领域颁布的各项法律法规种类繁多，总计有15部联邦法律、200多个总统命令、500多个政府决议、16个纲领性文件，相关的立法活动还在不断地发展。在基本的《俄罗斯联邦宪法》之上，以俄罗斯联邦《安全法》作为国家安全基本法，同时出台《俄联邦侦缉行动法》《俄联邦国家安全机关法》《俄联邦对外情报机关法》等多部法律。

在国家安全战略上，以《俄罗斯联邦国家安全战略》作为制定俄国内外安全政策的纲领性文件。目前最新出台的国家安全战略文件为2015年由时任总统普京签署的新版《2020年前俄罗斯国家安全战略》，对该国军事力量发展、外交政策优先方向以及经济等领域安全问题作出规定。新的安全战略重视加强与多边组织的合作，其中指出，俄罗斯正在金砖国家组织、上合组织、亚太经合组织及二十国集团等框架内拓展其与各国合作的空间，并强调与中国发展全面战略协作伙伴关系，这是支撑区域及世界稳定的关键因素。文件中还指出，俄罗斯愿同美国在经济领域等共同利益基础上建立伙伴关系，同时愿增进与欧盟、欧洲国家的互利合作，支持欧洲一体化进程，主张在欧洲—大西洋地区建立集体安全开放体系。在应对外部压力的同时，该战略还明确指出将着力保障宏观经济的稳定，对实体经济提供支持，重点巩固能源安全，保障其在世界能源市场的技术主权。

4. 日本

由于历史原因，日本国家安全法制建设有一定特殊性。第二次世界大战后，日本在宪法制定过程中，美国的影响和决定起了重要作用，日本宪法当中没有任何涉及应对外来侵略、内乱或自然灾害等紧急事态的规定，同时也没有专门制定国家安全法。但是，日本政府利用国内刑法、行政法体系中的多项相关法律，较有力地打击了邪教危害、暴力破坏等涉及国家安全的案件。如1952年设立的《破坏活动防止法》，是针对暴力主义破坏行动的一种特别刑法；1999年日本国会制定了《限制特定团体活动法》，主要内容是对"奥姆真理教"及其更名团体、分支机构的活动加以限制，依法掌握该团体及主要人员行动状况，采取必要限制措施防止其再次犯罪，从而保证国民生活平安及公共安全。此外，日本还设有对外军事同盟等方面的法律法规。日本多部具体详细的法律，基本覆盖了维护国家安全的所有领域，较为有效地维护了国家安全、社会稳定和公共福利。

2013年，日本内阁会议通过了日本《国家安全保障战略》，作为新的国家安全政策指南。在日本当下安全环境方面，文中专门提及朝鲜和中国，指出中国在东海划设防空识别区，要持续重点关注。其中还强调以强化军事手段而并非外交协调来保障国家安全，提出首先要从整体上强化日本防卫能力，包括完善防卫体制，如增强国土警备制度以及海洋监视制度等，其次要深化日美同盟，以及发展同东盟、澳大利亚及韩国的战略合作关系，重视应对作为国家安全新课题的网络攻击以及太空安全利用的方针。此外，文中还指出日本将建立新的关于武器出口管理的政策文件。

案例 1—3

重归于好的日美关系

2021年2月4日，美国总统拜登在国务院发表外交政策演讲，表示会将更多精力投入到外交政策调整上。他说"美国回来了，外交重回我们对外政策的中心"。拜登还强调将改变特朗普政府"美国优先"政策，"将修复我们的同盟，再次与世界接触——不是为了应对昨天的挑战，而是为了应对今天和明天的挑战"，他还把日本等盟国称为"最亲近的友人"。拜登不再强调"美国优先",而是更加重视美国利益和盟友利益的平衡,以及外交政策对国内政策的影响,他说"外交政策和国内政策之间不再有明确的界限"。对日本来说,美国回归传统外交政策将带来三方面利好。

其一是日美关系将更为稳固。保持良好的日美关系是日本外交主要政策目标之一,日美同盟是日美关系的基石。根据《日美安保协议》,在日本遭到攻击时,美国要支援日本,但美国遭受攻击时,日本却没有义务支援美国。特朗普在出任总统前就不断批评日本没能承担对等的同盟义务,要求日本增加支付给驻日美军的军费,否则就撤回驻日美军。拜登要推动美国回归传统外交政策,重塑同盟体系,会更加重视维护日美关系,还会尽力维持日本、韩国、澳大利亚等亚洲盟国之间的合作关系,这将让日本的外部环境得到改善。

其二是拜登要改变特朗普政府"不按常理出牌"的做法,其外交政策将更符合国际规则。特朗普执政时期,非传统外交手段让日本承受着双重压力。一方面,美国对日本贸易施压不断加大,日本政府和产业界一直担心美国对日本输美汽车加征关税。为了避免对美汽车出口受限,日本加大了对美国的直接投资,还主动调整产业布局,将整车和零部件生产工厂迁往北美,可特朗普从未做出对日本汽车免于加税的承诺。另一方面,美朝关系不断恶化,美国祭出"战争边缘政策",让美朝险些擦枪走火,给东北亚地区安全带来了很大威胁,日本身处美国战略前沿,也多次因朝鲜试射导弹而感到危机临头。拜登承诺美国外交将回归传统,日本承受的压力将减少很多。

其三是经贸方面,日本有望和美国建立起合理的合作关系。20世纪90年代以来,美国经济快速转型,以苹果为代表的美国大型企业一改以往的垂直结构,将业务重心集中在效益更高的研发和销售两端,并通过对外投资将生产外包给人工成本更低的亚太各国。正当欧洲、日本等国企业都在效仿苹果进行转型,并调整自身产业布局以适应新全球供应结构之时,特朗普开始力推制造业向美国回流,各国政经两界都大跌眼镜,也让各国企业措手不及。拜登想让美国重回全球经贸合作体系,就要让美国回到全球产业链和贸易网上的应有位置,通过与其他国家优势互补来追求经济效益的最大化,而不再像特朗普那样要求别国企业在美建厂来帮助美国重回垂直结构。这种合作模式将让日美企业的合作更为顺畅，日美经贸关系也将更趋合理和平衡。

美国的亚太战略转变为"印太战略"后，日本不再只是美国在亚洲的战略前沿，更成为美、日、澳、印同盟体系的中枢，这会让日本不得不加大在军事方面的投入，也让日本卷入地区冲突的危险性大增。

（资料来源：中国新闻社，有改动）

思考：

日美关系重归于好将会对亚洲局势产生什么样的影响？

1.1.3 我国国家安全政策

自新中国成立以来，我国一直都高度重视国家安全问题。进入21世纪后，随着全球化的发展、国家综合国力提升，外部风险和内部风险不断增加，且种类和形式丰富多样。面对纷繁复杂的国际和国内形势，我国主张摒弃"冷战"思维，倡导互信、互利、平等、协作的新安全观；以科学发展观作指导，构建社会主义和谐社会、大力增强综合国力；走和平发展道路，构建和谐世界，和平解决争端；追求综合安全；实现国防现代化，建设信息化军队，贯彻积极防御的国防政策；继续贯彻"和平统一，一国两制"的基本方针，促进祖国统一大业的实现；在维护现有国际体系的基础上，推动现有体系向更加公正、合理的方向发展；做"负责任的大国"。

我国国家安全政策的方针为：平战结合、军民结合，在服从并服务于国家经济建设的前提下，逐步增强国防实力和国防潜力。目前我国已出台多部国家安全法律法规，其中包括：最为综合全面且作为基础的《中华人民共和国国家安全法》、对间谍行为进行防范和惩治的《中华人民共和国反间谍法》、保障网络安全的《中华人民共和国网络安全法》等，对多个领域的安全问题进行规制，形成了我国国家安全的法律保障体系。

除法律外，我国在2015年出台了《国家安全战略纲要》，其中指出：国家安全是安邦定国的重要基石。我国坚持正确义利观，实现全面、共同、合作、可持续安全，在积极维护我国利益的同时，促进世界各国共同繁荣。运筹好大国关系，塑造周边安全环境，加强同发展中国家的团结合作，积极参与地区和全球治理，为世界和平与发展做出应有贡献。这是我国在复杂多变的国际环境下对于国家安全的前瞻性思考和全局性谋划，也反映了我国爱好和平的民族精神，人民至上的崇高理念，以及以身作则、维护世界和平的大国风范。

知识库 1—2

我国国家安全法律法规

2015 年 7 月 1 日通过的国家安全法规定，每年 4 月 15 日为全民国家安全教育日。当前我国有直接属于国家安全范畴或有紧密关联的法律 10 部、行政法规 2 部，包括：

《中华人民共和国国家安全法》
《中华人民共和国反分裂国家法》
《中华人民共和国反间谍法》
《中华人民共和国反间谍法实施细则》
《中华人民共和国国家情报法》
《中华人民共和国保守国家秘密法》
《中华人民共和国保守国家秘密法实施条例》
《中华人民共和国境外非政府组织境内活动管理法》
《中华人民共和国反恐怖主义法》
《中华人民共和国核安全法》
《中华人民共和国网络安全法》
《中华人民共和国刑法》

1.2　传统安全与非传统安全

国家安全问题中包含着传统安全和非传统安全问题，二者相互联系又具有各自的特性。

1.2.1　传统安全

传统安全是与新的安全领域相对的一个概念，是国际关系的主题。传统安全主要是指国家面临的军事威胁及威胁国际安全的军事因素,它是以国家主权的维护为核心,也就是通常所讲的国家主权安全,主要涉及军事、政治、外交等方面。具体来看,主要是指一个国家的领土安全、人民的生命安全以及政权的安全等。

传统安全威胁由来已久,人们通常把军事威胁称为传统安全威胁。在传统安全问题上,其主体一般是主权国家,安全威胁来源主要是战争冲突和外部干预等。国家面临的军事威胁及威胁国际安全的军事因素,按照威胁程度大小,可以分为军备竞赛、军事威慑和战争三类。

图 1-1 传统安全威胁

"国家安全"一词最早由美国专栏作家李普曼于1943年提出,美国学界把国家安全界定为有关军事力量的威胁、使用和控制,这种定义几乎将国家安全等同于军事安全。在国家安全概念和新安全观提出以后,自20世纪七八十年代以来,普遍将军事威胁称为传统安全威胁,把军事以外的安全威胁称为非传统安全威胁,并把以军事安全为核心的安全观称为传统安全观。

1.2.2 非传统安全

非传统安全是指一切免于由非军事武力所造成的生存性威胁,是除军事、政治和外交冲突以外的其他对主权国家生存与发展构成重大威胁的安全问题,这类安全更多地表现在经济、文化、社会、环境、资源、科技、信息等领域。

非传统安全具有以下特点：

1. 跨国性

非传统安全问题从产生到解决都具有明显的跨国性特征，不仅是对某个国家构成安全威胁，而且可能对别国的国家安全不同程度地造成危害，是关系到其他国家或整个人类利益的问题。许多非传统安全威胁如地球臭氧层的破坏、生物多样性的丧失、严重传染性疾病的传播等，本身就属于"全球性问题"，关系到全人类的整体利益。同时随着全球化进程的加快，许多非传统安全威胁越来越具有明显的扩散效应。如金融危机、网络勒索病毒等，随着其不断扩散，其危害性也逐渐积聚、递增，以致酿成全球性危机。

2. 不确定性

大部分非传统安全威胁属于非军事领域，如与经济领域相关的金融危机、金融犯罪、资源短缺等，与公共安全领域相关的毒品交易、传染性疾病等，以及与自然领域相关的环境污染、极端天气和自然灾害等。某些非传统安全威胁虽具有暴力性特征，并可能需要采取一定的军事手段应对，但并不属于单纯的军事问题。如恐怖主义、武装走私等虽然也属于暴力行为，但其与传统安全意义上的战争、武装冲突相比性质不同，且无法只靠军事手段从根本上解决这类问题。非传统安全威胁的不确定性和多样性，使其较于传统安全威胁更为复杂，用单一手段和方法难以应对。

3. 动态性

非传统安全因素是不断变化的，在界定非传统安全威胁时，不能把某种非传统安全威胁绝对化。例如，随着全球信息化进程不断加快，信息安全逐渐成为国家安全的重要组成部分，与此同时，伴随着全球化范围的不断扩大，网络金融犯罪以及勒索软件等也成为国家安全建设中不可避免的、值得引起重视的安全性问题。

4. 可转化性

非传统安全与传统安全之间没有绝对的界限，在某些条件和因素的影响下，非传统安全矛盾激化，需要依靠传统安全的军事手段来解决，甚至演化为武装冲突或局部战争，非传统安全问题就转化成了传统安全问题。例如随着恐怖主义的不断升级和扩大，威胁到一个国家或地区的稳定和发展，相关政府就会动用武装力量，采取军事手段向恐怖主义组织开战；某些毒品和非法走私物品交易扩大到一定范围，对某一个或某些国家的经济生活和社会安全造成重大影响，有关国家政府也将采取军事行动对犯罪行为进行打击。

5. 主权性

国家是应对非传统安全的主体，主权国家在解决非传统安全问题上拥有自主决定权。尽管非传统安全威胁具有跨国性，但是应对一国内部的安全威胁应是其主权范围内的事情，要按照本国的国家安全利益制定相应的政策措施。这种特性也促使主权国家在解决部分国家内部的非传统安全问题时，吸纳其他国家的有效经验并进行广泛的沟通协作。

1.2.3 传统安全与非传统安全的关系

1. 相互联系、相互转化

在前一节非传统安全问题的特性中曾提到，非传统安全问题具有可转化性。当前国际社会中，非传统安全问题与传统安全问题相互交织、相互影响，共同构成国家安全的组成部分，并在一定条件下可以相互转化。

一方面，传统安全问题持续存在将会引发一系列非传统安全问题，如局部地区冲突和战争造成的环境问题、放射性武器带来的水污染和土地污染问题以及难民问题等。此外，传统安全问题未能得到及时解决可能发酵出非传统安全问题，如霸权主义的长期压迫可能引发地区民众的抗争心态，而在领土、主权问题上的冲突以及民族、宗教矛盾形成的历史积怨等传统安全问题是造成恐怖主义等非传统安全问题爆发的直接原因。

另一方面，非传统安全问题在一定条件下也可能诱发传统安全领域的矛盾和冲突。如恐怖组织谋求获取核生化等高技术手段或实施毁灭性的恐怖主义犯罪，就会涉及大规模杀伤性武器扩散问题，最终可能引发地区军事活动和战争。非传统安全威胁与传统安全威胁的相互联系，使得看似相对孤立的安全问题，却能造成巨大的整体性影响，需要运用全局思维进行对待和处理。

2. 相互区别、各具特征

传统安全与非传统安全具有不同的属性特征，二者相互区别，主要包括以下方面：

（1）涉及领域和范围不同

传统安全主要涉及政治和军事领域内的安全威胁，最突出的是涉及国家主权和领土完整范畴内的安全威胁。

非传统安全主要涉及社会经济和生态环境领域内的安全威胁，包括经济安全、金融安全、资源安全、水安全、粮食安全、生态环境安全、网络安全、信息安全、传染疾病蔓延、跨国有组织犯罪、贩卖毒品、非法移民等。随着全球化和地区一体化的迅速发展，非传统安全威胁的范围不断扩大，严重影响着社会稳定和经济持续发展。

（2）指涉对象不同

自从有了国家以来，传统安全威胁就成为国家安全威胁的核心问题，在传统安全问题上，其指涉对象通常为主权国家，而非传统安全概念更多涉及了非政府角色。

非传统安全威胁不只是来自某个主权国家，更多的是来自非国家行为体，如个人、组织或集团等所为。随着领域和范围的扩大，非传统安全概念的范畴在不断发生衍变和扩延，逐渐模糊了国家安全与社会安全、国家安全与人的安全的界限，非传统安全越来越强调非国家之外的安全指涉对象。

（3）应对策略不同

在维护传统安全上，主要是通过国际谈判、军事威慑和国家战争等方式。

非传统安全本身具有不确定性和相对性，各种各样的非传统安全威胁其产生原因是多重的，包含了军事因素和非军事因素，需要通过表象发现其本质，并追踪它们的变化和转化；同时由于具有跨国性和主权性，在非传统安全问题上，并不能只依靠一国的力量，而更多地需要通过加强国际合作和协调来解决。各国应当树立互信、互利、平等、协作的国家安全观，主动积极地开展国际合作，制定出有针对性、前瞻性的应对政策和措施，才能有效地应对非传统安全威胁给人类带来的共同挑战。

案例 1—4

新冠肺炎疫情下的国际合作

从有记载的历史开始，人类便一直与传染性疾病做斗争。而近千年来，随着人类社会的发展、人口密集程度的增加，人与人之间的交流联系也不断加强，传染类疾病的威胁更是不断加大。从14世纪中叶席卷欧洲的"黑死病"鼠疫造成该地区近1/3的人口死亡，到进入21世纪的中东呼吸综合征等新型传染病不断对人类生命健康发起挑战。在2020年初，新冠肺炎疫情席卷全球，作为近百年来全球最严重的传染病大流行，新冠肺炎疫情影响范围之广、病亡人数之多、抵御难度之大，历史罕见。无论是人口稠密的发达地区，还是地广人稀的偏远地带，从热带的太平洋岛屿，到寒冷的南极考察站，新冠病毒已蔓延到全球各个角落。

2020年1月30日，世卫组织宣布新冠肺炎疫情构成"国际关注的突发公共卫生事件"。在疫情发现之初，中国及时采取严格的隔离控制措施，14亿人口的国家大部分人居家减少外出，所有人外出均佩戴上口罩；全国各省市医护人员驰援湖北，并在短短数天之内建成收治轻症患者的方舱医院，同时宣布由国家支付新冠肺炎的治疗费用，减轻了患者的经济负担，将人民健康和利益放在第一位，最终成功控制住疫情的扩散。而作为超级大国的美国，在疫情暴发初期却罔顾民众生命安全，拒绝与世卫组织合作并宣布退出世卫组织。由于应对措施的延迟加上新闻媒体的误导，疫情在美国一度到达难以应对的程度。据约翰斯·霍普金斯大学发布的统计数据显示，截至2021年1月底，美国累计确诊病例近2500万例，累计死亡病例超过40万，是全球累计确诊病例和死亡病例最多的国家。

世界卫生组织作为全球范围内处理此次疫情的中心机构，为抗病毒药物和疫苗研发提供指导和援助，全力协调国际抗疫行动和科研合作；世界卫生组织在内的多个国际组织及国际人士呼吁并促进各国团结协作，世界上多个国家和地区展开了积极的合作，学习抗击疫情的经验。中国与东盟举行关于新冠肺炎问题特别外长会议；欧盟决定针对疫情启动一系列危机应对机制；西非经济共同体15个成员国召开特别会议，协调抗疫措施等。在疫情应对上，中国政府秉持公开和透明原则，及时发布疫情信息，并第一时间向世卫组织和有关国家、地区通报疫情，分享病毒全基因序列信息。中国与各国和政府间组织首先开展了科技合作和政治合作，同世界各国开展抗疫经验分享和交流，将诊疗指南和防控方案翻译成多种语言同世界各国分享交流，另外也与欧盟、东盟、非盟、加共体、上合组织、南太岛国及土库曼斯坦、阿塞拜疆、摩尔多瓦、格鲁吉亚等国举行视频会议，交流疫情防控和诊疗经验，还为伊朗、伊拉克、意大利等受疫情影响的有需要的国家和地区派遣医疗专家团队，也向国际社会提供药品和防疫物资等援助。

世界各国纷纷展开合作，共同研发疫苗对抗疫情。在2021年年初，美国辉瑞制药公司与德国生物新技术公司合作研发的疫苗、美国莫德纳公司研发的疫苗、英国阿斯利康制药公司与牛津大学合作研发的疫苗、俄罗斯研发的"卫星V"疫苗，还有中国国药集团、科兴公司等企业研发的疫苗已在多个国家和地区启动大规模接种，中国新冠疫苗在安全性、有效性等方面表现良好，并且在可及性、可负担性等方面具有优势，获得巴西、秘鲁、土耳其、印度尼西亚、菲律宾、泰国、埃及等许多国家的青睐。国际社会携手共抗疫情彰显了全球化所蕴含的开放包容的特质，也体现出了在应对非传统安全问题上开展广泛合作的重要性。

（资料来源：新华社，有改动）

思考：

1. 为应对疫情，国际社会可以在哪些领域展开合作？
2. 目前有哪些非传统安全问题需要通过国际合作应对？可以采取哪些措施？

1.3 科技对国际战略格局变化的影响

当今世界正处于新一轮的科技革命中，新兴科技极大地改变了人类生产方式，成为当代各国综合国力增长的主要推动力。世界各国尤其是主要强国更加重视新兴技术发展，将科技创新视为国家竞争力的核心因素，大力促进本国的科学发展和技术创新。回顾人类历史上发生的科技革命与国际格局的演变可以发现，掌握了科技革命中核心科技的国家往往会成为未来几十甚至百年的国际社会主导者，国际格局的重大转换与科技的发展革新紧密相关。

1.3.1 三次科技革命对国际格局的影响

科技革命即科学技术革命，是在科学技术起决定作用下而实现的社会生产力的根本变革。普遍认为，18世纪中叶以后，在人类社会的发展进程中，出现过三次社会生产力的飞跃，经历了三次科学技术革命，每一次科技革命，都对国际格局产生了极大的影响。

1. 第一次科技革命——独占鳌头，帝国崛起

第一次科技革命处于18世纪60年代到19世纪中叶，这一时期也是著名的工业革命时期。毫无疑问，英国是第一次科技革命的发源地及中心。

从16世纪开始，英国许多著名的科学家和发明家，如卡文迪许、牛顿、达尔文等在经典力学体系、微积分、进化论等方面的杰出成就为近代科学技术的繁荣奠定了基础。彼时资产阶级统治在英国确立，英国资产阶级统治积极发展海外贸易，进行殖民统治，积累了丰富的资本，扩展了广阔的海外市场和最廉价的原料产地，同时通过贩卖奴隶获得了大量廉价劳动力，积累了丰富的生产技术知识。在18世纪中叶，英国成为世界上最大的资本主义殖民国家，急需提高生产力来满足国内和急剧扩大的国外市场需求。1765年，织工哈格里夫斯发明的"珍妮纺织机"首先在棉纺织业引发了机器发明，进行技术革新的连锁反应，揭开了工业革命的序幕。瓦特、斯蒂芬森等人发明的蒸汽机、火车带动了工业部门的发展。在1840年前后，英国的大机器生产基本上取代了传统的工厂手工业，工业革命基本完成，英国成为世界上第一个工业国家。随后，工业革命逐渐从英国向西欧大陆和北美传播。

在1760—1830年间，英国占据了欧洲工业产量增长的2/3，并占据了近1/10的世界制造业生产份额。工业革命前后期间，英国工人的劳动生产率提高了20倍，棉纺厂工人的生产率高于手纺工人的266倍；英国主要经济指数在欧洲国家中首屈一指，其铁产量占到世界的53%、煤产量和棉花的加工量占世界的50%，工业产值占世界的51%，进出口贸易占世界的25%，铁路总长度超过1万公里，英国从农业国逐渐走向工业国。英国的经济贸易一度处于鼎盛时期，英镑得到广泛使用，英国城市化迅速发展并以一己之力推动了世界贸易的发展，成为当时世界上最大债权国和唯一的世界工厂。同时以蒸汽为动力的船舰极大地提高了英国的海上军事实力，使其掌握了海上霸权，成为唯一的海军强国。

遥遥领先的经济和军事实力令英国在19世纪中叶的国际格局中上升

到了影响并支配全球的地位,虽然其他国家,如法国、美国等紧跟英国脚步完成了工业革命并相继崛起,但实力仍然无法与英国相提并论,整个世界的经济贸易几乎都以英国为中心,日不落帝国崛起并称霸全球。

知识库1—3

第一次科技革命代表性成果

1765年,英国哈格里夫斯发明珍妮纺纱机

1765—1787年,英国瓦特改良蒸汽机,并用作纺纱机的动力

1777年,法国拉瓦锡提出燃烧的氧化学说,并正式确立质量守恒定律

1800年,意大利伏特发明伏特电堆,英国赫歇尔发现红外线

1822年,法国安培发现安培定律

1826年,德国欧姆发现欧姆定律

1831年,英国法拉第发现电磁感应现象

1838—1839年,德国施旺、施莱登提出细胞学说

1842年,奥地利多普勒发现多普勒效应

1859年,英国达尔文发表《物种起源》,奠定了达尔文"进化论"的基础

1865年,奥地利孟德尔提出遗传学两大基本定律

2. 第二次科技革命——风起云涌,群雄并起

19世纪70年代发电机诞生后,电灯、电话等电器相继被广泛使用,电器开始逐渐代替机器。以蒸汽机为主力的机械化时代自此过去,人类也因此进入了第二次工业革命,也即第二次科技革命时代。

19世纪中叶以后,科学技术的进步促使一系列新的工业部门涌现。在冶金工业中,发明了新的炼钢法,大大提高了当时的炼钢技术,有力地促进了大型炼钢厂和冶金厂的建立。19世纪70年代以后,在资本主义国家中,冶金业和机器制造业等重工业部门地位逐渐上升,取代了原来占优势的纺织工业等轻工业部门。彼时实际可用的发电机也已问世,到了19

世纪 90 年代初,电力已开始广泛应用于工业生产。与此同时,美国人贝尔发明了电话,意大利人马可尼试验无线电报取得了成功,加快了信息的传递速度,世界各国的经济、政治和文化联系进一步加强。19 世纪最后 30 年,发电机、内燃机、蒸汽涡轮的应用,以及以新型发动机为基础而发明的电车、汽车等新型交通工具,把社会生产力的发展推进到一个更高的阶段。在这次科技革命中,电作为一种可利用的能源,为技术发展提供了强大动力。

在第一次科技革命中独占鳌头的英国由于因循守旧,未能成为第二次科技革命的中心,而美国、德国、日本等新兴国家最大限度地借力于第二次科技革命的浪潮,走在了世界前列。

在 19 世纪 60 年代南北战争结束后,美国的科技创新和工业化进程突飞猛进,率先进入电气化和钢铁时代,并由此开展了第二次工业革命。诸多先进的科技成果被不断地应用到各行各业中,极大地推动了美国的工业化进程,在资本主义国家中,美国逐渐处于领先地位,成为世界工业发展的领头羊。1890 年,美国的钢产量达到 1000 万吨,采煤量达到 5780 万吨,远超英、法等国家,到了 1894 年,美国工业生产量跃居世界第一位,成为首屈一指的资本主义强国。

德国可谓是第二次科技革命中的世界科学中心之一,据不完全统计,从 1851—1900 年,德国有 202 项重大科技创新和发明创造,仅次于美国,居世界第二位。这些科技发明与创新被应用到工农交通业,尤其是机械制造、化工、电气等工业部门,实现了先进的科技化生产。19 世纪末,德国已经飞速实现了工业化,它在世界制造业中的占比达 15.7%,已经超过英国,是法国的 2 倍多。从 1890—1913 年,德国出口总额增长了 2 倍,已接近当时的世界头号出口大国英国。科技和工业发展极大地提升了德国的军事力量,而迅速膨胀的工业经济实力及军事实力也致使德国最终发动了第一次世界大战,展示出了骇人的军事战斗能力,虽然最后以失败告终,但德国在战后又迅速崛起,展现出了科技的巨大力量。

在第一次工业革命开始时,日本还远远落后于西方国家。19 世纪 60 年代,日本开始明治维新,借助第二次工业革命的浪潮,日本在多个领域引进学习西方现代科学技术。90 年代,日本私营棉纺织业、铁路、航运等轻、重工业均得到迅速发展。日本近代化大工业在纺织业占统治地位,到 1892 年日本不仅将进口洋纱驱出了国内市场，同时还开始向国外出口纺织品；日本的煤产量也较之前有大幅提高，在近二十年内增长了约 15 倍；日本私营铁路里程更是达到近 2000 英里（约合 3219 公里），其中包括 351 台机车，其货运量达到 200 万吨以上，客运量超过 3000 万人次。在军事方面，日本政府重点引进西方先进的军事技术并扶持军事工业发展。在短短几十年内，日本的近代工业和科技体系等快速建立起来，完成了欧美国家耗时百年以上的工业化生产变革，实现了从落后封建国家到资本主义强国的转变。

第二次科技革命将西方国家的生产力提升到了前所未有的高度。以美国、德国、日本为代表的新兴国家抓住机遇，迅速走上工业化道路，并不断发展创新，提升科技力量，在世界舞台上占据了一席之地；而以英国和法国为代表的老牌强国，由于因循守旧而未能在第二次科技革命中抢占先机，虽落后于其他国家完成了工业化的转变，但由于其在第一次科技革命时期的积累，国家综合实力仍位于世界前列。彼时国际格局呈现出美国、德国、日本、英国、法国等国家群雄并起的局面，率先实现工业化的欧美国家逐渐拉开了与亚非拉国家的差距，并纷纷展现出了殖民扩张的野心，最终引起了第一次世界大战的爆发。

知识库 1—4

第二次科技革命代表性成果

1866 年，德国西门子研制出发电机，标志着电力时代的到来

1869 年，俄国门捷列夫提出化学元素周期律

1876 年，美国贝尔发明有线电话

1877 年，美国爱迪生发明留声机

1880 年，美国爱迪生发明白炽灯泡

1901 年，发现了 X 射线的德国物理学家伦琴成为首届诺贝尔物理学奖得主

1903 年，美国莱特兄弟驾驶着自己设计制造的飞机冲向天空，人类航空史上首次实现自主操纵飞行

1904 年，英国物理学家弗莱明发明了世界上第一只电子管，标志着人类从此进入电子时代

1905 年，爱因斯坦发表论文阐述了狭义相对论，带来了物理学的巨大变革

1915 年，魏格纳写成《海陆的起源》一书，提出了大陆漂移说

1926 年，美国科学家哥达德制造的世界第一枚液体燃料火箭试飞成功

1928 年，英国医学家弗莱明发现了青霉素，开创医学新纪元

1932 年，世界上第一条高速公路在德国出现

3. 第三次科技革命——两极纷争，一超多强

20 世纪四五十年代，第二次世界大战结束后，世界各国迫切需要高新技术帮助恢复及提高国家社会生产力，提升国家军事实力，以原子能技术、航天技术、电子计算机技术的应用为代表的第三次科技革命在世界各国纷纷展开。

与前两次科技革命相比，第三次科技革命中较为明显地分成了几个阶段。第一阶段是在第二次世界大战结束后，世界格局总体呈现出美苏两个超级大国争霸的局面，此时科技革命重心处于原子能技术等军事科技上，美苏两国和其他主要国家争先恐后地研发原子弹等军事武器。美国于 1945 年和 1952 年，先后成功试制原子弹和氢弹，苏联于 1949 年试爆原子弹成功，1953—1964 年间，英国、法国和中国相继成功试制核武器。原子能技术首先被应用于军事领域，后又发展出原子能工业。到 1977 年，世界上有 22 个国家和地区拥有核电站反应堆 229 座。至此苏联在冷战前期取得了瞩目的科技成就，并在美苏争霸中占据上风。在 70 年代后期，随着电子计算机等技术的发展，科技革命重心逐渐转移。美国把握住了 70 年代后期兴起的信息技术革命的先机，成为第三次科技革命的中心，而苏联却在信息技术革命中远远落后，在政治经济环境和外部压力的影响下，冷战最终以苏联解体而告终。在解体前，苏联科研机构大约有 5000 多个，设计机构 10000 多个，实验室及试验基地 3000 多个，在量子力学、核动力学等基础研究及应用科学的研究方面处于世界领先地位，作为苏联的继承者，俄罗斯承接了其绝大部分的科技实力，然而俄罗斯科技重心主要是军事领域成果，商用转化效果不佳，科技创新也渐显疲态，但得益于

长期的国力积累和不可小觑的军事能力,如今俄罗斯仍占据着世界强国的一席之地。

在90年代冷战结束后,美国在政治、经济、军事等方面都占据绝对优势,成为无可匹敌的超级大国。而冷战的胜利也令美国更加深刻地认识到科技的力量,美国政府相继提出了高性能计算机与通信研究计划、新材料新工业技术研究计划、生物技术研究计划等多个跨部门的综合性科研计划,每年都投入巨额资金进行研发活动。20世纪90年代,美国信息技术产业迅速发展,成为美国经济的重要支柱。不仅如此,信息化还推动了美国的军事变革。自90年代以来,美国在常规武器领域对其他国家形成了压倒性优势,其军费开支常年保持着世界第一位;同时利用其信息技术的绝对领先优势,美国研制出智能导弹等大量新式武器,并掌握着高科技作战通讯、数字化战场控制、微型无人机等技术,确立了其第一军事强国的地位。除信息技术外,美国的生物医药、能源产业等方面技术作为当今美国的核心高新科技,也始终处于高速发展之中并保持着世界领先地位。时至今日,美国以信息技术为支撑,同时在其他新兴技术领域保持着快速发展水平和领先地位,以经济和军事等多方面的绝对优势维持并强化了冷战结束至今的世界唯一超级大国地位。

除美国外,德国、法国、英国在第三次科技革命中把握住时机,搭上了新技术革命的快速列车,大大增加了自身的综合国力。第二次世界大战后,由盟军占领的联邦德国逐步恢复科学研究工作,重建德国科学基金会,改革高等教育,为工业复兴提供高质量高学历人才,同时开拓原子能、空间技术等高科技领域;在1955—1969年间,联邦德国建立了十余个国家级科研中心,恢复了对宇宙空间和核技术的研究,同时将军事工业方面的技术推广到民用工业上去,意图通过高尖端科技的突破来带动整个国家科学事业的进步;70年代后到冷战结束恢复统一期间,联邦德国加大对微电子、计算机辅助制造及设计等科学研究的资助和扶持,科学技术的恢复与发展为德国的战后经济复苏打下了坚实的基础。统一后的德国继续以科技创新作为强国兴民的核心,1998年,德国发布《通往信息社会的德国之路》白皮书,推动了信息产业在德国的蓬勃发展;2014年,德国发布工业4.0实施计划,旨在通过深度应用信息技术和互联网、物联网,将制造业向智能化转型,通过技术领先实现市场领先,进一步增强德国制造业的竞争力。

在第三次科技革命中，法国在航空航天技术、微电子技术以及生物技术方面取得了较大进展。20世纪80年代，法国实施了旨在发展高新技术的《工业结构改革法》，继续重点发展高科技尖端产业，并利用新兴技术增强其工业的竞争力。在国家政策推动下，法国电子计算机以及原子能等新兴工业部门迅速发展起来，并形成了以汽车、航空航天、生物医药为代表的支柱性产业。而与法国相似的老牌工业强国英国，自20世纪90年代开始，在射电天文学、物理学、生物学、细胞学等方面均取得了令世界为之瞩目的科学成就。同时英国重点支持在航空、制药、计算机等行业的科学研究，诞生了一大批在这些领域中拥有先进技术的企业。英法两国在第三次科技革命中的表现可圈可点，通过发展重点科技产业进而带动了经济发展。第二次世界大战后联合起来的欧洲实力日益壮大，逐渐成为国际舞台上的重要角色。2020年英国正式退出欧洲联盟，严重阻碍了欧洲一体化进程，并在一定程度上削弱了欧盟的国际影响力，同时也对英国经济造成了一定的冲击，但本质上未能改变德、法、英三国在国际局势中的领先地位，以及欧盟组织对欧洲乃至全世界经济发展和军事稳定的重要作用。

随着第三次科技革命向着电子技术、新材料技术以及生命科学技术深入发展，日本在1995年的《科学技术白皮书》中提出"科学技术创造立国"的发展战略，强调基础研究和独创性技术的开发，将以电子工业为中心的信息技术、能源技术、新材料技术、宇宙开发技术等定为科技发展的重点。从1995年起，日本研发投入占国民生产总值的比重一直保持在全球顶尖水平，在科技论文数量与引用次数、重点科技领域专利申请与批准数量、高新技术产品出口额等指标上，日本在很长一段时间内仅次于美国，居世界第二位，如今也仍然保持在世界前列。进入21世纪，日本的科技在信息技术、纳米与材料技术、生命科学、生物技术等方面继续取得强劲的发展，在高新技术领域取得的成就推动了经济的快速增长，直至2010年被中国超越前，日本长期保持着世界第二大经济体的地位，时至今日仍处于世界前列。

在第三次科技革命的浪潮中，美国以科技进步与国力提升的良性循环发展，保持着世界唯一超级大国的地位，俄罗斯、德国、法国、英国和日本等国家凭借新兴技术的发展及长期的国力积累维持了其世界领先地位，国际局势总体呈现出"一超多强"的多极化发展格局，而中国作为发展中国家虽起步较晚，但在抓住机遇后顺风而起，逐渐成为多极化格局中重要一极。

知识库 1—5

第三次科技革命代表性成果

1942 年，意大利科学家费米设计和建造的第一座核反应堆在美国运行，这标志着原子能时代的开始

1945 年，世界上第一颗原子弹在美国新墨西哥州爆炸

1953 年，生物学家沃森和克里克发现了生命遗传的基因物质 DNA 双螺旋结构

1954 年，苏联建成并正式启用世界上第一座核电站，是人类和平利用核能的开始

1961 年，苏联宇航员加加林乘坐的"东方1号"发射，环绕地球一周后安全返回，这是人类首次实现载人航天飞行

1964 年，美国成功发射水手 4 号火星探测器

1990 年，人类基因组计划开始实施

1996 年，克隆羊多莉诞生

2003 年，中、美、日、英、法、德六国科学家联合宣布：人类基因组序列图完成

2003 年，美国科学家首次对人类胚胎干细胞完成基因工程操作

2015 年，美国"新视野号"探测器飞掠冥王星，成为人类首颗造访冥王星的探测器

2015 年，美国利用 LIGO 探测器首次探测到来自两个黑洞合并的引力波信号，证明了爱因斯坦广义相对论预言中的引力波

2017 年，瑞士研制出世界首台可直接精确测定单个活体细胞质量的仪器"单细胞天平"

2019 年，汇集全球 200 多位天文学家的宇宙观测团队，发布了通过事件视界望远镜捕捉的黑洞及其"阴影"的第一张图像证据

案例 1—5

日本科技发展——从模仿到创新

在18世纪60年代第一次科技革命（工业革命）开始时，日本还处于德川幕府的统治时期，与清朝一样实行"闭关锁国"政策，在社会各方面远远落后于西方，也落后于中国。当1853年美国强行打开了日本封闭的大门后，受到了强烈刺激的日本明治政府进行了一系列改革。1868年是日本历史上具有转折意义的一年，封建幕府统治被推翻，明治天皇登基并开始了著名的明治维新。在这一时期，英国的功利主义、法国天赋人权的思想等先后流入日本，扫除了封建思想的桎梏。"脱亚入欧"迅速成为明治维新的核心纲要，即要把日本建设成一个西洋化的资本主义国家。为此，日本政府提出了"文明开化"、"殖产兴业"、"富国强兵"三大方针政策。其中"文明开化"即指提倡新文化，兴办教育并引进西方先进的教育体系；"殖产兴业"则是引进西方先进的科技成果，推动资本主义的发展；而"富国强兵"不言而喻，即军事力量强盛是立国之本，日本改革军警制度，实行征兵制，建立新式军队和警察制度，创办军火工业，大力支持军事科技发展。

在三大方针指引下，日本引进西方资本主义国家先进的政治、经济和文化的各项政策，尤其注重在教育体系上的学习与借鉴。明治维新时期，日本在教育领域取得了巨大的成就。首先是在高等教育体系的建设和发展上，日本在明治时期兴办了多所大学，同时重视工学教育，优待工学部门的技术人员，为日本工业、经济的发展提供了有利的技术支持。除此之外，日本还派遣留学生出国学习，并聘请国外专家到日本任教。在1868—1874年间，日本先后派出550多名留学生前往欧美国家学习。1871年，日本派出近百人的岩仓使节团，前往欧美各国进行访问考察，学习其发展经验。除外出考察外，日本还聘请外国专家和技术人员到日本任教，在1868—1889年间，日本的外籍教师数量达到2000人以上，这些专家不但为日本引进西方的先进的教学模式和设备，还为日本的人才培养和教育体系改革做出了突出贡献。

由于没有科学技术等发展必要条件，日本在初期直接从西方引进急需的技术、设备，以此为基础开始推动本国发展。1870年，日本政府先成立了工部省，总管全国工业建设，大力兴办铁路、采矿和通讯事业等，日本政府通过引进西方先进的技术、设备，借鉴外国先进经验，建立起了英国式的军工厂、德国式的冶炼厂等大批机械化工业企业。19世纪80年代后，日本政府大力扶持民办企业，私营企业在技术引进、技术创新中的作用权重不断增加，这些大企业开始按照自身利益的需求来引进西方先进的科技成果。这一时期，日本通过三种方法引进西方技术并进行本土化：一是聘用外国专家，他们带来了先进的技术和设备管理、使用方法，明治维新初期的许多工厂和基础设备都是在外国技术和管理专家的帮助下建成的；二是培养本国技术人才，日本派出留学生到欧美国家学习，并在全国各地都设立了高等工业学校，此外，许多日本企业为了掌握新技术，成立了研究实验室培养专家和技术人才；三是通过与西方公司合作，购买国外的专利技术并对引入的技术进行改造。在此后，日本还尝试以将本国传统技术与西方技术相结合的方式来发展本国工业。日本这种模仿学习的方式取得了较好的效果，到90年代，日本私营棉纺织业、铁路、航运、造船等轻、重工业均得到迅速发展。

通过引进学习西方现代科学技术，日本借助第二次科技革命浪潮，在几十年内交叉完成了两次科技革命，成功步入资本主义工业国家行列。

第二次世界大战后，日本经济和社会严重受创，但凭借着在第三次科技革命中的出色表现，日本利用其"拿来主义"的发展模式迅速恢复了国民经济，甚至赶超英、法等国家。随着与欧美各国技术差距的缩小，日本通过学习引进国外技术并进行改造利用来提升科技水平的做法日益显得不合时宜。20世纪80年代，随着第三次科技革命在向着电子科技、信息技术等领域深入发展，日本摈弃了长期以来的模仿学习模式，在1995年提出"科学技术创造立国"的科技发展战略，开始强调基础研究和自主研究独创性技术，并将信息技术、能源技术等定为科技发展的重点。在倡导自主创新的整个80年代中，日本技术进步作用率达到40.5%，而同时期的美国这一数字仅为29.6%。

进入21世纪，日本的科技在信息技术、纳米与材料技术、宇宙空间、生物技术等方面取得强劲发展，研制出下潜深度最高的深海无人探测器、世界上性能最强的宇宙暗物质探测器、世界最大单一主镜片光学红外天文望远镜等高科技产品,并在很长一段时间内成为仅次于美国的经济强国。

(资料来源:《日本研究》,有改动)

思考:
  从模仿学习到自主创新,日本的科技发展之路对我国有哪些借鉴之处?

1.3.2 科技给中国带来的挑战和机遇

1. 科技革命对中国的影响

  二百多年以来,三次科技革命彻底改变了人们的生产和生活方式,也不断影响着国际局势的变化发展,回顾我国历史可以发现,在第一次和第二次科技革命中的封闭落后令中国错失了发展机遇,甚至一度丧失国家主权,而在中华人民共和国成立后,我国在第三次科技革命中紧追不舍,极大地推动了社会生产力的发展,国家综合国力和国际影响力不断提升。

  中华人民共和国成立后,中国迫于当时的国际环境,实行"国防优先"战略,将资源首先重点配置于国防部门。在建国初期资源稀缺、国力有限等不利条件之下,集国家力量自上而下发展国防科技和工业的苏联模式,使中国初步实现了国家的工业化并在国防科技领域取得了突破性成就。在二十多年内,中华人民共和国建立了航空、航天、核工业等新兴工业部门,同时在原子弹、氢弹和人造卫星等国防尖端科技方面实现了诸多突破,但这种发展方式却造成了轻工业和农业的落后。1978年党的十一届三中全会决定实行改革开放,提出"以经济建设为中心",经济建设必须依靠科技,而科技工作也必须面向经济建设。

  自改革开放四十多年来,中国广泛学习先进技术并提升自主研发能力,在许多领域取得了举世瞩目的成就。

  在航空航天领域,2011年我国"长征二号"运载火箭将"天宫一号"目标飞行器送入太空,标志着中国已经拥有建设初步空间站的能力;2016年"神舟十一号"载人飞船与"天宫二号"空间实验室成功实现自动交会对接;2017年"天舟一号"货运飞船顺利升空。在天文观测领域,中国"天眼"工程成功建成500米口径球面射电望远镜,截至2020年11月,"中国天眼"已发现超过240颗脉冲星,标志着中国射电天文事业取得重大突破。在卫星导航领域，中国自主研发、独立运行的北斗卫星导航系统于2020年实现了全球覆盖，为交通运输、农林渔业、水文监测、气象测报、通信系统等广泛的领域提供服务。此外，当前中国5G通信技术、桥梁铁路建设技术、反卫星武器技术等均领跑全球，自主创新能力也有了较大的提升。科技和创新能力的发展不仅提升了我国的国际影响力，同时推动了我国产业结构转型升级，促进经济实现健康发展。改革开放四十多年来我国经济飞速发展的奇迹震惊了全世界，当前中国已经成为世界第二大经济体，世界第一贸易大国和世界第一大外汇储备国，国际地位和影响力逐步提升，成为多极化国际格局中举足轻重的一极，用实际行动向世界交出了国家发展的中国答卷，为世界贡献了中国经验和中国力量。

纵观科技革命发展历史，可以发现当新一轮科技革命来临时，一个国家如果能够抢占先机，率先在某些重要科技领域产生突破，进而引领整个科技革命，就能极大地提升其综合国力，从而成为改变既有世界格局的重要力量。因循守旧只会错失机遇，掌握核心科技、提高创新能力并及时将科技成果应用到实际中产生经济效益，以科技带动经济发展、以科技维护国家安全，并利用国家实力继续推动科技创新发展，实现科技与成果相互促进的良性循环，才能为国家发展提供源源不竭的动力。

2. 当前我国科技领域面临的威胁和挑战

改革开放四十多年来，我国科学技术事业发展迅速，我国科技人力资源总量居世界第一位，科技经费投入总量居世界第二位，发明专利申请量和授权量均居世界第一。尽管取得了丰硕的成果，但目前在科技领域，"重发展轻安全"的思想普遍存在。我国科技安全预警、监测和管理体系建设处于起步阶段，识别、防控和应对科技安全问题的能力还十分薄弱，科技引发的伦理、生命、生态、环境等领域的新问题时常发生。当前我国科技安全面临着外部威胁和内部威胁，其中外部威胁主要是部分西方发达国家对我国科学技术进行遏制，由于国家间的竞争以及意识形态的分歧，部分发达国家把我国当作假想敌，在政府层面对我国实行技术遏制，以技术专利垄断市场，通过技术标准优势加强技术壁垒。西方发达国家的跨国公司为了防止技术应用扩散，在向我国进行技术转移时采取技术保护措施，对我国实行技术封锁。此外，某些西方发达国家利用其科技优势推行霸权主义，利用其主导地位不断加强科技优势，并以此推行政治、经济和文化霸权，导致我国科技安全长期面临不利态势。

我国科技领域面临的内部威胁主要体现在以下方面：

(1) 核心技术受制于人，创新能力不足

世界新一轮科技革命对我国未来生存和发展带来新挑战，当前我国科技领域核心技术发展落后导致的不利影响频频出现。在芯片、飞机、精密医疗器械等工业品的制造上，我国还远远不及发达国家，而美国等西方国家却利用技术优势，对我国进行贸易压制。如今，创新已经成为国家间科技乃至经济竞争成败的分水岭，决定了一个国家的竞争地位。科技发展经验表明，新兴产业的发展都是基于创新成果所形成的生产力，市场竞争实际上是技术之争、专利之争和标准之争。目前我国技术发展仍以跟踪为主，鲜少进行技术创新，科技不能够充分转化为实际成果，同时作为世界第一制造大国，我国却并没有多少世界级的创新产品。这些问题不仅制约着我国新兴产业的发展，同时也阻碍了我国产业升级发展的战略规划。

(2) 前沿基础研究薄弱

基础研究是为了获得关于现象和可观察事实的基本原理的新知识而进行的实验性或理论性研究，它不以任何专门或特定的应用或使用为目的。基础研究是科技创新的源头，但目前来看，基础研究能力和产出仍是我国科技领域的短板。长期以来，我国基础研究投入占比都在5%左右，并且主要来自政府投入，而这一数字在美国达到了15%以上，其来源包括美国联邦政府、地方政府、企业和社会力量。基础研究投入不能只依靠中央政府，我国地方政府和企业也应当认识到基础研究对于推动地方经济发展、高新科技产品研发的重要作用，加大对基础研究的投入，提高我国自主创新能力。

(3) 军民科技相互融合转化不畅

整体来看，我国军事领域科技相较于民用领域要领先许多，近年来我国大力提倡军民科技融合，当前军民融合发展已进入由初步融合向深度融合的过渡阶段，但还存在思想观念落后、缺乏顶层统筹统管体制、运行机制滞后以及工作执行力度不足等问题，军民科技发展尚未建立顺畅高效的组织运行机制，军民技术双向流动不畅，同时军民技术标准壁垒也造成转化的经济成本和时间成本大大增加。

(4) 缺乏完善的市场化环境

国家要实现创新驱动就必须让科技和经济紧密结合，以创新科技促进经济创收，再以经济效益带动科技创新发展。国内外成功的实践表明，市场机制作为经济和社会系统配置资源的一种有效的制度安排，是连接科技和经济活动的纽带。科技和经济的结合不能靠政府干预，而只有通过市场竞争的选择才能够实现。当前我国社会化和市场化创新环境还不健全，各级政府对面向所有企业的长期性和政策性投入不足，对企业技术创新发展的服务机制不够完善，企业难以从社会和市场获得技术创新所必要的资源，同时当前我国对于专利、版权等保护还不尽完善，市场竞争环境中存在的不公平现象也抑制了企业的创新动力。

(5) 科技人才不足，科技资源分配不合理

目前我国科学技术发展最突出的一个问题是科技人力资源庞大，但科技人才不足，缺乏优秀人才尤其是世界级科学技术专家。国内外无数的经验表明，顶尖人才在创新活动中有着不可替代的作用。但从当前人才素质结构上看，我国中低端人才比例较大，高级别、复合型人才短缺，特别是高新技术、高级经营管理人才缺乏，改革开放以来，我国出台各项政策措施，促进了人才资源结构的优化。科技人才断层现象基本得到解决，但分布和结构不够平衡，尤其是企业缺乏高水平的科研人员，产业人才存在结构性失衡、区域人才分布不平衡等问题。

1.3.3 关于科技安全的研究

21世纪以来，在经济全球化背景下，国际局势复杂多变。国家科学技术发展的水平，日益成为国际竞争的核心领域，在相当程度上决定了国家在世界竞争格局中的地位。如今，以美国、俄罗斯、日本、欧盟为主的国家和地区，依靠其科技实力，占领着世界发展的主轴。随着科学技术自身发展的日益完善，以及应用范围的不断扩展，科技已成为社会各领域的技术支撑，谁拥有了高新科技，谁就拥有综合国力竞争的优势和主动权。

正因如此，科学技术也成为外部势力制约和破坏的重点对象，科技安全对国家安全的作用日益凸显。当前我国国家安全内涵和外延比历史上任何时候都要丰富，时空领域比历史上任何时候都要宽广，内外因素比历史上任何时候都要复杂，必须坚持总体国家安全观，既要重视传统安全，也

要重视非传统安全。科技安全作为非传统安全领域的一部分,是国家安全的重要保障,新时代对科技安全提出了新要求,科技快速发展对科技安全提出了新挑战,必须要加强科技安全法规制度建设,健全科技安全工作体系,提高科技安全治理水平,从而进一步推进国家治理体系和治理能力现代化,实现国家的综合安全和整体安全,将我国建设成为富强、民主、文明、和谐、美丽的社会主义现代化强国。

针对此,本书根据当今世界格局下各个国家和地区的综合实力和政策制度的典型性,选择美国、英国、俄罗斯和日本作为主要研究对象,作为典型发达国家,这些国家各自具有不同的特点,同时对我国科技保密工作有许多可借鉴之处,其中:

美国作为目前无可争议的超级大国,其太空产业(卫星、飞船、全球定位系统)、航空产业、生物科技、现代农业、汽车工业、电子工业、计算机产业等均在世界范围内遥遥领先,是无可争议的超级大国,更是典型的科技强国;

英国是欧洲的主要强国之一,同时作为最早进行工业革命的国家,掌握着许多前沿科技的基础科学研究;

俄罗斯的科技潜力多集中在国防系统,在军工和航天技术领域,以及各类尖端武器的研制方面,俄罗斯保持着雄厚的实力,同时其生物工程、原子能、复合疫苗、新材料等方面的科技也都处于世界先列;

日本是亚洲发达程度最高的国家,不仅长期重视教育,而且大力发展科学技术,在电子技术、材料科学、装备制造、高精机床、仪器仪表、地质学等领域都有世界领先的水平。

本书通过对典型国家科技保密工作制度进行研究,从中提炼出我国科技保密制度建设的可借鉴经验,得到适合我国科技保密管理工作的方法,有助于丰富我国的保密制度,增强保密工作体系完整性、规范性,推进国家秘密保护的科学化、规范化,帮助提升整体保密能力,推动秘密治理体系和治理能力现代化。完善国家科技创新保障机制,提高科技安全治理水平,让科技实力为保障国家主权、安全和发展利益提供强大的科技支撑,在更大范围、更高水平上发挥科技创新对国家安全的支撑保障作用。

第 2 章

核心概念和比较标准

章首开篇语

在当今世界，无论何种形式的发展，科技的存在都是不容忽视的。日常生活中，人们常把科技作为一个词语来说。实际上，在对国外，特别是美国的相关研究中，一定会发现没有一个单词与中文的"科技"完全对应，真正完全对应的是"science and technology"，或该词组的简称"S & T"。

本章重点问题

- 科学和技术的区别与联系
- 科技信息的概念与科技领域
- 科技活动管理流程
- 科技安全概念的内涵与外延
- 科技秘密与科技保密工作

2.1 科技信息与科技领域

2.1.1 科学和技术的区别与联系

1. 科学技术是密不可分的一体

科学包括通过观察和实验对物理和自然世界的结构和行为进行系统研究，而技术则是为了实际目的而应用科学知识。科学的研究随着人类文明的发展而发展，就像世界的福音一样，使人类对所处世界的了解愈加深刻。技术则是指用于创造和开发产品并获取知识的技能，技术的发展有助于在医学、农业、教育、信息等领域带来一场又一场革命。科学家利用他们的知识来发展技术，然后利用技术来发展科学。因此，科学技术在当今世界是一个统称。

2. 科学与技术高度依存又截然不同

科学、技术和创新各自代表着更大的活动类别，这些活动是高度相互依存又截然不同的。

科学至少以六种方式对技术做出了贡献：（1）新知识，可以直接作为新技术可能性的思想来源；（2）用于更有效的工程设计的工具和技术的来源，以及用于评估设计可行性的知识库；（3）研究中使用的研究仪器，实验室技术和分析方法，通常会通过中级学科最终进入设计或工业实践；（4）研究实践作为发展和吸收新的人类技能和能力的源泉，最终对技术有用；（5）建立一个知识库，从其更广泛的社会和环境影响来看，在技术评估中变得越来越重要；（6）知识库，可为应用技术的研究，开发和改进提供更有效的策略。

技术对科学的影响至少具有同等重要的意义：（1）通过提供新颖的科学问题的丰富资源，从而也有助于证明为有效、及时地解决这些问题所需的资源分配的合理性；（2）作为其他手段和技术无法获得的来源，这些手段和技术可以更有效地解决新颖且更加困难的科学问题。

由于科学与技术之间存在许多间接以及直接的联系，因此，潜在的社会收益研究范围比仅考虑科学与技术之间的直接联系所建议的范围要广得多，而且也更加多样化。

3. 科学、技术、工程和数学合称STEM

也有许多国家采用"STEM"这一缩略词表示科学、技术、工程和数学，STEM是将这些学科组合在一起的广义术语，由Rita Colwell和其他科学管理人员于2001年在美国国家科学基金会（NSF）中采用。STEM中的科学，通常是指科学的三个主要分支中的自然科学与形式科学。其中自然科学包括生物学、物理学和化学；形式科学包括逻辑和统计学等。以心理学、社会学和政治学为代表的社会科学作为科学的第三大分支不纳入STEM中，而是与人文和艺术一起组成另一个对应的首字母缩写，名为HASS（人文、艺术和社会科学），其于2020年在英国更名为SHAPE。在美国/英国的教育系统中，在小学、初中和高中，科学一词主要是指自然科学，而数学是一门独立的学科，将社会科学与人文学科合称为社会研究。

除此之外，还有美国国防部科学技术信息计划中对科技活动表述为科学与工程（R&E）等其他表述，一并将其列入本书所讨论的科技中。

4. 研发仅仅是科技活动的一个阶段

与科技相关的还有"研发"一词，即研究与开发（R&D，R+D），在欧洲称为研究与技术开发（RTD），是公司或政府在开发新服务或产品并改善现有服务或产品方面进行的一系列创新活动。研究和开发构成了潜在的新服务或生产过程的开发的第一阶段。研发活动因机构而异，或是由工程师负责直接开发新产品的任务，或是由工业科学家负责科学技术领域的应用研究，这部分研究可能会促进未来的产品开发。但研发与其他活动的不同之处在于，其目的不是立即产生利润，而是承担更大的风险和不确定的投资回报。

因此，本书对科技的定义，既包括科学和技术，也包括广义上的STEM，而将研发仅作为科技活动的一个阶段。

2.1.2 科技信息

科学发现通过各种媒体进行交流，包括文本、多媒体、视听和数字。研究结果在一系列产品中表达，如技术报告、简报图表、计算机软件、期刊文章、研讨会报告、程序文件、专利和科学研究数据集等都有体现。

美国国防部科学技术信息计划（STIP）规定，科学所有重要的科学或技术发现、建议和来自国防部努力的结果都被记录为科学、技术和创新。这包括根据合同、拨款和其他与国防部任务相关或有助于国防部和国家S&T基地的文书所产生的努力。科技创新必须包含足够的细节，以便其他人可以复制这些方法并比较结果。

表 2-1　　　　　　　　美国政府和国防部对科技的定义

美国政府和国防部对科技的定义			
联邦政府范围		国防部	
OMB（1998）		DOD FMR 第五章 2B 卷	
研发	基础研究	一种系统的研究，旨在提高对现象和可观察事实的基本方面的认识或理解，而不考虑对过程或产品的具体应用	科技活动	基础研究	系统性的研究，旨在提高对现象和/或可观察事实的基本方面的认识或理解，而不考虑对过程或产品的具体应用
^	应用研究	系统的研究获得必要的知识或理解，以确定一个公认的和特定的需要可以被满足的方法	^	应用研究	系统的研究获得必要的知识或理解，以确定一个公认的和特定的需要可以被满足的方法
^	^	^	^	先进技术开发	包括所有为现场实验和测试而开发和集成硬件的工作
^	^	^	^	演示和验证	包括在尽可能实际的操作环境中评估集成技术所需的一切努力，以评估先进技术的性能或降低成本的潜力
^	^	^	^	工程与制造业发展	包括为服务目的而进行的工程和制造业开发，但尚未获得全速生产批准的项目
^	^	^	^	RDT&E 管理支持	包括旨在支持一般研发所需的安装或操作的研发工作。包括试验场、军事建设、实验室维护支持、试验飞机和舰船的操作和维护，以及支持研发计划的研究和分析
^	开发	系统地应用知识生产有用的材料、装置、系统或方法，包括原型和新工艺的设计、开发和改进，以满足特定要求	^	操作系统开发	包括那些仍在工程和制造业开发中支持开发采办项目或升级的开发项目，但已获得国防采办委员会（DAB）或其他生产批准，或者在国防部提交的预算或下一财政年度的预算中包含了生产资金
^	^	^	^	发展性测试与评价	与工程（engineering）或支持活动（support activity）有关的确定系统、子系统或组件可接受性的努力
^	^	^	^	作战试验与鉴定	与工程（engineering）或支持活动（support activity）有关的确定系统、子系统或组件可接受性的努力

2.1.3 科技领域

科技与创新活动具体包括哪些领域不是一成不变的。例如，在计算机发明之前，计算机技术及其相关的微电子、超算等必然不是当时的科技所覆盖的领域。同样，对当前科技领域的划分也不能保证未来的适用性。特别是随着科学研究与落地应用转化速度的不断加快，对科技领域的分类使用时长将会进一步缩短。

国际专利分类（IPC）由 1971 年《斯特拉斯堡协定》建立，是世界知识产权组织（WIPO）管理的众多条约之一，提供了一种独立于语言的符号分层系统，用于根据专利和实用新型所涉及的不同技术领域进行分类。新版 IPC 于每年 1 月 1 日生效。《国际专利分类法》将科学发明和专利的技术主题尽量作为一个整体，或按功能分类，或按应用分类，而不是将它的各组成部分分别分类。例如分类符号 A01B 1/00 代表"手工工具"。第一个字母代表由字母 A（"人类必需品"）到字母 H（"电"）组成的"部分"。结合一个两位数，代表"类"（类 A01 代表"农业；林业；畜牧业；诱捕；钓鱼"）。最后一个字母组成"子类"（子类 A01B 代表"从事农业或林业的土壤；农业机械或工具的零件、细节或附件"）。子类后面是一个一到三位数的"组"号、一个斜线和至少两位数的代表"主要组"或"子组"的数字。由专利审查员根据分类规则，通常在适用于其内容的最详细的级别上，给专利申请或其他文件分配分类符号。A：人类必需品；B：执行操作，运输；C：化学，冶金；D：纺织品，纸；E：固定建筑；F：机械工程，照明，加热，武器；G：物理；H：电。除 A、B、C、D、E、F、G、H 八个分册外，第 9 分册是《使用指南》，是一个索引文件。

就目前的科技发展情况而言，兰德作为国际知名的智库，在其官方网站的"科学与技术"主题下列出了：航天、农业科学、飞机、天文学、生物学与生命科学、化学、通信技术、网络与数据科学、地球科学、教育技术、新兴技术、工程师与工程、卫生保健技术、数学、军事技术、军车、纳米技术、核科学、物理、STEM 教育、科技立法、科技创新政策、科学专业、轮船、技术专业、运输技术等方面。

从美国官方政策来看，不存在 STEM 学科的详尽列表，因为每个部门或组织对STEM的定义都可能存在不同。依据在美国移民和海关执法名单，符合STEM资格的美国移民学位包括：建筑、物理、精算学、化学、生物、数学、应用数学、统计学、计算机科学、心理学、生物化学、机器人、计算机工程、电气工程、电子、机械工程、工业工程、信息科学、信息技术、土木工程、航空航天工程、化学工程、天体物理学、天文学、光学、纳米技术、核物理、数学生物学、运筹学、神经生物学、生物力学、生物信息学、声学工程、地理信息系统、大气科学、教育/教学技术、软件工程和教育研究。

2.1.4 科技管理

自20世纪80年代初以来，为了落实国家中长期科学和技术发展规划的任务和目标，中国政府在对国民经济和国家安全具有重大意义的特定关键科技领域推出了一系列科技计划。科技计划涉及从国家级到省市级各级科技系统设立的科技计划，主要包括创新基金、火炬计划、省市级科技攻关、块状产业、高技术产业化等项目。国家科技计划是支持基础研究和基础性应用研究的主要途径，主要由政府资助。通过获得政府的资金支持，企业可以增强自主创新能力，提升核心竞争力，是企业获得低成本资金的有效途径之一。

"十三五"以来，中央的科技计划（专项、基金等）进行了优化整合，纳入五类科技计划。国家和地方政府为科研项目管理制定了一系列改革措施和方法。通过深化改革，加快建立适应科技创新规律的科研项目管理机制，进一步落实"放、管、服"方针，推进管理职能创新服务，营造良好的科研环境，充分发挥科研人员的积极性和创造性，增强科技对经济社会发展的支撑力。

地方科技主管部门按照国家科技规划体系，完成了地方科技规划体系建设，并实现了正常运行。地方科技规划体系充分结合地方科技项目的特点和管理重点。虽然不同，但一般的管理模式如下：省科技厅或市科技局制定地方科技规划项目管理办法，发布项目指导意见；建立由科技界、产业界、经济界高水平专家组成的战略咨询和综合评价委员会机制，开展项目咨询，专业项目管理机构负责科技计划项目的申报受理、项目审批、过程管理和最终验收；建立公开统一的科技计划管理信息平台，对科技计划需求收集的全过程进行管理，指导发文、项目申报、立项安排、跟踪、效率查询、验收评估，实现与国家项目库对接。

"十三五"以来，国家和地方政府颁布了一系列科研项目管理改革措施和办法，旨在深化改革，加快建立适应科技创新规律、统筹协调、职责明确、科学规范、公开透明、监管有效的科研项目管理机制，充分发挥科研人员的积极性和创造性，不断增强科技对经济社会发展的支撑和引领作用。为实施创新驱动发展战略提供有力保障。明确提出项目主管部门要完善服务机制，积极协调解决项目实施中出现的新情况、新问题，进一步落实"放管服"方针，简化管理、放权、优化服务。推动管理职能向创新服务转变，营造良好的科研环境，确保科研项目顺利开展。这就对新时期科研项目管理提出了更高的要求。

作为项目管理体系中最基本和最广泛分布的部门，科技处或科研处通常是由项目承办单位为高效和专业的项目管理设立的科研部门。其垂直项目相关的管理职能包括：公布和实施国家和地方科学研究项目当局的申请通知、指南和其他相关信息要求及时签发；制定和宣传相关的垂直项目管理方法；负责纵向研究项目的整个过程管理；组织、协调和指导项目负责人宣布相关项目；指导并敦促项目负责人根据项目时间表完成相关工作。

在美国、日本、欧盟等技术发达国家在科技计划项目管理中形成了独特的项目管理模式。美国国家科技计划主要依靠政府投资，如基础科学和技术战略计划，并建立了专门机构——国家科学基金会。重大科技项目管理主要采取多元分散模式，需要由参众两院及司法部门进行约束，由政府研究机构、高校和产业研究机构实施。这种方式既赋予了研发的自主权，又在各部门形成了独特的技术管理方式，科技成果的转化是由市场驱动的。在项目管理方面，欧盟引入了集体和单独责任制。不进行融资，没有银行担保，不需要先签合同的优势等。合作伙伴之间，这样加速了立项速度。项目将先预付85%，提交项目年度实施报告时再支付15%。英国采用强化竞争机制、择优支持、优胜劣汰的科技经费分配方式。建立专门的科技机构，开展政府投资，实行严格的科技评估制度，对申请的研究项目进行评估，完成研究项目。日本实行"官产学"投资的科技计划项目管理模式，科学基金组织是政府投资的专门机构。政府鼓励民营企业在自身融资中开展研发投资，以配比方式给予一定融资，由日本开发银行和中小企业金融公库提供低利率贷款，使研发活动能够互动并产生效果。可见，国外发达国家的科技计划项目管理各有特色，但都有政府资金配套、审批流程简化、主体竞合、市场促转型等特点。

在当前军民融合的大背景下，科技项目已经不仅仅局限于项目攻关单位，涉及的科研院所、高校、企业等大幅增加，科研活动的链条进一步延长，对科技管理也就提出了更高的要求。

2.2 科技安全概念的内涵与外延

就像农业和工业经济中的资本一样，在知识经济中，知识尤其是科学技术将是最有价值的资源和生产要素。国家科技实力及其安全状况对国家整体竞争力和国家安全的影响越来越大，科学技术将成为国际关系中的重要武器和筹码，科学技术成为维护国家安全和发展的最重要战略资源。

2.2.1 总体国家安全观是科技安全的指导框架

国家安全是国家生存和发展最基本和最重要的先决条件。在历史上，各国和不同朝代的统治者面临着本朝代的痛苦问题，如王朝更迭、外国入侵和内部骚乱，这已经产生了国家安全的概念。在古代社会中，人们没有正式使用"安全"和"国家安全"的概念，但它们的基本含义在许多文献中都有所反映。中国古代文献《左传》提到"居安思危"，"水能载舟，亦能覆舟"。这些都成为历代统治者维护统治的警世箴言。英国著名政治学家霍布斯在《立维坦》中也提到，只要国家感到不安全，就会采取"角斗士的姿态，用眼睛盯着对方，用武器指着对方"。可见，维护国家安全和生存是每个国家的本能反应。

今天，世界和平与发展仍然是时代的主题。但世界并不是太平的，中国的安全正面临着许多挑战，为此，我们必须做好充足的准备。从国际来看，国际旧秩序的日益增长使得脆弱的未开发国家的情况继续恶化，从而导致国内持续的危机。

强权政治和霸权主义的干涉使地区冲突和地区战争时有发生。恐怖主义的泛滥、武器威胁、不同文明和种族的争端与冲突、世界人口的膨胀、生态环境的恶化等，都是确保国家安全积极应对的国际挑战。从国内层面看，中国仍处于社会主义初级阶段，经济体制转型、社会体制转型、政治体制转型、开放转型进程也在不断推进。这种深刻而戏剧性的转变，在改变旧体制、利益分配和社会结构的同时，直接影响了人们内心的观念。长期积累的老问题和快速发展的新矛盾，是对中国国家安全的重大挑战。

在当今时代，中国国家安全的内涵和外延已由军事和政治领域拓展到经济、科技、文化、信息、金融、能源、气候、公共卫生等诸多领域。2014年4月，我国提出总体国家安全观并指出必须既重视外部安全，又要重视内部安全。中共中央总书记、国家主席、中央军委主席、中央国家安全委员会主席习近平于2014年4月15日主持召开中央国家安全委员会第一次会议并发表重要讲话。他强调，要准确把握国家安全形势变化的新特点新趋势，坚持总体国家安全观，走出一条中国特色国家安全道路。并指出，当前我国国家安全内涵和外延比历史上任何时候都要丰富，时空领域比历史上任何时候都要宽广，内外因素比历史上任何时候都要复杂，必须坚持总体国家安全观，以人民安全为宗旨，以政治安全为根本，以经济安全为基础，以军事、文化、社会安全为保障，以促进国际安全为依托，走出一条中国特色国家安全道路。贯彻落实总体国家安全观并必须既重视外部安全，又重视内部安全……既重视传统安全，又重视非传统安全，构建集政治安全、国土安全、军事安全、经济安全、文化安全、社会安全、科技安全、信息安全、生态安全、资源安全、核安全等于一体的国家安全体系。

当今时代，中国国家安全的内涵和外延已从军事政治领域拓宽至经济、科技、文化、信息、金融、能源、气候、公共卫生等其他领域。2014年4月，我国提出总体国家安全观并指出必须既重视外部安全，又重视内部安全。总体国家安全观强调，应该从整体、全面、相互关联和系统的角度来考虑和处理国家安全问题。安全领域虽然相对独立，但并不是相互孤立的。而是相互交叉，相互作用，形成一个有机的整体。每一个地区的破坏性安全危机都会影响其他地区，甚至导致整个国家的安全危机。换句话说，总体国家安全观并不等于各个领域安全的简单总和，这是维护国家安全的基本思路，也是在西方势力试图遏制中国复兴的外部环境中保持稳定和长期进步的唯一途径。

2.2.2 科技安全是国家安全的重要组成部分

就像农业和工业经济中的资本一样，在知识经济中，知识，尤其是科学技术将是最有价值的资源和生产要素。国家科技实力及其安全状况对国家整体竞争力和国家安全的影响越来越大，科学技术将成为国际关系中的重要武器和筹码，科学技术成为维护国家安全和发展的最重要战略资源。作为国家整体安全框架的重要支撑，相应的国家科技安全战略已成为国家安全战略的组成部分。是其他国家安全、国防安全、经济安全的技术基础。

1. 科技安全的概念

有关科技安全的定义，有广义和狭义两种理解。

狭义科技安全是指基于科学技术系统的安全性，是一种国家科技发展趋势，这种趋势反映在国际环境中，国家通过政治、军事、外交、经济、科技等手段，使国家科技系统通过开放的国际环境的作用和协调内部系统的运行来实现功能的优化，也保证了系统不受内外部威胁，国家利益得到维护。这一定义将科技视为一种特定的制度，并根据安全的要求确定了科技安全的内涵。

广义的科技安全是从国家利益分析的角度给出的定义：国家科技安全代表着由科技因素、科技因素与国家安全因素之间的相互关系构成的国家安全状态。这个国家描述了国家利益避免外来科技优势（因素）威胁的能力、国家发展科技和依靠科技提高整体竞争力的能力，国家通过科技手段维护国家综合安全的能力，以及建立健全高效的科技安全预警和防范体系。

一般的科技安全观是指一个国家的科技体系不受威胁的状态。根据近年来专家的观点，国家科技安全的基本概念是一般科技安全在国家安全领域的延伸，是科技成果、与国家安全利益密切相关的科学技术研究和科学技术开发在不同程度上不受威胁和侵害。首先是指国家一切科技的安全，特别是一些关系国防、国计民生的国家重大科技项目和成果的安全。例如，国家开发和掌握的导弹技术、原子弹技术和军用航空技术的安全性。其次，它还包括科技在个人或企业中的所有权，并在不同的情况下对国家安全和利益有不同程度的影响。因此，良好的国家科技安全地位体现在国家科技企业和事业受到外部干扰、威胁和控制，以及科技优势和综合发展，强大的自主性和竞争力，能够有效地支持国家的经济建设和国防建设，维护国家安全。

习近平总书记指出：贯彻总体安全观，既重视发展问题，又重视安全问题，发展是安全的基础，安全是发展的条件。同理，科技发展是科技安全的基础，科技安全是科技发展的条件。一方面，中国科技资产的增量安全需要靠科技发展来维护，即通过动态的科技研发有效保持中国在全球科技创新格局中的同步乃至领先的态势，特别是做好人才引进工作、防止人才流失，逐步取得后发优势；另一方面，要重视传统的存量安全，对域外间谍、渗透势力积极防御，维护既有科技成果不受外来威胁和剽窃。

2. 科技安全的内涵

一个国家的科技安全状况反映了其国家利益避免遭受国外依靠科技优势产生威胁的能力，以及国家在国际环境中保护科学技术和依靠科学技术提高整体竞争力和国家科技手段维护国家综合安全的能力。可以看出，科技安全具有以下内涵：

第一，科技安全是国家安全的主要标志之一。由于技术安全直接渗透国家安全的各个领域，技术安全直接影响国家的经济安全、军事安全、生态安全、文化安全、政治安全和社会安全等各个方面。从某种意义上说，一个国家的技术安全状况可以决定该国的国家安全形势。技术安全状态差，国家安全整体状态必然受到严重影响。

第二，科技安全的根本目的是维护国家利益。科技安全的根本体现是在复杂的国际竞争中国家利益不受损害。强调科技安全，归根结底是以维护国家利益为最高目的。国家利益是国家安全战略的核心。它是任何其他利益都无法比拟的，比如个人利益、集体利益和地方利益。它具有"至高无上"的地位。维护国家利益是国家安全的最高目标，加强科技安全是从科技及相关方面的角度保护国家利益。

第三，科技安全是一种动态的、比较的状态。科技安全情势体现了在国际竞争格局中各国，特别是大国之间在科技领域或通过科学技术的控制与反控制、渗透与反渗透的较量。尽管近些年来我国在一些科技领域实现了从跟跑到并跑、领跑的巨大进步，但必须看到，我国与发达国家和其他大国在整体科技实力方面仍然存在明显差距，这是对我国科技安全的首要威胁。

第四，科学技术在为人类造福的同时也会产生一定的甚至是严重的负面影响，这些负面影响将直接影响经济安全、军事安全、生态安全和政治安全等国家安全要素。这是科技安全的一个显著问题，而这个问题在过去的科技发展进程中没有得到足够的重视。

第五，国家科技发展所处的外部环境对科技安全状况有重要影响。科技发展的外部环境包括国际环境和国内环境。就我国而言，国外发达国家科技发展越快，我国所面临的国际科技优势的威胁就越大，我国科技安全态势则越差。国内经济体制、政治体制、文化背景、领导层的科技观念、社会活动等等，各种因素都影响甚至制约着科技安全状况。

第六，国家科技实力是科技安全的技术基础。科技安全强调利用科技手段维护国家安全，增强综合国力，这归根结底取决于国家的整体科技水平。显然，科技实力强的国家，其科技安全感就强；反之，科技实力弱小的国家则无法依靠科技手段应对外来威胁，其科技安全感就差。

当今世界，科学技术的发展突飞猛进，科技竞争成为国际竞争的焦点。科技安全在国家安全中的作用日益突出，对经济发展和社会进步的影响越来越深远。对于国家安全来说，政治、经济和军事安全是最根本的，而科技安全是基础。没有科技安全，就没有国家安全，也就没有政治、经济和军事安全。同时，由于科技系统是一个复杂的开放系统，其自身的日益壮大已经成为国家安全和发展的技术支撑，因此它越来越成为国内外竞争对手或敌对势力控制、限制、攻击和破坏的对象之一，成为敌对力量危及国家安全的一种方式。因此，科技安全已成为国家安全的重要和基本内容之一，已成为国家安全系统中相对独立的子系统。

3. 科技安全的复杂性

国家科技安全的内容包括国防、农业和工业等方面的科技安全。长期以来各国对国防科技安全的关注度较高，随着全球化的深入，工业科技安全、生态科技安全、信息科技安全与国家总体安全的正相关程度逐步提升。科技安全的概念日益复杂化，与其他安全领域的交叉、重叠日益突出。

目前来看，涉及全球经济、社会、国防重点领域的关键核心技术对人类社会发展的支撑作用日益彰显，其对政治、经济、文化、军事等各个领

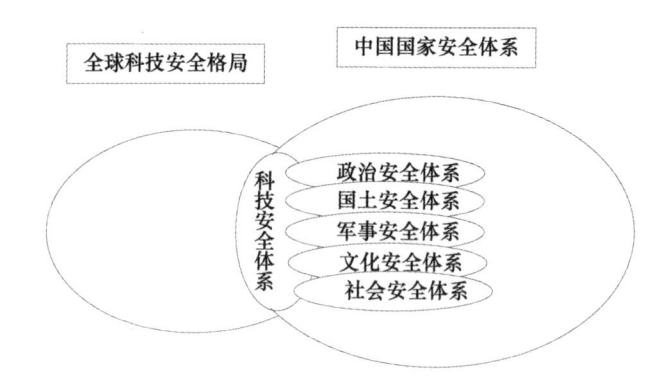

图 2-1　中国科技安全体系的复杂性

域的影响也愈加深刻，国家间的差距表面上是经济实力、国防实力上的差距，实则应归结为关键核心技术上的竞争，关键核心技术的强弱作用在经济实力和军事力量上最终表现为国家整体实力的高低。

2.2.3　科技安全是国家安全的坚强保障

自从人类进入阶级社会并产生国家，特别是现代民族国家之后，国家主权独立、领土完整、维护国家尊严和促进民族凝聚力都有着不懈追求主权的战略目标，并建立和使用相应的军事力量是实现这些目标的基本保证。所以国家安全始于政治安全和军事安全。

古代中国一度居于全球科技创新的领先位置，如"四大发明"对人类的进步起到了不可代替的推动作用。然而，明代以后，由于封建统治者闭关锁国，中国同世界科技发展潮流渐行渐远，屡次错失富民强国的历史机遇。鸦片战争及之后，中国更是一次次被曾经瞧不起的国家打败，这些国家大多在经济总量、人口规模、领土幅员等指标上远远不如中国。习近平总书记指出："历史告诉我们一个真理：一个国家是否强大不能单就经济总量大小而定，一个民族是否强盛也不能单凭人口规模、领土幅员多寡而定。中华人民共和国成立以来，科技水平对于国防安全与国家安全的重要性日益提升。"1956 年 4 月，毛泽东明确指出："我们现在已经比过去强，以后还要比现在强，不但要有更多的飞机和大炮，而且还要有原子弹。在今天的世界上，我们要不受人家欺负，就不能没有这个东西。""两弹一星"的成功研制，使我国国防尖端技术取得了很大的进展。

经过长期努力，我军已成为一支拥有原子弹、氢弹、导弹、核潜艇和相当水平的常规武器的很有战斗力的军队，保障了国家安全，提高了中国的国际地位。2020年中央经济工作会议把"强化国家战略科技力量"摆在首位，专门部署，凸显了科技自立自强是促进发展大局的根本支撑。这是中央统筹国内国际两个大局，准确识变、科学应变、主动求变作出的决策部署，既立足当前，也着眼长远，为新发展阶段推动经济持续健康发展注入强大动能，能够把国家发展建立在更加安全、更为可靠的基础之上。创新是引领发展的第一动力。中央经济工作会议对科技创新的高度重视和专门部署，是历年中央经济工作会议不曾有过的。尤其是强调着力解决制约国家发展和安全的重大难题、强化国家战略科技力量、发挥新型举国体制优势等，指明了科技创新方向和重点，突出了在科技创新中我国的显著制度优势，为当前乃至更长时期坚持战略性需求导向打好科技自立自强攻坚战提供了行动指南。

2.3　科技领域保密工作的分类与重点

根据持有秘密的主体不同，秘密可以分为四类，即国家秘密、商业秘密、工作秘密和个人隐私。它们都有自身独特的内涵，对这些本质特征进行准确界定，是研究保密管理的前提。

2.3.1　秘密及其分类

秘密是人类社会伴随而来的客观存在，其中各种主体为了维护自身利益，对某些信息采取隐蔽的保护措施，使其不为外界所知。秘密通常包含在某物中或以某种形式储存在载体中，这是信息的非本质属性，也是信息持有人赋予信息的特征。所以秘密有一定的时空，在一定条件下可以转化为一般信息。

根据持有秘密主体的差异，可以分为国家秘密、商业秘密、工作秘密和个人隐私四类。它们都有自身独特的内涵，对这些本质特征进行准确界定，是研究保密管理的前提。

1. 国家秘密的定义

《中华人民共和国保守国家秘密法》作出明确规定：国家秘密是关系

国家安全和利益，依照法定程序确定，在一定时间内只限一定范围的人员知悉的事项。

上述定义表明，国家秘密有三个要素：（1）实质要素，"关系国家安全利益"，这是国家秘密的性质，是国家秘密区别于其他秘密的关键。国家安全和利益，主要包括国家完整、主权独立不受侵犯，国家经济秩序、社会秩序不受破坏，公民生活不受侵犯，民族文化价值和传统不受损害。（2）程序因素，即国家秘密必须按照法定程序确定，这意味着任何国家安全和利益都必须首先通过法定程序确定为国家秘密，然后才有国家秘密的法律地位，受法律保护。（3）时空要素，即某个人只在某段时间内为人所知。"在一定时期内"表明秘密不是一个常数，从产生到释放有一个过程。因此，国家机关、单位在确定保密级别的同时，应确定其保密期限。"某些范围的人员"表明，国家秘密应当并且可以在一个受控的范围内界定，国家机关、单位应当确定国家秘密级别的范围，并采取严格的保密措施使其无法超出界定的范围。

2. 商业秘密的定义与特征

根据《中华人民共和国刑法》和《中华人民共和国反不正当竞争法》的规定，商业秘密不为公众所知，能够给权利人带来经济利益，具有实用性并经权利人采取保密措施的技术信息和经营信息。技术信息，是指人们从生产实践中获得的经验或技能的实用技术知识，主要包括设计图纸、研究成果和研究报告、关于某一产品的有效通用图和计算结果、工艺流程、生产数据、产品配方和方案、操作技能、制造工艺、试验方法等。经营信息，是指与企业营销活动有关的所有秘密性质的商业管理方法，以及与商业管理方法密切相关的信息和情报。

根据定义，商业秘密具有四个特征：（1）秘密性。商业秘密首先必须是处于保密状态的信息，不能从公开渠道获知。《关于禁止侵犯商业秘密行为的若干规定》中规定，"不为公众所知悉，是指该信息不能从公开渠道直接获取的"。即不为所有者或所有者允许范围外的其他人所知，也不为同行业或信息应用领域的人所普遍知晓。（2）实用性。商业秘密与其他理论成果的根本区别在于商业秘密具有实用价值或潜在价值。商业秘密必须是能够应用于或对现在或将来的生产经营有用的具体技术方案和商业策略。不能直接或间接用于生产或经营活动的信息不具有实用性，不属于商业秘密。(3)保密性。即权利人采取保密措施,包括签订保密协议、建立保密制度和采取其他合理的保密措施。权利人只有采取措施表明自己的保密意图,才能成为法律意义上的商业秘密。(4)价值性。是指商业秘密本身所包含的经济价值和市场竞争价值,能够实现权利人应当记住利益的目的。这四个特征是商业秘密不可或缺的要素。只有同时具备上述四个特征的技术信息和商业信息才能被归类为商业秘密。

3. 工作秘密的含义

我国最早在法律法规中出现"工作秘密"一词,是在1993年8月14日国务院颁布的《国家公务员暂行条例》中。在该条例的释义中,提出工作秘密的要素包括除国家秘密以外的,在公务活动中不得公开扩散的事项和这些事项一旦泄露会给本机关、本单位的工作造成损害。《中华人民共和国公务员法》(以下简称《公务员法》)第十二条第六款明确规定保守国家秘密和工作秘密是公务员应该履行的职责。同时《公务员法》在第五十三条第十款进一步规定,公务员不得有泄露国家秘密或者工作秘密的行为。我国《政府信息公开条例》也包括有不得任意公开国家秘密、工作秘密以及影响社会稳定的敏感信息的含义,即行政机关公开政府信息不得危及国家安全、公共安全、经济安全和社会稳定。综上所述,工作秘密是指在各级政府及其行政管理部门,在各种公务活动和内部管理活动中产生的不属于国家秘密而又不宜对外公开的工作信息。这些信息依照规定程序确定,并且在一定时间内只限一定范围内的人员知悉。《中华人民共和国保密法》专指国家秘密的保护,而工作秘密分布在不同机关,情况千差万别,它的管理主要依赖于各机关的规章制度,目前从国家的层面上还很难对工作秘密制定出一个统一的法规。换句话说,工作秘密的保护属于保密工作的另外一个保护范畴。

4. 个人隐私的内容

个人隐私,是指公民个人生活中不愿为他人公开或知悉的信息,在生活中,每个人都有不愿让他人知道的个人生活的秘密,上升到法律层面就形成了公民的隐私权。《中华人民共和国民法典》规定,隐私是自然人的私人生活安宁和不愿为他人知晓的私密空间、私密活动、私密信息。个人信息是以电子或者其他方式记录的能够单独或者与其他信息结合识别特定自然人的各种信息,包括自然人的姓名、出生日期、身份证件号码、生物识别信息、住址、电话号码、电子邮箱、健康信息、行踪信息等。个人信息的处理包括个人信息的收集、存储、使用、加工、传输、提供、公开等。隐私权是自然人享有的对其个人的、与公共利益无关的个人信息、私人活动和私有领域进行支配的一种人格权。根据《布莱克维尔政治学百科全书》的界定，隐私权概念的核心内容包括"个人情况的取得、保持和传播，一个人向他人的曝光度以及一个人隐而不露的权利等问题"。正因为这个核心内涵，"使隐私仅与个人联系起来，商业组织或政府的秘密不会产生隐私权的问题"。

2.3.2 国家科学技术秘密的定义与存在形式

1. 国家科学技术秘密的定义

国家科学技术秘密，是指科学技术规划、计划、项目及成果中，关系国家安全和利益，依照法定程序确定，在一定时间内只限一定范围的人员知悉的事项。

对国家科学技术秘密的理解必须把握三点：第一，国家科学技术秘密属于国家秘密范围，是国家秘密的重要内容。第二，应是泄露后可能会使国家安全和利益受到损害的科学技术规划、计划、项目及成果中的事项，要依照法定程序确定。第三，国家科学技术秘密因情况变化和工作需要，同样会在存续时间和知悉范围上发生变化等。

2. 国家科学技术秘密的范围

《科学技术保密规定》第九条规定，关系国家安全和利益，泄露后可能造成下列后果之一的科学技术事项，应当确定为国家科学技术秘密：(1) 削弱国家防御和治安能力；(2) 降低国家科学技术国际竞争力；(3) 制约国民经济和社会长远发展；(4) 损害国家声誉、权益和对外关系。国家科学技术秘密及其密级的具体范围（以下简称"国家科学技术保密事项范围"），由国家保密行政管理部门会同国家科学技术行政管理部门另行制定。

《科学技术保密规定》第十一条规定，有下列情形之一的科学技术事项，不得确定为国家科学技术秘密：(1) 国内外已经公开；(2) 难以采取有效措施控制知悉范围；(3) 无国际竞争力且不涉及国家防御和治安能力；(4) 已经流传或者受自然条件制约的传统工艺。

由国家保密行政管理部门会同国家科学技术行政管理部门另行制定国家科学技术秘密及其密级的具体范围，作为确定、变更和解除国家科学技术秘密事项的具体标准和依据，也就是说，尽管国家科学技术保密事项范围并未直接出现在科学技术保密规定的文本中，但也是科学技术保密规定的重要组成部分。

3. 国家科学技术秘密的保密要点

科学技术是非常复杂的活动，不仅是科学原理的理解与应用本身的复杂性，也包括由于科技成果载体的多样性、科研人员的流动性等对科研管理带来的挑战。既要坚持"应保尽保"，也要防止过度定密，以免造成巨大的人力、物力和财力浪费，甚至束缚科技创新的脚步。因此，科学技术不仅要定密，也要明确保密要点。依据《国家科学技术秘密定密管理办法》，国家科学技术秘密保密要点具体包括：

（1）暂时不宜公开的国家科学技术发展战略、方针、政策、措施、规划、计划、方案和指南等；

（2）涉密项目研制目标、路线、过程，关键技术原理、诀窍、参数、成分、工艺，设计图纸、试验记录、制造说明、样品模型，专用软件、设备、装置、设施、实验室，情报来源和科研经费预算等；

（3）敏感领域资源、物种、物品、数据和信息等；

（4）民用技术应用于国防、军事、国家安全和治安等；

（5）国家间有特别约定的国际科学技术合作等。

4. 国防领域的科技秘密——国防专利

国防建设领域，历来是一个国家的战略核心领域，是科技创新最密集、最高端、最活跃的领域。国防专利，是指发明创造人或其权利受让人对有关国防事项的发明创造在一定期限内依法享有的独占实施权，是知识产权的一种，属于特殊的专利权。依据《国防专利条例》，国防专利是指涉及国防利益以及对国防建设有潜在作用需要保密的发明专利。绝密级涉及国防利益的发明不得申请国防专利。国防专利申请以及国防专利的保密工作，在未解密前按照《中华人民共和国保守国家秘密法》和有关主管部门的规定进行管理。也就是说，国防专利一定是涉密的，但只能是秘密或机密级，而不可能是绝密级。这并不意味着涉及国防利益的发明没有足够的创新性和重要性，而是为了对绝密级发明进行比国防专利更高等级的保护。

2.3.3 科技保密工作

1. 科学技术保密工作的定义与重要性

保守国家科学技术秘密的工作（以下简称"科技保密工作"），是指围绕保障国家科学技术秘密安全、促进科学技术事业发展而开展的专门性工作。具体讲，科学技术保密工作，是维护国家安全和利益，将国家科学技术秘密控制在一定范围和时间内，防止泄露或被非法利用，由机关、单位以及个人组织实施的活动。

科学技术是第一生产力，其在很大程度上决定着国家的发展潜力和综合国力。科学技术保密工作肩负着维护国家科学技术秘密安全的重要任务，其根本意义在于保护科学技术的领先性和独有性，提高我国科学技术国际竞争力。科学技术保密工作是党的保密事业的重要组成部分，在保密工作中具有独特地位。我国已经进入中国特色社会主义新时代，科学技术创新发展迎来了新的机遇期，同时也面临着复杂多变的国际斗争形势。加强我国科学技术保密工作，对于确保关键领域、重大项目和核心技术安全，为我国科技创新事业平稳发展保驾护航，对顺利实现建设世界科技强国的战略目标，进而实现中华民族伟大复兴的中国梦，具有十分重要的现实意义和深远的历史意义。

2. 科技保密工作的新形势与新挑战

当前，国际形势瞬息万变，科技竞争日益激烈，科技创新日趋活跃。世界各国都把发展科学技术和保护先进科技成果作为捍卫国家利益、确保国家安全，促进经济发展、提高综合国力的关键。

保密工作是没有硝烟的战场，科技秘密历来是敌对势力和竞争对手窃取的重要目标。长期以来，国际上围绕科技秘密的保密与窃密斗争尖锐激烈，各国在强化对自身先进科技成果保护的同时，想方设法通过各种手段和途径获取别国的先进科学技术，以加大本国的发展潜力和核心竞争力。个别西方大国大搞单边主义，实行贸易保护政策，封锁高科技产品与技术的交流合作，千方百计地遏制和打压我国科学技术发展，对全球科技发展形势带来诸多不确定因素。随着我国创新驱动发展战略的深入实施和经济实力不断增强，创新水平和科技实力大幅提升，科技支撑和引领经济社会发展的作用愈加突出，针对我国科技领域的窃密活动愈加频繁，科技秘密的重要性和加强科学技术保密工作的必要性愈加显著。

信息技术快速发展，办公自动化广泛普及，大数据、物联网、人工智能等新技术、新应用、新业态发展强劲。涉密主体日趋多元，国际科技合作领域逐步扩大，科技人员跨国界流动加速，科技创新和成果转化节奏加快。保密与窃密的斗争已经逐步成为高新技术的攻防和对抗，失泄密风险急剧扩大，科学技术保密工作面临着日益复杂的环境。

因此，加强科技保密体系建设，提高科技保密能力，对于维护国家科技安全具有重要的战略意义，各方必须提高认识，保持清醒的头脑，自觉从维护国家安全和利益的高度出发，切实重视和做好科学技术的保密工作。

3. 科技保密工作管理体制

《科学技术保密规定》明确，科学技术保密工作坚持积极防范、突出重点、依法管理的方针，既保障国家科学技术秘密安全，又促进科学技术发展。科学技术保密工作应当与科学技术管理工作相结合，同步规划、部署、落实、检查、总结和考核，实行全程管理。机关、单位应当实行科学技术保密工作责任制，健全科学技术保密管理制度，完善科学技术保密防护措施，开展科学技术保密宣传教育，加强科学技术保密检查。

我国科学技术保密工作体制为：国家科学技术行政管理部门管理全国的科学技术保密工作。国家科学技术行政管理部门设立国家科技保密办公室，负责国家科学技术保密管理的日常工作。省、自治区、直辖市科学技术行政管理部门管理本行政区域的科学技术保密工作。省、自治区、直辖市科学技术行政管理部门，应当设立或者指定专门机构管理科学技术保密工作。

中央国家机关在其职责范围内，管理或者指导本行业、本系统的科学技术保密工作。中央国家机关有关部门，应当设立或者指定专门机构管理科学技术保密工作。

国家保密行政管理部门依法对全国的科学技术保密工作进行指导、监督和检查。县级以上地方各级保密行政管理部门依法对本行政区域的科学技术保密工作进行指导、监督和检查。

机关、单位具体负责本机关、本单位的科学技术保密工作。

4. 科技保密工作与科技发展的关系

科学技术的创新与发展，是支撑现代化经济体系的"筋骨"，关乎国家综合实力和国际竞争力。科学技术发展在推进供给侧结构性改革、加快新旧动能转换、增强我国经济创新力和竞争力中将发挥决定性作用。

同时，科学技术发展的新形势、新任务，对科学技术保密工作提出了新要求、新期待。在我国大力发展科学技术的大背景下，科学技术保密工作极为重要。做好新时代的科学技术保密工作，能够有效应对科学技术发展面临的新形势、新挑战，为维护国家安全和利益提供重要保障。我国科学技术发展中涉及国家安全和利益的许多重要事项属于保密管理的范围，必须按照保密法律法规规定，切实加强保密管理。只有做好科学技术保密工作，才能既保证党和国家秘密安全，又有利于科技强国战略的实施。

2.3.4 商业秘密、知识产权与科技秘密的关系

1. 商业秘密的内容

商业秘密包括生产领域的秘密和商业领域的秘密。从定义来说，包含技术信息与经营信息。从商业企业角度来看，商业秘密主要包括如下内容：

（1）产品。公司自己开发的具有商业价值的产品。在获得专利之前，可以视为商业秘密。即使产品本身不是商业秘密，产品的构成和构成方式也可能是商业秘密。

（2）配方。许多食品的配方及其化学合成、化妆品的确切成分和各种含量水平的比例都是有价值的商业秘密，如"可口可乐"饮料配方就是享誉世界的商业秘密。

（3）工艺程序。它指的是许多设备，在特定组合之后，可以成为一个有效的过程。这个过程可能成为一个商业秘密。

（4）机器设备及其改进。在市场上，通过一般渠道公开购买的设备不能算作商业秘密。然而，如果公司用一种独特的方法来改进它，会使它变得更昂贵或更有用。因此，这种改进可以作为一种商业秘密。

（5）研究与开发的文件。公司如何在文件中记录研发活动也是一个商业秘密。例如图纸、计算机数据、实验结果和开发过程的设计都属于此类别，即使是失败的实验的文件和记录也属于此类别，并且不得落入竞争

对手的手中。

（6）通信。公司的一般通信信件不是商业秘密，因为不是保护对象。但有些具体的沟通是和公司的经营活动有关的，是大局下的，会对涉及的其他方有帮助。此通信被视为商业机密。

（7）公司内部文件，甚至在任何特定时间内标记着公司库存的纸张也是一个商业秘密。

（8）客户情报，例如客户名单等。

（9）财务和会计报表。

（10）诉讼情况。在诉讼未公开前，也应列入商业秘密范围，防止对公司产生不好的影响。

（11）公司的规范和战略发展规范。

在过去一段时间内，对商业秘密的保护着重在《中华人民共和国反不正当竞争法》中体现，然而值得一提的是，2021年2月，《最高人民法院、最高人民检察院关于执行〈中华人民共和国刑法〉确定罪名的补充规定（七）》规定了为境外窃取、刺探、收买、非法提供商业秘密罪罪名，法律条文确定为境外的机构、组织、人员窃取、刺探、收买、非法提供商业秘密的，处五年以下有期徒刑，并处或者单处罚金；情节严重的，处五年以上有期徒刑，并处罚金。

2. 商业秘密与知识产权的关系

知识产权，一般只在有限时间内有效，指"权利人对其智力劳动所创作的成果和经营活动中的标记、信誉所依法享有的专有权利"。依据《中华人民共和国民法典》第一百二十三条，知识产权是权利人依法就下列客体享有的专有的权利：（一）作品；（二）发明、实用新型、外观设计；（三）商标；（四）地理标志；（五）商业秘密；（六）集成电路布图设计；（七）植物新品种；（八）法律规定的其他客体。由此可见，商业秘密是知识产权的一种，知识产权的含义则比商业秘密更加宽泛。

与之密切相关的还有一个概念——专利。专利权，即自然人、法人或其他组织依法对发明、实用新型和外观设计在一定期限内享有的独占实施权。专利与商业秘密的最大区别在于，专利的本质是"以公开换保护"，最大的劣势在于申请者需要公开专利的全部内容，以便声明该权利的所有人的保护范围，如公式、过程、形状或图案等。专利的保护有限期，如发明专利保护期限为 20 年、外观设计专利保护期限为 10 年。不过，一些企业可能处于各方面的考虑，不能或不愿公开其发明的信息或内容。在这种情况下，他们无法注册专利，只能把这些信息当成商业秘密。而商业秘密的四个构成要件，包括秘密性、实用性、保密性和价值性缺一不可。从构成要件来看，二者的最大区别就在于保密性。也就是说，一旦引起争议，那么企业或者商业秘密持有人是否采用一定措施对所拥有的商业秘密进行保护，就是判断该信息是否属于商业秘密的一大考虑因素。

表 2-2　　　　　　　　　　专利与商业秘密的区别

类别	专利	商业秘密
识别特征	新颖性、创造性、实用性	秘密性、实用性、保密性、价值性
审核过程	提交后经过相关部门审核	不需要通过审核
信息公开	在专利请求书公开信息	不公开
保护期限	6—20 年	信息产生者与持有人决定，可以是永远
费用	注册费用及咨询费	采取保密措施的费用
反向工程	侵权	不侵权
独立发现	侵权	不侵权

3. 商业秘密与科技秘密的关系

单就"科技秘密"这四个字而言，其范围较为宽泛，无论是科技领域依照法定程序确定的国家秘密（即国家科学技术秘密），还是企业在研发等过程中产生的技术信息，因其秘密属性，故均可称为科技秘密。但二者最大的不同在于涉及利益主体的不同。科技领域的国家秘密所涉及的主体是国家。《中华人民共和国保守国家秘密法》明确规定，国家秘密受法律保护，一切国家机关、武装力量、政党、社会团体、企业事业单位和公民都有保守国家秘密的义务。因此，依据法律规定，应当保守国家秘密的主体是非常丰富的，每一位公民都应该是国家秘密的守护者。而商业秘密内容局限于技术信息和经营信息，仅仅是涉及权利人经济利益和竞争优势的信息。商业秘密一旦泄露，损害的是商业秘密权利人的利益。

除此之外，二者的确定程序、管理方式和处置权限等均有不同。国家秘密的管理方式具有法律规定性，具体体现在国家秘密管理的方方面面，例如，传递国家秘密文件、资料或其他物品，必须通过机要交通、机要邮政，不得通过普通邮政传递；对外提供属于国家秘密的文件、资料和其他物品，也必须依法经审查批准。但对外提供属于商业秘密或工作秘密的文件、资料和其他物品，只需要经产生这些事项的机关、单位或者部门同意即可。机关、单位或者部门传递工作秘密或者商业秘密的文件、资料也没有统一要求，可以由各级机关和部门自由选择。此外，未依法经审查批准，不得擅自对外提供或转让国家秘密。商业秘密则只需经权利人愿意，且这种转让不会对他人的权利或公共利益造成损害，即可将商业秘密参与市场交易，进行有偿转让。

综上所述，本书中的科技秘密，是指狭义上的国家科学技术秘密。同理，科技保密工作也专指对国家科学技术秘密的保密工作。

2.4 保密与科技保密的区别与联系

过去，科技保密仅仅是作为保密工作的一个分支，较为机械地执行保密管理的要求。随着科技对国家安全与社会发展作用的不断提高，现在已经并非只有隶属关系，更强调深耕科技领域，做出科技特色。

2.4.1 科技保密是保密工作的重要组成部分

1. 保密工作是维护国家安全和利益的保障

习近平总书记关于总体国家安全观的重要论述，内外兼修、内涵广泛，是安全战略的宏观判断视角，也是安全工作的微观操作指南，对保密工作具有十分重要的指导意义。

国家秘密产生并存在于构成国家安全体系的各个领域、各个要素、各个层面，只有确保国家秘密安全，才能从根本上维护国家的安全和利益。当前，随着国际形势的发展变化、我国改革开放的深化以及信息化建设的快速推进，国家秘密安全环境的复杂性凸显、安全威胁的多样性增大、安全挑战的严峻性加剧，保密工作面临的形势更加复杂尖锐。一方面，境外情报机构加紧对我国实施"陆、海、空、天、网"全方位、立体式、多维度信息监控和情报窃取，窃密活动不断加剧，窃密范围不断扩大，窃密手段不断翻新，对我国主权、安全、发展利益构成严重威胁；另一方面，在我们党长期执政条件下，在改革开放和和平建设环境中，我内部有些同志和平麻痹思想严重，安而忘危，保密意识缺乏，敌情观念淡化，对新技术的泄密风险不懂不学。更有甚者，我们队伍中的极少数人，理想信念丧失，卖密资敌，严重泄露国家秘密的重大案件时有发生。同时，社会主义市场经济和改革开放深入发展为保密管理带来新挑战，涉密主体多样化，涉密领域分散化，涉密载体数字化，信息公开利用的速度与保密能力建设不相协调。更为重要的是，我们的信息化建设建立在别人的核心技术基础之上，"泛在化"网络时代的到来和大数据技术的飞速发展又带来了新的保密隐患，保密工作的对象、内容、任务将持续发生深刻变化，任务将越来越艰巨。

2. 保密管理是国家整个政治、行政管理系统的组成部分

保密管理可以分为广义和狭义。广义上的保密管理是对一切涉及国家秘密的组织和个人的活动的管理的总和，包括对政府、政党、企事业单位、社会团体和公民的涉密事项的管理。狭义的保密管理是指对国家机关和参与国家秘密活动的企事业单位的管理。《中华人民共和国保密法》从广义的保密管理角度调整了保密管理关系。广义上的保密管理是国家整个政治行政管理体制的一部分，是负责保密工作的保密行政部门为维护国家安全和利益，对涉及国家秘密的国家机关和单位、有关社会团体和个人的活动进行指导、监督和管理，依法在本行政区域内进行保密活动的总和。保密管理的方针是积极防范，突出重点，依法管理，既保证了国家秘密的安全，又有利于信息资源的合理利用。保密管理有以下五个基本特征：

（1）保密管理首先是一种行政管理活动；
（2）保密管理的主体是保密行政管理部门；
（3）保密管理的对象包括所有涉及国家秘密的组织和人员；
（4）保密管理的方针是积极防范、突出重点、依法管理；
（5）保密管理的目的是既确保国家秘密安全，又便利信息资源合理利用。

3. 科技保密管理必须在保密大框架下运行

科技保密工作必须在建章立制、实际工作等方面既符合科技管理的要求，又能做到与保密管理相适应，避免出现冲突和矛盾之处，既促进科学技术发展，又保证国家科学技术秘密安全，维护国家安全与利益。

2.4.2 科技保密工作必须立足科技领域

保密管理涉及各行各业和各个领域。由于行业和领域的差异，保密管理不能"一刀切"，这大大增加了管理的复杂性。各行业的保密工作特点明显，专业性强。保密管理需要适应各行业管理工作的需要，采用具有行业特点的各种形式的管理和方法。在科学技术领域，一方面，经济和社会发展对科学技术保密提出了新的要求；另一方面，科技保密面临严峻的形势和挑战。

1. 贯彻落实总体国家安全观对科技保密提出新要求

面对国家安全的新特点和新趋势，总体国家安全观重视传统安全和非传统安全，综合政治、领土、军事、经济、文化、社会、科技、信息、生态、资源和核安全。科技安全是国家安全的重要组成部分。科技安全是科技安全的重要基础，加强科技安全管理是科技部门必须认真履行的重要职责。国家科技系统要切实贯彻国家安全的总体理念，结合新形势新任务，做好科技保密工作，维护国家安全。

2. 实施创新驱动发展战略对科技保密提出新要求

党的十九届五中全会审议通过的《中共中央关于制定国民经济和社会发展第十四个五年规划和二〇三五年远景目标的建议》（以下简称《建议》），分析了我国发展环境正面临深刻而复杂的变化，指出"创新能力不适应高质量发展要求"，描绘了二〇三五年"进入创新型国家前列"的远景目标。《建议》在"十四五"时期经济社会发展指导思想中提出"以改革创新为根本动力"，在分领域阐述"十四五"时期经济社会发展和改革开放的重点任务中将"坚持创新驱动发展，全面塑造发展新优势"列在首位。

3. 信息化与网络安全对科技保密提出新要求

当今世界，随着信息技术的飞速发展，信息技术与网络安全已成为关系国家安全和发展的头等大事。确保网络安全，关键是要有独立可控的网络核心技术和产品。这就要求科技部在做好信息科技保密工作的基础上，加强自主创新，大力发展产业和信息技术，不断提高信息化发展和网络安全水平，特别是加强自主可控网络核心技术和产品的研发，不断提高科技保密的能力和水平。

4. 科技领域成为境外情报机构窃密的重点

科学技术在经济社会发展中发挥着越来越重要的作用。实施创新驱动发展战略，将全面提升中国的综合国力。正因如此，西方国家始终对中国科技发展的一举一动保持高度警惕和密切关注。科技保密面临严峻形势和挑战。大量案件表明，各种外国势力通过各种手段，加强了在中国科技领域的间谍和窃取秘密活动。一些人打着国际合作的幌子，以资助国内科研机构的名义，蓄意收集和窃取中国关键科技领域的敏感信息和数据。一些企业雇佣甚至唆使中方人员跟踪窃取关键型号、重大项目和涉密项目的关键信息。一些人利用木马和黑客攻击，通过远程控制关键科研机构的计算机来窃取秘密信息。这充分说明，科技领域已成为保密与盗窃斗争的主要战场之一。

5. 目前我国信息基础设施薄弱，核心技术和关键产品受制于人

近年来，虽然我国相关领域自主创新能力明显提高，但信息基础设施薄弱、核心技术和关键产品被他人控制、高端信息产品主要依赖国外的局面并没有根本改变。受此影响，一方面，难以有效防止网络空间无处不在的秘密窃取和泄露；另一方面，发达国家利用先进技术垄断和阻碍相关领域的科技发展。

6. 科技保密体制机制与总体国家安全观要求仍不完全匹配

科技保密涉及各行各业和多个职能部门，内容丰富，任务艰巨。目前，国家科技保障体系已基本建立，但科技保障工作的许多管理机制仍不完善，对国家科技保障工作仍缺乏全面的分析和全面的把握，因此，需要加强整体协调。同时，完善高效的科技保密机制应涵盖预警、识别、跟踪、处置、反馈等全过程，我国已在分类科研项目设立、分类技术出口审查等方面建立了相关制度，但缺乏对科技保密防控后的预警跟踪管理，积极防范科技秘密丢失和泄露风险的能力明显薄弱。

7. 涉密科研成果转化和推广应用存在障碍

科技秘密不仅具有国家秘密的一般属性，而且具有自己鲜明的特点。涉密科研成果不能实现其价值，必须与生产经营等实际活动紧密结合。科研成果从基础研究到应用开发、推广和转化是一个不断成熟和完善的过程，分类科研成果的转化和推广受到多方面的影响。此外，由于缺乏公开宣传和报道，潜在需求方无法获得相关信息，影响产学研合作转型。要充

分发挥科技保密的价值和作用，需要根据情况采取措施，切实解决这些问题。

8. 科技人员和科技管理人员保密意识仍然较为薄弱

科技涉密人员是科技保密工作中最基本、最关键的因素。近年来，通过对各级科技保密管理机构的宣传、教育和培训，全国科研机构和科技人员的保密意识、保密知识和保密技能普遍提高。然而，在实际的科研工作中，一些单位和人员对网络信息安全和国际交流合作的保密要求认识不足，保密意识相对薄弱，导致泄密案件频发。与此同时，一些单位领导对科技保密工作重视不够，也严重影响了科技保密工作的顺利开展。

2.5 研究方法与比较标准

理论联系实际是马克思主义理论的根本方法，也是中国共产党一贯倡导的理论研究与工作实践的方法与作风，更是研究和学习社会科学通用的根本方法。保密管理是一门实践性很强的学科，尤其强调二者的结合，因此学习和研究保密管理的根本方法就是理论联系实际。理论联系实际就是强调运用理论解决实际问题。学以致用，强调的就是理论在实践中的指导作用以及在实践中对理论的丰富和发展，这反映了理论和实践的互动关系。

2.5.1 分析方法

在保密管理的研究中，必须始终坚持理论联系实际的根本方法。作为一门实践性、应用性很强的学科，如果离开了具体的保密管理实践，就不会有生命力。首先，按照理论联系实际的要求，在研究保密管理的过程中，必须始终坚持"实践—理论—再实践—再理论"的螺旋式上升路线，使保密管理的研究始终从实际出发，在实践中发现问题，并通过理论研究提出具体问题的科学解决办法。其次，要在实践中总结发现保密管理的客观规律，运用科学的研究方法把这些规律提炼上升为理论，然后运用这些理论去指导保密管理实践。最后，实践是"根"，理论是"叶"，根深才会叶茂，保密管理理论必须不断接受实践的检验，并根据实践中发现的具体情况不断对理论进行充实完善。

保密管理的研究方法具有多样性，具体研究方法随研究目标的变化而变化，本研究涉及如下研究方法类别：

1. 辩证唯物主义和历史唯物主义方法

从根本的世界观和方法论看，辩证唯物主义和历史唯物主义是我们认识、理解保密管理现象和保密管理过程的指导思想。这一指导思想要求我们把保密管理活动放在整个国家社会发展的客观环境中加以理解，坚持保密管理的与时俱进，做到具体问题具体分析。保密管理的各种活动、关系和形式有种种表现形态，科学的分析和研究应该遵循辩证法的基本法则，透过现象揭示本质，从动态和发展的观点去把握保密管理现象，以找出保密管理活动的规律。

2. 规范分析方法

规范分析是科学研究的基本方法之一，又称理论分析方法，主要是指以一定的价值判断为基础，提出分析处理问题的标准，建立理论前提，作为制定保密管理法律法规的依据，并研究如何才能实现这些标准。规范研究的方法要回答的是"应该是什么"的问题。在这种研究方法指导下建立起来的理论体系，总是从保密管理的基本价值和基本概念出发，进一步阐述保密管理"应当如何"的问题，是一种研究"应然"的、理想状态的理论，而不研究"实然"的问题，不太关注保密管理的实际情况。规范研究既有优点也有不足，优点是有助于探讨科学的保密管理机制体系；缺点在于缺乏对保密管理做法的重视。因此，规范研究所建立的保密管理一般原则可能不适用于各种不同的保密管理环境。

3. 经验分析方法

经验分析法，又称实证分析法，是 20 世纪 30 年代随着行为科学的发展而出现的，因此又称行为主义研究方法。到了 40 年代，经验主义已经成为西方社会科学研究的主流方法。该方法的突出特点是在研究过程中强调对事实的描述，而不是追求事实背后的规律，注重"是什么"而不是"为什么"。在研究社会现象的过程中，我们只是描述人们的行为，指出人们如何行动，而不是关心人们应该如何行动。可以说，经验研究正好走到了规范研究的反面，相对忽略对价值的研究，这一特点在早期行为主义学术研究中更加突出。实证分析方法要求了解保密管理的实际运作过程，并学会在实践中发现问题；要求研究者注重保密管理过程中的经验事实，对保密管理过程的事实进行客观描述，并探寻有效的解决办法。这种研究方法同样优缺点明显，优点是强调对事实的客观把握，这是所有科学研究的前提，否则就会出现主观臆断；缺点是忽略了对普遍事实背后的规律的认识，因而理论不够深刻。实证分析至今仍然是社会科学最重要的研究方法，因而也是保密管理的重要研究方法，只是在运用这种研究方法时必须注意到可能导致的研究缺陷，并通过其他方法进行弥补。

4. 案例分析方法

案例分析也是社会科学研究比较普遍使用的一种研究方法，注重事物的个性和特殊性的研究。本研究中，通过调查研究在实践中选取一些较为典型的保密管理案例，然后对这些典型案例进行剖析，并从中找出一些具有普遍意义的规则和方法。当然这种方法也有局限性，从典型的个案中总结出来的所谓"普遍规律"未必一定具有普遍性，所以单一使用案例分析的方法是不够的，需要结合规范分析的方法。

5. 比较分析方法

在社会科学研究过程中，比较分析的方法是将同一时期不同国家或地区的社会现象与同一国家或地区不同时期的社会现象进行比较，找出它们之间的共同点和差异，发现共同的规律或特殊性。前者称为横向或共时比较，后者称为纵向或历时比较。在保密管理理论的研究中，共时比较和历时比较同等重要。通过共时比较，可以了解不同国家或地区保密管理的异同，借鉴其他国家保密管理的有益经验。通过历时性比较，能够清楚地看到保密管理的变迁与发展历史，总结保密管理的发展规律，汲取经验教训，完善保密管理制度。保密管理比较分析的内容主要包括对不同管理体制、管理活动及其运行过程进行比较研究；对不同政府间在保密管理理念、保密管理思想、保密行政组织形式、保密管理职能和措施等方面的差异进行系统分析，以发现提高保密管理效能的路径和方法。同前面所有的研究方法一样，比较分析的方法也有不足，主要表现在一种管理模式总是和一个国家的国情紧密相连，南橘可能北枳，先进的经验、方法一旦脱离特定的情景、管理主体和管理对象，就有可能完全不能发挥积极作用。因此，必须实事求是地进行辩证分析、科学甄别，既不能照搬照抄，也不应该全盘否定。

总之，保密管理研究通常是多种研究方法的综合，规范分析中通常会增加案例分析，以提供事实证据支撑理论。实证研究需要建立在严格控制变量的基础上，对变量之间的关系作出规范性的分析。比较研究与规范研究、实证研究都会产生交叉。

2.5.2 具体研究方法

在本研究中，具体采用了文献分析、问卷调查、实地调研和专家访谈等方法。

1. 文献搜集与归纳

文献法是一种常用的科学研究方法，指收集、分析、研究统计资料和报道资料获得情报信息，通过对文献的研究形成对事实的科学认识，信息较为准确、可靠，是一种间接的、非介入性调查。

随着项目的进展，始终注重对已有相关研究成果的收集和分析，分别以"科技保密""保密制度""国外科技保密""保密法律法规""信息安全""保密技术"等为关键词或主要内容进行文献的检索和整理。累积查找相关论文、报道、法律法规等百余篇。将相关文献按照不同的分类方式进行分组阅读，多角度交叉性地充分分析并总结现有研究成果。在此基础上，我们对于科技保密领域的研究现状、西方典型国家和地区科技保密建设的历程和现实状况、先进国家科技保密体系制度的建设经验以及科技保密相关重要的法律规定，拥有了比较全面和系统的了解和认识，为之后的工作、问卷调查与深度访谈奠定了良好的理论基础。

2. 问卷调查与反馈

问卷调查法，是一种调查方法，调查人员使用统一设计的问卷了解情况或征求选定受访者的意见。本项目的研究目标是比较典型国家地区国防科技保密机制的共性与差异，并从中提炼可供借鉴的经验教训。为此，不仅需要对相关体系框架、机制结构有良好的把握，更需要对工作中的具体问题有充分的了解，问卷调查法是本项目研究中至关重要的一种方法。

3. 实地调研与专家访谈

访谈法是指根据受访专家的回答，与受访者面对面交谈，收集事实资料的研究方法。由于研究问题的性质、目的或对象，访谈方法有不同的形式。本研究将个人访谈和团体座谈相结合，采用问卷等结构化访谈方法和自由交谈等非结构化访谈方法。访谈法应用广泛。它可以简单叙述性地收集各种工作分析数据。也是常用的科研方法。

调研中根据科技保密工作的特殊性，挑选具有代表性的各级单位，包括国家保密行政管理部门、大型涉密国有企业以及集团公司下属子公司和科研院所等调研对象，通过与科技部、国家保密局、国家开发银行以及集团公司领导、科技管理人员和科研人员广泛座谈，以专家访谈的形式，对相关政策、法规和相关制度开展调查研究，借鉴相关企业科技保密体系建设的先进经验及建设成果，从科技保密管理制度、工作流程等方面进行了调研。

2.5.3 比较标准

保密是控制信息流动的重要手段，直接关系着国家权力的分配和行政的运作。中国是世界上少数几个制定了保密法并将其作为公民义务写入宪法的国家之一。但是，要了解中国的保密管理，仍有必要向西方学习。首先，我国的保密法借鉴了西方发达国家的经验，追本溯源，以便更准确地了解制度的初衷，避免偏离。其次，近年来国外保密立法出现了一些新趋势，不同程度地反映了信息化和全球化条件下保密工作的新特点和新趋势。向西方学习可以帮助我们更好地瞄准方向，把握未来。最后，中西历史、国情差异甚大，在保密制度上也有许多不同，这本来是很自然的事情。但落到具体问题上，一些分析和评价经常流于简单化和极端化，或者对西方顶礼膜拜、亦步亦趋，或者嗤之以鼻，漠不关心。这在情感上可以理解，但在认知方式上理应改进，而第一步当然就是要对西方有个全面、准确的认识和了解。

1. 保密与公开的拉锯战——美国

美国学者戴维·弗罗斯特在他的著作《美国政府保密史》中描述了美国政府240多年的治理中，保密制度所扮演的角色。这段历史，是以1774年的第一次大陆会议为开端，到总统获得向国会和人民隐瞒信息的行政特权，再到第二次世界大战时期的"曼哈顿计划"，直至今日，为保护国家安全和其他敏感信息，而形成的高度复杂、争议不断的涉密信息处理程序。本书描写了政务公开的理念和保密制度的现实需要间存在的冲突，展现了美国历史上在这两方面分别作出的政治妥协。他在序言中写道：保密，历来被看作需要隐藏罪迹者之所为。托马斯·杰斐逊（Thomas Jefferson)曾告诫他的小外孙说:"每次你不禁要秘密行事时,问问自己,这件事你会在大庭广众下做吗?如果不会,那它肯定错了。"这则告诫的智慧固然世所公认,但保密这一做法却并非总是错的——不论就私人生活还是政府运作而言。保密有其存在的道理,它常常是必要的。

1787年夏,当美国宪法的缔造者们云集费城时,他们的商议就笼罩在保密的帷幕下。通向宾夕法尼亚州议会的门全被紧锁,哨兵在会场内外持械护卫,会议主席乔治·华盛顿(George Washington)让55名代表逐一宣誓保守秘密。在国家新宪章的塑造过程中,美国人民未能充当任何角色,他们甚至不知道这些代表们所考虑的其他方案。然而,如果商议过程公开,宪法能否最终获得通过,便很难说了。的确,美国宪法指导原则的缔造者詹姆斯·麦迪逊(James Madison),毫不怀疑对制宪会议进行保密的必要性,"以便会议和民众免于听受上千种错误且可能有害的报道"。

知情权与保密权分别对应政府信息公开和保密,都是近些年研究的热点,然而二者在逻辑上的相悖也引发不少学者的探讨。一般认为,美国的保密传统相对比较淡薄(张陆源,2017)。然而美国也有学者认为美国保密的政策深度和广度都有着悠久的历史(Harold C. Relyea, 2003)。但学术界普遍认可政府保密是一个合法的领域(Deirdre M. Curtin, 2011)这一观点,探讨的重点在于面对从焦虑的信息保护主义(侧重于机密性)和所有过于理想化的共享计划(侧重于可用性)发展为通用的挑战,发展平衡且响应迅速的政府信息安全学说(Schaurer, Florian; Störger, Jan, 2010)。

2. 最早颁布保密法的国家——英国

英国议会的议事内容向来对民众保密。议会的投票和演说均属秘密,任何违反保密规则的议员都有可能被传唤。1641年2月初,英国下议院甚至驱逐了一名议员——爱德华·迪林(Edward Dering)爵士——并将其送入伦敦塔关了一段时间,原因是他发表了三篇自己的议会讲话。迟至1747年,《绅士杂志》的编辑爱德华·凯夫(Edward Cave),还因报道上议院会议内容而被逮捕,并被押解到上议院受审。他被处以罚款,又被要求跪在上议院的律师面前请求宽恕。他保证不再印发议会的辩论记录,然而五年后又重操旧业。英国议会对于保密制度的坚持,一直延续到乔治三世治下的1771年,此时下议院终于解除了媒体报道会议内容的禁令。

英国是世界上最早颁布成文保密法的国家。1889年，英国制定并颁布了第一部成文保密法——《官方秘密法》，拉开了英国建立保密法律体系的序幕。后来经过1911年、1920年、1939年、1989年多次修改，最终形成了1989年《官方秘密法》。英国保密法制体系建设起步较早，由11部保密相关的成文法组成，内容比较齐全；立法对国家秘密、商业秘密和个人隐私等都进行了规定，主张"大保密观"的保密思想。

1989年规定了政府工作人员未经授权披露六类官方信息（包括安全和情报信息、国防信息、国际关系信息、可能导致犯罪的信息、从其他国家或者国际组织秘密获取的信息、根据1985年《通讯拦截法》和1989年《国家安全工作法》进行特别调查的信息）属于犯罪行为。情节严重者最高处罚是两年监禁或无限制的罚款，或两者兼而有之。该法限制的政府工作人员分为两类：一是安全和情报部门的（前）工作人员，其任何未经授权披露与安全和情报有关的官方信息均属于犯罪行为；二是（前）公务员或（前）政府承包商，只有当其未经授权的披露行为对安全情报工作造成损害时才属于违法。同时，除获得授权或者证明不知情以外，不得再以"国家利益"抗辩。

1958年和1967年《公共记录法》、1998年《公共利益信息披露法》和2000年《信息自由法》从法律层面平衡了保守国家秘密和维护公民知情权。1967年《公共记录法》规定公共记录将在30年保密期（现为20年）之后公之于众，赋予了公民获取公共机构有关信息的法定权利，但是也规定，如果负责人认为某些记录公开后有损害国家安全的风险，则可以免于公开。1998年《公共利益信息披露法》为揭露损害政府和个人公共利益的行为的举报者提供法律保护。2000年《信息自由法》规定公众可以获得包括政府部门在内的10万多个公共机构掌握的信息，个人可以根据《信息自由法》提出某些信息公开的请求。但是该法也规定，国家安全局等安全机构的信息可以免于公开，经公共利益测试后，公开后可能损害国家利益和安全的信息可以免于公开。

3. 跨部门的保密管理——俄罗斯

1993年，俄罗斯颁布了第一部联邦保密法，即《俄罗斯联邦国家保密法》。该法是俄罗斯保密领域的基本法。它是《外国情报法》《知情权法》《信息、信息化和信息保护法》《个人数据保护法》等许多涉及国家秘密和安全的法律、法规和政策的立法依据和制定依据。在该法中，俄罗斯明确提出"加强保密管理的机构间协调"，并将机构间保密委员会界定为国家保密的最高协调和集体领导机构，负责协调各国家机关的保密工作。1995年11月，部门间保密委员会正式成立。1996年，《部门间保密委员会条例》正式颁布。此后，随着国内外安全形势的变化和机构的调整，俄罗斯于2004年以总统令的形式批准了部门间保密委员会的新条例，并于2008年、2009年、2012年、2014年、2018年七次修订了2004年版本的条例。使委员会的职责逐渐明确和完善。

2018年8月3日，俄罗斯总统弗拉基米尔·普京签署第471号总统令，任命俄罗斯联邦技术和出口监督管理总局局长B.B.谢林为俄罗斯部门间保密委员会新任主任，并修改了《俄罗斯联邦部门间保密委员会条例》。重要的修改是明确委员会执行助理为"技术出口监管总局副局长"。这再次加强了部门间保密委员会的工作，使其能够在复杂的国内外安全形势下更好地发挥保密管理的协调作用，从而确保国家秘密的安全。

4. 产学研多方结合下的保密——日本

第二次世界大战后，日本作为战败国，兵器生产遭到了禁止。并且由于美军采取的"非军事化政策"，旧日军被全部解散，停止全部军火生产。日本国防科技工业受到了严重的制约，直到1950年朝鲜战争爆发以后日本的国防科技工业才重新复苏，因为这种特殊的国情日本走出了一条"寓军于民"的国防科技工业发展道路。日本并没有独立完整的国防工业系统，其军品生产几乎全部以合同方式委托给民间企业。

日本国防科技产业的管理体制主要由政府体制、军事体制和民用体制三部分组成。一是国防预算编制体系，主要负责武器装备发展的基本方针、产业调整、国防规划纲要等重大事务。二是军事系统。主要是防卫省，它是日本最高军事司令部和军工产品的唯一国内用户。主要通过合同的方式实施武器采购计划，并对军内的武器研发和科研工作进行管理。三是民间系统。相应的民间机构如"经防联团卫生会""防卫装备协会"等。它们代表国防科技工业企业，实行行业保护，沟通企业、政府和军方的联系。

可以看出，每个国家在历史沿革、治理观念、管理重点等方面都有明显的不同，且每个国家的国运也都有不同，因此完全按照相同的模板套用比较，未免有失偏颇。因此，本研究坚持"求同存异"，既客观描述各个国家的科技保密工作体制，又按照"西菜中做"的思路，以期在标准上与我国的保密管理现状更好地适配，更好地为我国的科技保密工作提供借鉴。

本章小结

在当今世界，无论何种形式的发展，科技的存在都是不容忽视的。科学发现通过各种媒体进行交流，包括文本、多媒体、视听和数字。研究结果在一系列产品中表达，如技术报告、会议论文和报告、简报图表、计算机软件、期刊文章、研讨会报告、程序文件、专利和科学研究数据集等都有体现。

科技与创新活动具体包括哪些领域不是一成不变的。例如，在计算机发明之前，计算机技术及其相关的微电子、超算等必然不是当时的科技所覆盖的领域。同样，对当前科技领域的划分也不能保证未来的适用性。特别是随着科学研究与落地应用转化速度的不断加快，对科技领域的分类使用时长将会进一步缩短。

创新驱动发展必须首先实现科技创新和突破，取得先进、成熟、适用的科技成果；其次，科技成果要迅速引入经济体系，并与其他要素相结合，转化为产品、竞争力和效益。我们需要确保从创新到驱动开发过程的每一步都是安全可靠的，以避免竞争对手和敌对势力的干扰和破坏。一般意义上的科技安全是指一个国家的科技体系不受威胁的状态。科技保密作为实施创新驱动战略的重要保障措施，必须从源头抓起，每一步都要做好。

关键词

科技保密　科技信息　科技安全　商业秘密　知识产权　科技领域

第 3 章

世界主要国家保密政策概览

章首开篇语

通过法律手段对保密进行调整和管理,是世界各国的普遍做法。当代国外保密法律体系已基本形成,特别是西方主要国家的法律结构较为完善。对外保密政策对保守国家秘密的整个过程的规定可以概括为以下几个方面:定解密制度、密级变更制度、保密措施和制裁手段等。

本章重点问题

- 国外保密相关法律法规
- 国外保密工作的组织机构
- 国外对涉密人员的管理方式
- 各国保密的现行政策概述
- 各国保密工作的特点

3.1 美国保密工作概况

3.1.1 保密相关法律法规

美国没有专门的保密法,但有相对完整的保密法律体系,包括一系列信息安全保密法律法规,对信息安全保密领域的管理进行规范。这些法律法规通常包括总统令、法案、政策、指令和指导性文件。其中,总统令和法案具有法律效力,而一些政策、指令和指导性文件通常在政府部门具有约束力。

美国的保密管理法律体系分为宪法、法律、法规三个层次，其具体情况如表 3-1 所示。

表 3-1　　　　　　　　　美国保密工作相关法律法规

宪法	美国《宪法》第 1 条第 5 款规定，"参众两院应各自保存一份议事记录，并随时公布，除非他们认为某些部分应该保密"。
法律	《间谍法》《国家安全法》《原子能法》《信息自由法》《阳光下的联邦政府法》《总统档案法》《涉密案件程序法》《情报人员身份保护法》《公共利益解密法》《情报改革和防止恐怖主义法》
法规	总统行政命令（总统令）

第一是宪法层次。美国宪法第 1 条第 5 款规定，"参议院和众议院需要每次都记录诉讼程序并随时发布，除非他们认为一些部分应保密"。从这一条款可以看出，美国宪法的基本精神是强调披露，但同时又规定了公开的豁免条款，从而授予了美国行政部门保密的权利。

第二是法律层面。与中国的保密管理法律体系不同，美国迄今尚未制定专门的保密法。美国的保密法系统由若干法律组成，包括间谍法案（1917）、国家安全法案（1947）、原子能法（1954）、信息自由法案（1966）、总统档案法（1978）、情报人员身份保护法（1982）、公共利益解密法（2000）、情报改革和防止恐怖主义法（2004）等，上述法律构成了美国保密法的基本框架，并根据美国国内外情况的变化不断进行修订。例如《信息自由法》分别于 1974 年、1986 年、1996 年和 2007 年进行了四次修订，以满足保密管理发展的实际需要。

第三是法规层次。如前所述，由于没有专门的保密法，因此实际上美国政府的保密活动长期以总统令（Executive Order）方式规制，因此我们说到保密法主要指的是这些总统令。

一般情况下，美国国家档案局保留美国政府的记录，并发布法律、法规、总统令和其他公共文件。因为其重要性，美国国家档案局下属信息安全监督管理办公室往往需要根据上述总统令出台一个更详细的行政指令，用来确立详细的实施方案。例如为落实奥巴马总统 13556 号行政命令而发行的 32CFRPart2002"受控的未分类信息"，以确立机构在受控非密信息的设计、维护、传播、标记、控制和处置，自我检查和监督要求以及计划其他方面的政策。

除此之外，美国还发布了一系列包括联邦政府和州政府法案在内的，涉及信息安全的管理、信息基础设施的保护、通信安全等的法案。比如联邦政府颁布的《联邦信息安全管理法》《通信法》《网络安全法》等，以及加利福尼亚州政府颁布的《安全事件告知法》等。

3.1.2 组织机构

行政机构作为美国政治制度的重要组成部分，是美国管理公共事务的行政组织制度。美国的行政机构包括联邦行政机构、州和地方行政机构。联邦行政部门由内阁部门、总统办公室和独立机构组成。其他涉及信息安全和保密的机构包括美国军方，以及立法和司法部门。

美国行政部门的科技管理体制如图3-1所示。

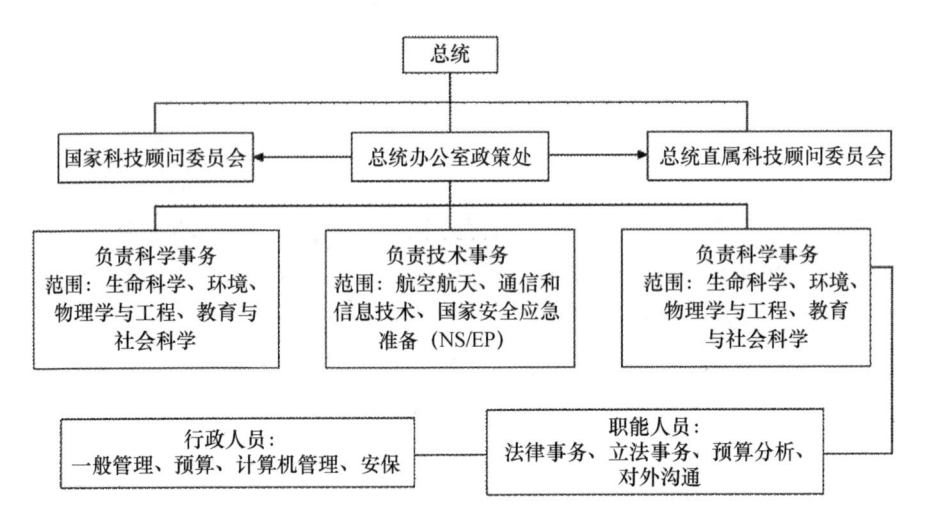

图3-1 美国行政部门的科技管理体制

美国行政部门科技管理系统配备了许多信息安全管理机构，2009年美国总统奥巴马在国家安全委员会（NSC）和国家经济委员会（NEC）下设网络安全办公室（CSO），负责为政府汇编和综合所有网络安全政策，并在发生重大网络事故或攻击时协调各政府机构。

美国联邦政府的信息安全保密组织机构体系如图3-2所示。

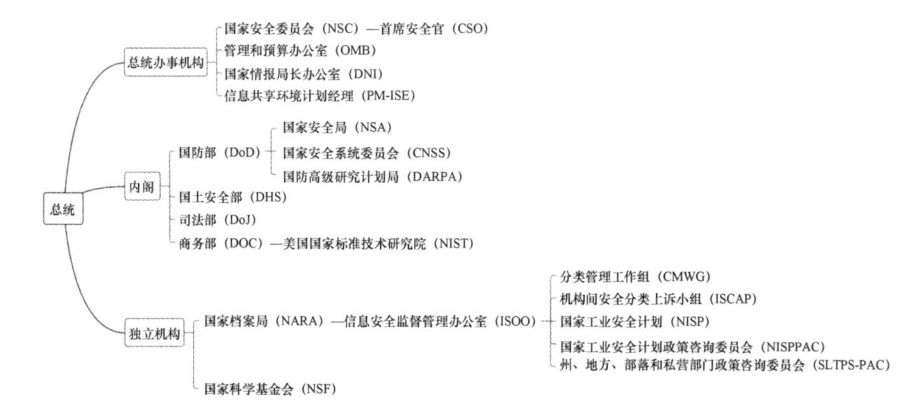

```
总统 ─┬─ 总统办事机构 ─┬─ 国家安全委员会（NSC）—首席安全官（CSO）
      │                ├─ 管理和预算办公室（OMB）
      │                ├─ 国家情报局长办公室（DNI）
      │                └─ 信息共享环境计划经理（PM-ISE）
      │
      ├─ 内阁 ─┬─ 国防部（DoD）─┬─ 国家安全局（NSA）
      │        │                 ├─ 国家安全系统委员会（CNSS）
      │        │                 └─ 国防高级研究计划局（DARPA）
      │        ├─ 国土安全部（DHS）
      │        ├─ 司法部（DoJ）
      │        └─ 商务部（DOC）—美国国家标准技术研究院（NIST）
      │
      └─ 独立机构 ─┬─ 国家档案局（NARA）—信息安全监督管理办公室（ISOO）─┬─ 分类管理工作组（CMWG）
                    │                                                      ├─ 机构间安全分类上诉小组（ISCAP）
                    │                                                      ├─ 国家工业安全计划（NISP）
                    │                                                      ├─ 国家工业安全计划政策咨询委员会（NISPPAC）
                    │                                                      └─ 州、地方、部落和私营部门政策咨询委员会（SLTPS-PAC）
                    └─ 国家科学基金会（NSF）
```

图3-2　美国信息安全保密机构体系

3.1.3　涉密人员

实施资质管理，要求取得机构安全许可证后，才允许接触和了解国家秘密，才有机会获得政府的涉密采购项目。美国高度重视对取得机构安全许可的承包商涉密人员的保密管理，并形成了一系列制度机制。

按照身份的不同，美国涉密人员可以分为三类：联邦政府机构涉密雇员、州及地方政府涉密雇员和涉密资质单位的涉密人员。前两者都属于政府雇员，对其管理是政府对内部人员的管理，在行政法上属于内部行政行为。涉密资质单位的涉密人员则多为承包商雇员，政府对其管理属于外部行政行为。美国对涉密资质单位涉密人员主要通过资格管理和背景审查进行管理。

3.1.4　现行政策

1. 美国国家工业安全计划（NISP）

美国对承包商知悉国家秘密设立了机构安全许可制度，实行资格管理。该制度具有一些非常有特点的机制设计，如不区分具体领域、实行统一的涉密许可，必须由以人员安全许可作为前提等。

美国国家秘密分为绝密（top secret）、机密（secret）和秘密（confidential）三个级别，与之相对应的机构安全许可证也分为这三个层次。允许各级机构以与向后兼容相同或更低的安全级别访问和了解国家秘密。例如,拥有秘密级别机构安全许可的公司,自然可以接触并了解秘密级别的国家机密。在申请机构安全许可时,申请人必须根据保密级别和保密合同的要求,不能为了工作方便而刻意申请高一级的机构安全许可。例如,如果某个组织获得的机密合同仅属于机密,则意味着该组织只能申请机密安全许可,不能申请绝密。

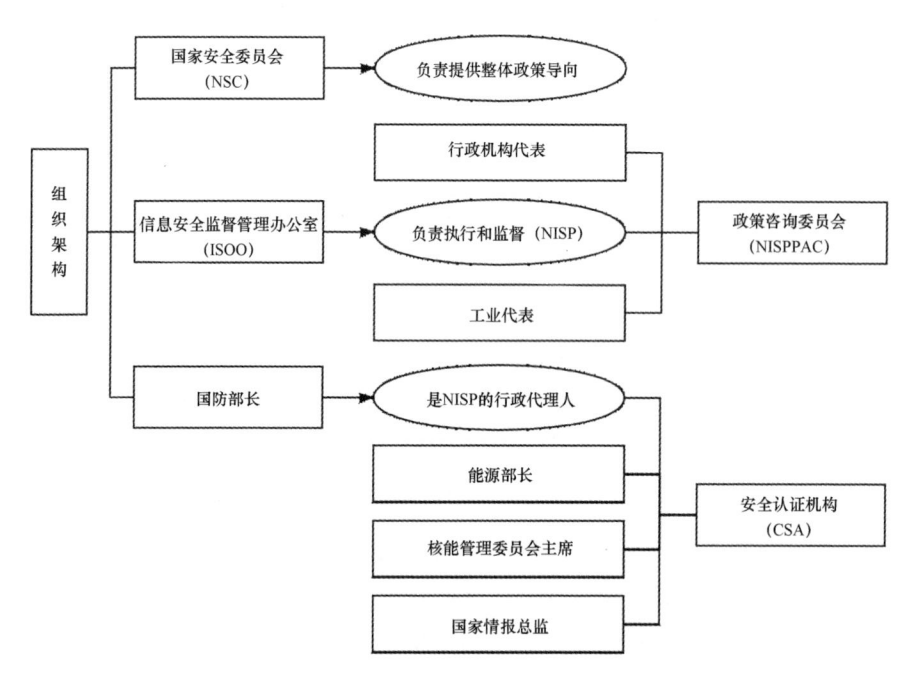

图3-3 美国工业安全体系组织架构

2. 受控非密信息(CUI)

受控非密信息简称CUI,是乔治·布什总统在2008年5月9日发布的一项指令中发布的非密类别,取代了仅供官方使用的敏感非密和执法敏感类别。受控非密信息的原则、政策和程序源自2004年国土安全部信息共享与合作办公室的一项研究和政策变更提案,该提案审查了当时联邦政府使用的140多种不同类型的非机密信息。作者提出了一个新的理论和政策框架,根据统一的标准管理这类信息,国家档案局的信息安全监督管理办公室负责执行和监督新的理论和政策。2002年第32节"受控非密信息"于 2016 年 9 月 14 日作为最终规则发布，并于 2016 年 11 月 14 日生效。美国关于"受控非密信息"管理的法规和政策包括三个层次：总统行政命令、实施规则和政策指南及标准。

第一，法规层面，主要是第 13556 号总统令。第 13556 号总统令的颁布标志着美国"受控非密信息"结束了管理上混乱无序的状况，是一座里程碑，也是美国管理此类信息的唯一法规依据。

第二，规章层面，主要是指实施细则。2016 年 9 月，美国档案局（NARA）发布实施细则，并于同年 11 月生效，明确了目的、范围、管理机构和不同主体等，规定了登记注册、类别和子类别识别、知识和流通、标识和应用限制、自查等机制；细化教育培训、特别封面、转让记录、渲染、豁免等，明确"受控非密信息"和公开法规、隐私法、行政程序法；确定"受控非密信息"质询机制，解决争议性问题、滥用标准和滥用处罚。

第三，政策层面，主要是公告、指南和标准，包括审查建议、如何处理与《信息自由法》关系等，全部能够从公开途径免费获取。由此可见，美国"受控非密信息"已经基本实现依法管理。

3.1.5　美国总体保密工作的特点

美国没有专门的保密机构，因此存在许多和我国不同的特点。美国定密体系有三大特点：第一是严格控制原始定密权；第二是采取多项措施来防止过度保密；第三是建立一个秘密异议制度。具体表现如下：

1. 原始定密官制度

在美国，确定国家秘密的权力只在原始定密官（OCA）中归属。根据美国的总统令与安全有关的信息，只有三种类型的原始定密官：（1）美国总统和副总统；（2）总统任命的机构和官员首脑；（3）获得专门授权的美国政府官员。也就是说，给予多少原始定密的授权是决定原始定密官数量的关键因素。为了控制原始定密，所有美国总统令都对授予原始定密设置了严格的限制性规定。

2. 采取多重措施预防过度定密

遵循"疑密从无"原则。奥巴马政府时期把这一条放在第一章第一条的第二款，规定"如果对是否需要保密存在高度怀疑，则不应对信息进行定密"。但这一原则不能用于修改此类保密的实体标准或程序，也不能用于创建任何受司法审查的实体或程序权利。需要指出的是，"疑密从无"原则并非奥巴马政府首创，首次出现在克林顿政府的 12958 号总统令中。正是通过这一原则性的改变，克林顿政府创造了美国历史上最少的国家机密。确定秘密的官员的培训体系中应增加防止过度保密的培训内容。美国不仅在法律法规中对过度定密进行限制，也通过培训、标记等方式进行预防。目前，美国所有原始定密官每年至少接受一次培训，否则应暂停其原始定密权。同样，派生定密官员也要每两年至少参加一次培训。美国历届总统关于保密管理的命令，对国家秘密的认定都有明确的要求和规定。奥巴马的总统令不仅继承了这些规定，还在派生定密中增加了新的要求，如要求每份涉密文件都必须标明机密官员的姓名、职位或个人代码等标识信息，对防止过度定密起到了积极作用。

3. 建立定密异议制度

美国保密管理的总统令对于定密异议制度已形成惯例，内容大致相同，直接翻译为"分类挑战"。例如奥巴马的 13526 号总统令，对定密异议制度进行了三方面的规定：第一，如果任何持密人出于善意，怀疑该信息是否应该被定密，鼓励持密人按规定程序提出这一异议。第二，部门长官必须设置处理定密异议的程序。第三，定密异议流程不包括出版前审查或依据保密协议进行的其他行政过程。定密异议制度起到了修正的作用，完善了美国的保密制度，是非常必要的。

3.2 英国保密工作概况

3.2.1 保密相关法律法规

英国是世界上最早颁布成文保密法的国家。1889 年，英国制定并颁布了第一部成文保密法——《官方秘密法》，拉开了英国建立保密法律体系的序幕。后来经过 1911 年、1920 年、1939 年、1989 年多次修改，最终形成了 1989 年《官方秘密法》。英国保密法制体系建设起步较早，由 11 部保密相关的成文法组成，内容比较齐全；主张"大保密观"的保密思想，通过立法对于国家秘密、商业秘密和个人隐私的保密工作都进行了规定。

1989年规定了政府工作人员未经授权而披露六类官方信息（包括安全和情报信息、国防信息、国际关系信息、可能导致犯罪的信息、从其他国家或者国际组织秘密获取的信息、根据1985年《通讯拦截法》和1989年《国家安全工作法》进行特别调查的信息）属于犯罪行为。情节严重者最高处罚是两年监禁或无限制的罚款，或两者兼而有之。该法限制的政府工作人员分为两类：一是安全和情报部门的（前）工作人员，其任何未经授权披露与安全和情报有关的官方信息均属于犯罪行为；二是（前）公务员或（前）政府承包商，只有当其未经授权的披露行为对安全情报工作造成损害时才属于违法。同时，除获得授权或者证明不知情以外，不得再以"国家利益"抗辩。

1958年和1967年《公共记录法》、1998年《公共利益信息披露法》和2000年《信息自由法》从法律层面平衡了保守国家秘密和维护公民知情权。1967年《公共记录法》规定公共记录将在30年保密期（现为20年）之后公之于众，赋予了公民获取公共机构有关信息的法定权利，但是也规定如果负责人认为某些记录公开后有损害国家安全的风险，则可以免于公开。1998年《公共利益信息披露法》为揭露损害政府和个人公共利益的行为的举报者提供法律保护。2000年《信息自由法》规定公众可以获得包括政府部门在内的10万多个公共机构掌握的信息，个人可以根据《信息自由法》提出某些信息公开的请求。但是该法也规定，国家安全局等安全机构的信息可以免于公开，经公共利益测试后，公开后可能损害国家利益和安全的信息可以免于公开。

根据上述材料，英国1911—1989年《官方保密法》的内容主要包含两个大的方面：一是什么样的泄密行为属于犯罪行为；二是以及犯罪行为的惩罚。《官方秘密法》的内容和结构相对简陋，未涉及定密、密级、保密期限、变更、解密、保密标识、涉密载体和人员、定密禁止和限制、保密审查等具体内容，其他保密相关的成文法也并未包含这些具体内容。另外，英国信息保密和信息公开并重，在英国保密法制体系中既有对信息保密进行规定的立法，也有专门的信息公开法。

3.2.2 组织机构

英国的保密相关机构分为两类：第一类包括英国国家安全局、秘密情报局和政府通信总局三个情报和安全机构,三者合称;第二类包括内阁办公室的国家安全秘书处和联合情报组织,国防部的国防情报局以及内政部的安全与反恐办公室四个与保密工作相关的其他机构。情报和安全委员会不仅负责审查情报和安全机构的政策、行政和开支,同时还审查与保密相关的其他机构的工作。

英国保密相关机构如图3-4所示。

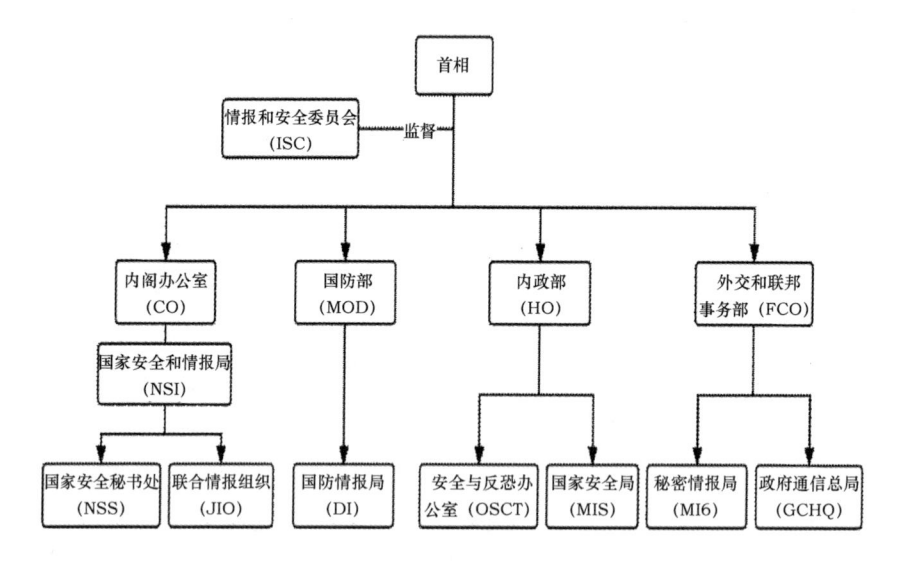

图3-4 英国保密相关机构

1989年《国家安全工作法》对国家安全局的职责和义务做出了规定。英国安全局实行局长责任制,局长由国务大臣任命,并对议会负责(实际上是内政大臣)。英国安全局的职能是"维护国家安全,尤其是保护国家免受间谍活动、恐怖主义、破坏活动、外国势力活动的威胁,以及保护国家免受通过政治、工业或暴力手段进行的旨在推翻或破坏议会民主制的侵害","保护经济的健康发展,使其免受来自联合王国以外的人的活动和企图的威胁"。该法并没有规定由议会委员会审查安全局的政策、支出或行政。

1994年《情报工作法》对秘密情报局和政府通信总局的职能、监管等进行了规定。秘密情报局和政府通信总局均实行局长责任制,局长由国务大臣任命,并向首相和国务大臣提交年度工作报告。秘密情报局的职责是"获取并提供与英国以外人士的行动或意图有关的信息,并执行与这些人的行动或意图有关的其他任务"。政府通信总局的职能是"监控或干扰电磁波、声波和其他发射物以及任何发射这些东西的设备(以及获取并提供给来自于或与这些发射物或设备有关的情报)","提供有关语言或密码的建议和帮助,接受建议和帮助的对象是武装部队、政府部门或任何其他得到首相批准的组织"。1994年《情报工作法》还规定了由首相任命一名现任或前任司法高级官员担任情报机构专员,并设立一个特别法庭受理针对英国安全局、秘密情报局和政府通信总局的投诉。

情报和安全委员会是根据1994年《情报工作法》设立的,由两院议会成员组成,成员由首相提名,分别由众议院和参议院任命。情报和安全委员会直接向议会报告,也可以在必要时向首相报告。该委员会的职能是"审查或以其他方式监督安全局、秘密情报局和政府通信总局的支出、行政、政策和业务","审查或监督政府在情报和安全事务方面的任何其他活动,这些活动由首相与情报和安全委员会通过协议商定"。由于该委员会的透明度和独立性差,2013年《司法和安全法》对其进行了改革,不仅赋予其更大权力接收信息,扩大了监督业务活动和政府更广泛的情报和安全活动的范围,而且取消了之前机构负责人拥有的否决权,要求除非得到国务大臣否决,否则该委员会必须披露职权范围要求的任何信息。

国家安全秘书处负责协调政府各部门具有战略重要性的安全和情报问题,它还直接支持国家安全委员会的工作,该委员会为情报和安全活动提供政治领导和高级战略。联合情报组织就国家安全和外交政策重要性的问题进行独立的全源评估,它支持联合情报委员会的工作,该委员会由高级情报和政策官员组成,并为政府进行所有来源的情报评估。国防情报局是国防部战略司令部的一部分,通过提供情报产品和评估增强国防部和政府决策者的能力。安全与反恐办公室是内政部的一部分,它指明英国反恐战略的战略方向,协调并执行英国的反恐战略。

3.2.3 涉密人员

1989年《官方秘密法》对涉密人员做出规定。英国对于涉密人员的定义侧重于"应当承担保密义务的人员",涉密人员主要分为五类,包括国家安全和情报部门的(前)工作人员、根据1989年《官方秘密法》第

1条规定被明确告知受此法约束的人、(前)公务员、(前)政府承包商和广大社会公众五类,如表3-2所示。

表3-2　　　　　　　　　英国涉密人员分类

安全和情报机构(前)工作人员	不仅包括特定的安全和情报机构的工作人员,还包括为安全和情报机构的工作提供支持的工作人员。涉及以下部门: 国家安全局(MI5)、秘密情报局(SIS/MI6)、政府通信总局(GCHQ)、国家安全秘书处(NSS)、国家安全委员会(NSC)、联合情报组织(JIO)、联合情报委员会(JIC)、国防情报局(DI)、安全与反恐办公室(OSCT)、联合恐怖主义分析中心(JTAC)、情报和安全委员会(ISC)等
(前)公务员	根据1989年《官方秘密法》第12条,(前)公务员包括: 部长(包括下级行政机关部长和警察局局长)、任何受雇于政府的公务员、武装部队的任何成员、任何警察及受雇于或委任于警察部队或为其目的的任何其他人士、1989年《官方秘密法》规定的特定机构的成员或雇员(包括英国核燃料公司、英国原子能机构、核退役管理局、审计长以及议会行政专员)
根据1989年《官方秘密法》第1条规定被明确告知受此法约束的人	根据1989年《官方秘密法》第1条,如果一名部长认为,一个人从事的工作是或包括与安全和情报部门有关的工作,并且其性质是为了国家安全利益,他或她应受第1条第1款的约束,则可以通知他或她受1989年《官方保密法》第1条第1款的约束。通知有效期为五年,除非撤销,并可每次延长五年。如果部长认为被通知的人的工作不再属于上述类型,则必须撤销通知。各部门和机构应注意必须确保每五年酌情更新一次通知,不断审查持续通知个人的必要性,并保存通知记录
(前)政府承包商	根据1989年《官方秘密法》第12条,(前)政府承包商指任何不是公务员但为部长和第12条界定的其他公务员提供或受雇提供货物和服务的人

3.2.4　英国总体保密工作的特点

1. 保密法律和行政指导意见相辅相成

英国保密法制体系建设起步较早,内容齐全。除了1989年《官方秘密法》、1989年《国家安全工作法》、1994年《情报工作法》、1998年《公共利益信息披露法》和2000年《信息自由法》这5部比较重要的与保密相关的成文法，还包括1958年和1967年的《公共记录法》（Public Records Acts 1958 and 1967）、1998年《人权法》、1998年《数据保护法》、2000年《规范调查权力法》、2001年《反恐、犯罪和安全法》、2006年《知识产权执行条例》和2018年《商业秘密执行条例》等法律。

但需要注意的是，英国保密相关的成文法中并不涉及定密、密级、保密期限、变更、解密、保密标识、涉密载体和人员、定密禁止和限制、保密审查等具体内容，这些具体内容是通过内阁办公室颁布的一系列行政指导意见来规定的，例如2014年制定、2018年修订的《安全策略框架》，2013年制定、2018年修订的《政府安全分类》，2014年制定、2020年修订的《国际涉密信息》，2014年制定、2018年修订的《工业安全：部门职责》等行政指导意见。

2. 分工明确，保密相关政策制定与保密工作具体执行分离

英国保密相关政策制定由内阁办公室负责，保密工作的具体执行由各部门信息专员负责，分工明确。内阁办公室（CO）的国家安全和情报局（NSI）是英国的保密工作机构，下设国家安全秘书处（NSS）和联合情报组织（JIO）。国家安全和情报局负责安全保密政策方面的一些基础性工作，并会同其他部门制定保密方面的一些基本规章制度。在保密工作的具体执行方面，各部门和机构的部长、常务秘书或执行委员会是本部门保密工作的负责人，并由本部门的信息专员支持其工作。部门内部信息专员主要分为高级信息风险所有者（SIRO）、可以管理日常保护性安全的部门安全员（DSO）、不同业务部门的信息资产所有者（IAO）、信息风险评估和风险管理专家、与组织需求有关的其他专家五种角色。SIRO负责制定和实施信息风险政策，并定期对其进行审查，以确保其仍然适合业务目标和风险环境。DSO负责制订适当的制度，在全部门范围内妥善处置载有个人信息或部门信息的电子资料或纸张资料。IAO是参与相关业务运作的高级管理人员或负责人，他们能够理解和处理信息的风险，确保信息在法律范围内充分用于公共利益，并每年就其资产的安全和使用向SIRO提供书面意见。信息风险评估和风险管理专家和与组织需求有关的其他专家提供专业的咨询和建议。

3. 信息保密与信息公开并重

随着政府信息公开思想的发展，英国保密思想从注重保密转为强调信息保密与信息公开并重。世界各国保密法制大致分为两种：一是在信息公开中排除保密信息；另一种是保密与公开并重模式，即对保密作出专门规定，英国属于第二种模式。1989年《官方秘密法》、1998年《数据保护法》和2018年《商业秘密执行条例》分别对官方秘密、个人隐私和商业秘密的保密工作进行了规定；同时，英国颁布了2000年《信息自由法》，规定公众可以获得包括政府部门在内的10万多个公共机构掌握的信息。根据该法，公共当局必须公布关于其活动的某些信息，个人（任何英国公民和在英国居住的境外人士）也能够根据《信息自由法》提出信息公开请求，除非与该法规定的一项或多项公共豁免相关，否则应满足其信息要求。

4. 完备的涉密人员安全审查机制

英国的涉密人员安全审查制度起步较早，早在20世纪40年代末50年代初，英国就开始建立文官安全审查程序。目前英国已经建立了完备的涉密人员安全审查机制，包括招聘审查和国家安全审查，目的是确认个人（雇员和承包商）的身份，并对其可信度、完整性和可靠性提供一定程度的保证。招聘检查是指所有公务员、武装部队成员、临时人员和政府承包商都需要按照基线人员安全标准招聘。国家安全审查可以在招聘前、职责变化后、雇主要求进行国家安全审查时进行，分为反恐检查（CTC）、安全检查（SC）和发展审查（DV）三个级别。每个级别都是为了对一系列威胁，以及对个人可以接触到的信息或其他资产的损害、损失或不当利用可能产生的影响和损害提供适当程度的保证。如果对于安全审查结构存在疑问，可以进行内部上诉程序。无论是个人（英国国民和境外人员）访问英国政府机密信息、还是英国官员和承包商访问国际机密信息，都必须通过英国政府机构的审查流程，获得人员安全许可（PSC）。

3.3 俄罗斯保密工作概况

3.3.1 保密相关法律法规

俄罗斯保密相关法律法规如表3-3所示。

表 3-3　　　　　　　　俄罗斯保密相关法律法规表

《俄罗斯联邦安全法》	保障国家安全和保护国家信息资源方面的基本法
《俄罗斯联邦国家秘密法》	关于信息定密、信息的保密和解密、信息保护以及俄罗斯安全保障问题的保密法律
《联邦信息、信息化和信息网络保护法》	规定根据接触权限将信息分为两大类，即大众化信息和受联邦法限制接触的信息（国家秘密）
《俄罗斯联邦出入境程序法》	对涉密人员的出入境权利进行限制
《俄罗斯联邦跨部门保密委员会条例》	规定制定和修改国家秘密清单的机构是国家跨部门保密委员会。对委员会的职责定位、组织架构和人员构成进行了规定
《俄罗斯联邦国家信息安全学说》	这是关于确保俄罗斯联邦信息安全的职务、任务、原则和主要内容的官方意见的总和，是制定和起草俄罗斯联邦安全的国家政策、法律提案和特别计划的基础
《各种秘密等级国家机密信息文件资料的划定规则》	第1条规定俄罗斯联邦航天局和国家核能公司也具有定密的权限。俄罗斯联邦航天局（Roscosmos）和国家核能公司（Rosatom）获得授权将信息分类为国家机密，并与跨部门保密委员会分权管理信息，其密级由国家秘密清单确定

同时，《俄罗斯联邦国家秘密法》对俄罗斯联邦的保密工作进行了详细规定：

（1）第2条规定了国家秘密的信息关系的基本保密范围：军事领域、经济和科技、外交和对外经济、情报和反情报以及反恐和相关业务调查领域。

（2）第6条规定了定密工作的基本原则：合法性、合理性和及时性，将相关信息纳入国家机密并加以分类。

根据俄罗斯联邦第5条和第7条规定有关国家机密的机密信息的合法性和保密性。根据国家、社会和公民的基本利益平衡，对国家机密及其保密的有效性需要专家评估。及时将信息纳入国家机密，并将其保密，限制它们的传播。

（3）第二节规定了定密依据：国家秘密清单制度。

国家秘密清单类似我国的保密事项范围，是指俄罗斯国家有关部门依照法定条件和程序，以领域或行业为基础根据部门或行业中存在的国家秘密信息的不同而制定的信息清单，目的是全面保护国家安全和利益。俄罗斯联邦政府依照俄罗斯政府提供的一份"有权将信息制定为国家机密"的政府官员和机构的名单，一份被认为属于国家机密的员额清单，以及一份属于国家机密的资料清单对信息进行定密。

第8条规定载体可分为"绝密""机密""秘密"三种密级。所有清单都提供给跨部门保密委员会，该委员会负责编制整体政府清单，并确保不同的部委清单不发生矛盾。分配给信息的分类级别旨在对应于如果发布此类信息可能对俄罗斯联邦安全造成的损害程度。确定损害程度的程序应由部门首长批准，也应由跨部门保密委员会批准。

（4）第13条、第14条和第15条规定了不属于国家秘密的范围和保密诉讼制度：在法律层面上减少因进行国家秘密保护活动而对公民的权利限制的可能性，同时规定公民有权向法院上诉。

（5）规定了保密制度：依据、修改时限、最长保密期限。法律还禁止不在可分类信息的定义区域内对信息进行分类，并建立了解密程序。

3.3.2　组织机构

在国家秘密信息保护方面，俄罗斯联邦安全部门负有主要责任。俄罗斯明确提出"加强跨部门协调保密管理"，并将跨部门保密委员会限定为国家最高级别的协调和集体领导机构的保密工作，并对国家权力机构的保密工作进行协调。

同时行政、立法、司法机关在保护国家秘密的安全上也有着不同的分工和职责。俄罗斯保密组织机构如图3-5所示。

3.3.3　涉密人员

1. 主管机构

主管机构是跨部门保密委员会，委员会主席由俄罗斯联邦总统任命和解除职务，一般由俄罗斯联邦技术和出口监督总局局长兼任。

俄罗斯《联邦国家秘密法》规定，有权确定国家秘密的官员须经总统批准，一般是国家权力机关的负责人，对定密事项承担个人责任。

```
                    ┌─────────┐
                    │  总统   │
                    └────┬────┘
            ┌────────────┴────────────┐
            ▼                         ▼
       ┌─────────┐              ┌─────────┐
       │联邦安全局│              │联邦政府 │
       └─────────┘              └────┬────┘
                 │                   │
                 ▼                   ▼
       ┌──────────────┐  ┌──────────────────┐
       │跨部门保密委员会│◄─►│联邦技术和出口监督总局│
       └──────────────┘  └──────────────────┘
```

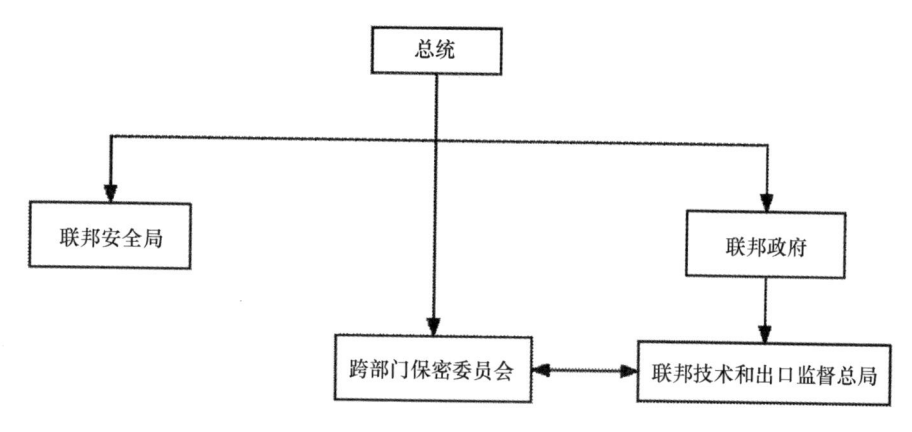

图 3-5 俄罗斯保密工作组织结构图

2. 定密权限

定密人员是由俄罗斯联邦政府初步拟定的公职人员，在国家权力机关中有权确定国家秘密信息清单，并经总统批准任命，对其做出的将某些信息确定为国家秘密的决定负有个人责任。

3. 涉密人员

《保密法》还规定了有关公职人员接触国家秘密的权利，并确立了公职人员的全面保密责任。这些公职人员的名单包括国家权力机关的领导人和被批准保护国家秘密的俄罗斯联邦总统。

《保密法》第21条规定了允许官员和公民进入国家机密需要满足的要求，其中包括：俄罗斯联邦官员和公民自愿接受国家机密；允许官员和公民进入国家机密的原则是对国家作出承诺，不泄露国家机密的机密信息；同意临时限制他们的部分权利，书面同意对其权威机构进行核查；熟悉俄罗斯联邦法律中规定对违反国家机密负有责任的规定。核查活动的规模取决于所涉人员的保密程度。这些测试是根据俄罗斯联邦的法律进行的。

进入国家秘密的特殊程序包括：联邦理事会成员、国家杜马代表和行使职权的法官以及在涉及构成国家机密信息的案件中作为辩护人参加刑事诉讼的律师，无须采取核查措施即可获准构成国家机密信息的规定。通过联邦法律确定这些人的责任，可以确保保护国家机密。

第22条规定官员或公民拒绝国家机密的理由，拒绝接受国家机密的官员或公民的理由可能是：根据已生效的法院裁决承认他的无能或有限的法律行为能力，他在刑事案件中被告人（被告）的身份涉及因国家当局疏忽大意而犯下的罪行或蓄意犯罪，这些罪行存在未清或未清的犯罪记录，如果自该刑事案件被终止之日起（刑事起诉），则以非恢复原状终止其刑事案件（刑事起诉）与实施这些罪行的刑事诉讼时效法令相同的期限尚未到期；根据联邦行政当局授权的医疗和社会发展授权的一份清单，他对利用国家机密信息进行医疗干预；他本人和（或）他的直系亲属在国外的永久居留以及（或）提交有关人员的永久居留文件；识别构成俄罗斯联邦安全威胁的被审查人员的行动；规避审查程序和（或）向他提供虚假资料的信息。根据核查活动的结果，国家当局主管、企业、机构或组织单独作出决定，禁止官员或公民接触和访问国家机密。公民有权向上级行政机关提起申诉或向法院提起诉讼。

3.3.4　俄罗斯总体保密工作的特点

1. 专门的保密法律保障

俄罗斯是典型的偏向保密的国家，有专门的保密法，《俄罗斯联邦国家保密法》《联邦个人资料法》分别对保守国家秘密和保护个人数据进行了规定。《信息公开法》明确规定，受其他法律保护的信息是公开的例外，这在一定程度上实现了《信息公开法》与《保密法》的趋同，同时也限制了政府信息公开的范围。

2. 完整的定密程序

定密程序详细完整具体包括：①取得待定密文件；②对定密的必要性进行论证；③将定密理由提交给拥有定密权的人员；④评估鉴定；⑤做出决定并承担个人责任；⑥制定详细清单，标明密级。由此可见俄罗斯定密程序设计之完备。

3. 明确的管理制度

管理主体明确。俄罗斯联邦政府1995年4月颁布的规定，部门间保密秘书负责保密许可证的统一协调管理。同时，授权有关部门制定许可证管理工作规则，审查企业许可证申请，组织专项评估和考核，颁发、暂停或吊销许可证。许可机关每季度向跨部门保密委员会发放和吊销许可证一次。俄罗斯由不同的政府机构单位根据涉及机密业务的不同业务分组进行管理。

　　管理要求明确。《俄罗斯联邦国家秘密法》则规定，企业使用国家秘密信息，从事信息保护设施建设，为涉密活动提供保密服务，应当按照联邦政府规定的程序取得相应的保密许可。

　　管理方式明确。根据俄罗斯机密许可证管理的规定，企业应当在发出机密许可证之前进行专门审查。具体审查内容如下：检查企业是否符合俄罗斯联邦的保密法律和法规，无论是采取有效的措施，保护国家机密，无论是为保护国家秘密的组织，还有一定数量的员工，以及它是否具有符合保密要求的保护设施。办法许可证的机构可以建立一个特别审查和评估组织，负责评估工作，该审查和评估组织应首先获得许可证。

3.4　日本保密工作概况

3.4.1　保密相关法律法规

　　早在1899年，日本就颁布了《军事机密保护法》《要塞地带法》；1907年颁布的《刑法典》中包含泄露秘密罪；1909年颁布的《日本新闻纸条例》对军事和外交事项的相关报道进行了限制；1937年日本全面修改了《军事机密保护法》；1939年颁布《军用资源秘密保护法》。从19世纪末到第二次世界大战结束，日本的保密法律制度建设处于相对完善的状态。

　　第二次世界大战后，因为日本政府和自卫队的敏感信息可以轻易获得，而日本不仅对苏联特工缺乏强力的制衡手段，甚至对泄密的官员和自卫队现役人员也缺乏约束能力。日本的保密制度主要依靠《国家公务员法》《自卫队法》《伴随日美相互防卫援助协定的秘密保护法》等法律中的部分条款支撑。但力度极为有限，要求也不够明确。直到2013年12月《特定秘密保护法》的出台，才填补了相应的法律空白，确立了日本情报保密法制框架，为今后的继续发展完善奠定了法制基础，使日本情报保密工作发展正式步入正轨。

表 3-4　　　　　　　　　日本保密相关法律法规

《国家公务员法》	第 100 条规定了国家公务员的保密义务； 第 109 条和第 111 条规定了对违反保密义务并泄密及策划、命令、故意容忍、教唆或帮助泄密行为的人员，处以 1 年以下有期徒刑或 3 万日元以下罚款
《伴随基于〈日美安保协定〉第 3 条的行政协定的刑事特别法》	第 6 条定义了"美军的机密"，并规定最高 10 年有期徒刑的刑罚
《日美船舶借贷协定》第 7 条 《日美相互援助防卫协定》第 3 条 《美国向日本出借舰艇的相关协定》第 6 条	未经允许日本不得泄露美国提供的装备和情报等相关秘密
《伴随日美相互防卫援助协定等的秘密保护法》	第 1 条规定了"特别防卫秘密"范围； 第 3 条规定了对泄密者最高 10 年有期徒刑的刑罚
《自卫队法》	设立"防卫秘密"制度，防卫大臣将防卫方面有必要特别隐藏的事项定为"防卫秘密"，泄密最高可处以 5 年有期徒刑，适用范围包括一般公务员和与防卫厅所签订合同，从事制造"防卫秘密"相关物品或提供劳务的工作人员
《特定秘密保护法》	分为总则、特定秘密的指定、提供、处理者限制、适应性评价、杂则、罚则七个部分； 从国防、外交、防止特定有害活动和反恐四个方面列举属于特定秘密的事项，对日本保密工作进行总体指导工作

日本的保密工作与美国联系十分密切。可以说驻日美军的保密管理体系甚至要比日本本身的保密管理体系更加完善，惩罚也更加严厉。日本《国家公务员法》对泄密行为的最高处罚是 1 年有期徒刑，《自卫队法》对泄密行为的最高处罚可达 5 年有期徒刑，而《伴随基于〈日美安保协定〉第 3 条的行政协定的刑事特别法》和《伴随日美相互防卫援助协定等的秘密保护法》都可以对泄密者处以最高 10 年的刑罚。《特定秘密保护法》的通过也与美国的背后推动密切相关。日本政府将额外的安全立法归因于美国。政府发言人声称，美国政府官员明确表示，除非立法通

过，否则他们将无法与日本共享机密信息。日本首相安倍晋三也曾表示"世界上各个国家都有关于……国家机密的明确规定。因此，除非日本制定管理此类秘密信息的规则，否则日本将无法从这些国家接收信息"。可以说，日本的保密体系是与美国紧密相连的。不仅与美国，日本还积极加强与其他盟友间的情报法制建设。例如与北约签订的《日·NATO情报保护协定》，与法国签订的《日法情报保护协定》，与澳大利亚签订的《日澳情报保护协定》，与英国签订的《日英情报保护协定》，与印度签订的《日印情报保护协定》以及与意大利签订的《日意情报保护协定》。

3.4.2　组织结构

在日本的国家安全体系中，起指挥塔作用的是"国家安全保障会议"。"国家安全保障会议"的核心架构是由首相、内阁官房长官、外务大臣和防卫大臣组成的"四人顶级会议"。推进首相主导外交、安全事项。同时"国家安全保障会议"下常设事务机构"国家安全保障局"。"国家安全保障局"的成员主要来自外务省、防卫省和警察部门，内设"宏观""战略""情报""中国及朝鲜""同盟国及友好国""中东等其他"六个部门。

日本的反间谍和保安保密治安机构主要是两个：法务省所属公安调查厅和国家公安委员会警察厅。公安调查厅成立于1952年，主要对有可能进行暴力颠覆活动的团体进行调查，并在必要时进行审查；进行公共安全检查，同时对滥杀行为进行监管。公安调查厅同时是日本情报机构组成的情报界的核心成员，负责向国家安全保障局和总理等政府首脑提供相关信息。国家警察局是国家公共安全委员会（主席为国务大臣，五名成员）的下属机构，国家公共安全委员会的行政管理功能主要是制定总体政策并进行相应的监督。国家警察局（国家警察局局长）在警察事务、刑事法证和犯罪统计等方面指导和监督县警察，以处理广域的有组织犯罪。国家警察局有一个秘书处，五个部门，一个由三个部门和三个附属机构组成的内部部门，以及六个地方警察部门，一个警察分支办公室和两个警察部门作为地方机构。有一个信息和通讯部门。

日本的情报机构大体可以分为三类：内阁直属的内阁情报调查室、省厅直属情报机构、自卫队军事情报系统。内阁情报调查室在日本情报体系中处于中心地位,其负责人内阁情报官负责直接向首相报告情报。省厅直属情报机构独立存在于各中央省厅中,主要有6个,分别是防卫省情报本部、防务政策局、公安调查厅、国际情报统括官组织、警备局、海洋情报局,它们共同为日本政府提供情报活动,防止国内颠覆行为以及国外恐怖活动等。自卫队拥有陆上、海上以及航空三套相互独立的军事情报系统,负责检查保密工作以及调查自卫队内部的泄密事件等。

同时日本成立了一些监督机构,如"内阁保全监督委员会""情报保全监察室""情报监督审查会"等负责对日本的保密活动进行监管,防止过度定密和促进信息公开。

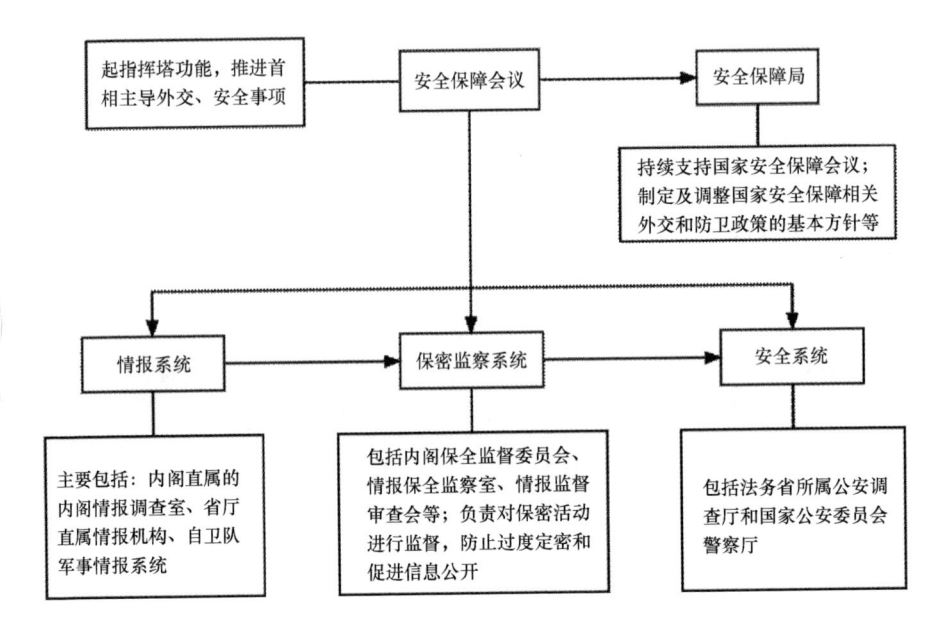

图3-6 日本国家安全与保密体系图

3.4.3 组织保密工作具体内容

1. 工作方针和原则

日益复杂的国际形势扩大了与保障日本及其公民安全有关的信息的重要性,先进的信息和电信网络社会的发展引起人们对未经授权披露此类信息的风险的关切,在这种情况下,对涉及日本国家安全的信息(即确保国家及其公民免受外来侵略等可能影响国家生存的信息,下同)中,必须建立适当保护信息的制度，特别要求保密。然后，为了收集、协调和利用这些信息，《特定秘密保护法》旨在防止未经授权披露这些信息，规定特别指定的秘密、对处理这些秘密的人的限制以及与保护这些信息有关的其他必要事项，从而有助于确保日本及其公民的安全。

《特定秘密保护法》的实施应遵循以下三项原则：

（1）严格判断要求的适用性。指定要保护的信息，并且不包括其他信息。

（2）不得为了隐瞒行政机关通报公共利益报告和其他违反法律法规的事实而指定秘密。

（3）努力说明特别指定秘密的范围，以免不当地干预民众对政府的问责制度。

在保密管理的过程中应同时注意以下事项：禁止扩大解释范围并尊重基本人权，新闻自由和报道自由；确保《官方文件管理法》和《信息披露法》的适当实施。

2. 保密工作责任制

表3-5　　　　　　　　　　保密工作责任划分

行政机关首长	按照内阁令的规定准备有关指定的记录，并且阐明受该指定保护的特别指定的秘密的范围，以及为了保护特别指定秘密而需采取的措施
处理特定机密人员	1. 充分理解《特定秘密保护法》《特定秘密保护法施行令》《关于特定秘密的指定及其解除以及适应性评价的实施统一运用的基准》以及各种相关规程的内容，在确保这些规程正确运用的同时，采取切实合适的措施保护特定秘密 2. 充分认识自身可能造成特定秘密的泄露，并接受关于特定秘密保护的教育等，始终保持较高的规范意识 3. 在受到特定秘密泄露的影响或发现该征兆的情况下，应向上司及其他合适的人等报告并适当处理 4. 对于不再处理特定秘密的人从本1到3条也同样适用

3. 定密制度

《特定秘密保护法》对特定秘密的指定主要存在于国防、外交、预防特定的有害活动和反恐四个领域，并针对四个领域给出了23项具体的事项。法案规定，由行政机关（指设置于内阁的机关及内阁管辖机构等）负责人（或授权人）根据特定秘密的范围对信息进行定密。

同时《特定秘密保护法施行令》将特定秘密的指定权限制在国家安全保障会议、内阁府、内阁官房、国家公安委员会、经济产业省、防卫省、警察厅等等19个行政机构内。

特别秘密的指定需要满足以下三个条件：

（1）对附表的适用性。即特别秘密的指定是否属于《特定秘密保护法》中列出的四个领域的23项具体事项。

（2）该事项实际上不应该被公众知道而需要进行保密。

（3）对该事项进行保密是必要的。因为该事项的泄露可能会严重损害日本的安全。例如，对日本更容易的攻击，国外对日本失去信任以及合作的延迟等。

特定秘密的指定程序如图3-7所示。

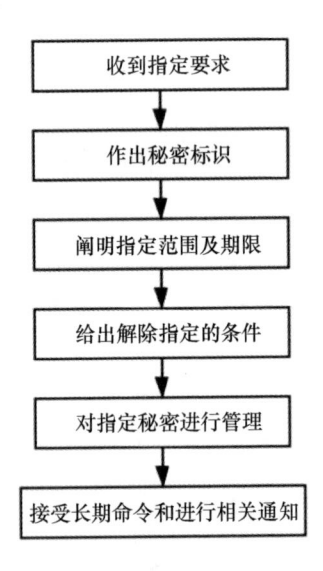

图3-7 特定秘密的指定程序

4. 涉密信息系统

在《防卫省关于信息保证的训令》中明确规定了信息系统的管理对

策，这可以作为涉密信息系统的管理基础。

表3-6　　　　　　　　　　涉密信息系统管理

认证信息的管理	信息系统信息保证员确定有权使用该信息系统的人员，并向其提供用户名和认证信息。如有必要，可添加记录有这些卡的 IC 卡或其他介质。向工作人员提供用户名、认证信息以及记录这些信息的 IC 卡或其他介质时，必须对其进行适当的管理
访问控制	工作人员必须采取必要措施对应限制使用的计算机信息进行访问控制
足迹管理	信息系统信息保证负责人在提供跟踪管理功能时，正确获取跟踪并将其存储一定时间。信息系统信息保证责任人应根据需要分析线索
加密	负责信息的人必须正确操作加密功能。职员对于在信息系统中处理的电子计算机信息中存储或发送时应加密的电子计算机信息，根据另行规定，必须采取加密所需的措施
电子签名	工作人员必须采取必要措施，将电子签名附加到信息系统处理的数据上，特别是对于那些应特别确保数据创建者的真实性并防止数据更改的人员
漏洞响应	信息系统信息安全主管适当地为应对信息系统的脆弱性而引入的功能，并根据需要进行更新。因此，有必要适当地处理信息系统的脆弱性。工作人员必须采取措施应对计算机病毒和信息系统中的漏洞
信息系统室的进出管理	信息系统负责人设立信息系统室时，负责信息保证的人员必须妥善管理信息系统室的出入
计算机管理	信息系统信息保证负责人必须采取必要措施，防止电子计算机被盗。员工必须获得信息系统信息保证官的许可才能从工作场所取出计算机
信息系统的变更	员工必须变更信息系统所涉及的配线、改造、增设机器、更换、软件变更等时，必须得到信息系统信息保证责任人的许可
与信息系统有关的文件的维护	信息系统信息保证责任人必须整备记载信息系统的规格、设计、设备的设置场所、使用者姓名及其他信息系统的管理相关事项的文件；制定关于信息系统的利用及管理的规则；职员必须根据信息系统信息保证负责人规定的规则，进行信息系统的利用及管理
业务目的以外的禁止使用	员工不得在业务目的以外使用信息系统
除员工以外的人使用信息系统	信息系统信息保证责任人在维护管理中让职员以外的人使用信息系统时，在处理该信息系统时，必须让该职员以外的人理解并遵守职员应遵守的内容

续表

信息系统故障时的措施	(1) 信息系统信息保证官必须采取措施，在信息系统发生故障时迅速从故障中恢复，并在一段时间内记录故障。(2) 信息系统信息保证负责人必须定期创建并保存计算机信息的副本，以便采取本条（1）中规定的措施。(3) 工作人员必须努力复制自己使用的计算机信息，并在必要时进行保存
根据信息系统的特点采取对策	除采取上述对策外，信息系统信息保证责任人还应根据信息系统的特性，进行确保信息保证所需的对策。同时信息系统信息保证负责人根据需要对为了确保信息而实施的对策进行修改

5. 人员教育管理制度

法案对规定了应当通过资格审查的人员范围及其例外。法案第 11 条规定，执行特定秘密事务的行政机关负责人、让符合条件的企业持有该项特定秘密或向其提供特定秘密的行政机关负责人、执行该项业务的警察本部负责人，应通过资格审查。但是，行政机关负责人、国务大臣、副内阁官房长官、首相辅佐官、副大臣、大臣政务官，以及考虑到职务特殊性及其他情况，通过政令确定不需要接受资格审查而有权处理特定秘密事务的人员等 7 类人员免于资格审查。第 12 条还规定了审查内容，提出审查内容包括是否从事危害日本国家及国民安全的间谍活动或恐怖活动、是否有犯罪经历、是否曾经违规处理涉密信息、是否滥用药物、是否有精神疾病、是否酗酒、信誉及经济状况等 7 个事项。审查对象包括被审查人员的父母、子女、兄弟姐妹，配偶的父母、子女，以及其他共同居住的人员。同时，法案还提出，被审查人员有权就审查结果提出申诉，且不会因为提出申诉受到不公正对待。

表 3-7　　　　　　　　　人员教育管理制度

需要进行资格审查的人员	执行特定秘密事务的行政机关负责人、让符合条件的企业持有该项特定秘密或向其提供特定秘密的行政机关负责人、执行该项业务的警察本部负责人，应通过资格审查
审查内容	审查内容包括：是否从事危害日本国家及国民安全的间谍活动或恐怖活动、是否有犯罪经历、是否曾经违规处理涉密信息、是否滥用药物、是否有精神疾病、是否酗酒、信誉及经济状况等 7 条事项

续表

审查对象	被审查人员的父母、子女、兄弟姐妹、配偶的父母、子女，以及其他共同居住的人员
审查申诉	被审查人员有权就审查结果提出申诉，且不会因为提出申诉受到不公正对待
免于资格审查的人员	行政机关负责人、国务大臣、副内阁官房长官、首相辅佐官、副大臣、大臣政务官，以及考虑到职务特殊性及其他情况，通过政令确定不需要接受资格审查而有权处理特定秘密事务的人员等7类人员免于资格审查

《特定秘密保护法施行令》（以下简称《特定秘密保护法》）第12条第2项指出，要对相应职员进行关于特定秘密保护相关的教育。

从上面的相关规定可以看出日本对涉密人员的审查非常严格，《特定秘密保护法》中近四分之一的内容是关于涉密人员审查的。《特定秘密保护法》详细规定了需要进行审查的涉密人员和免于审查的7类人员，同时规定了审查内容和审查对象。审查对象不仅包括父母子女等亲人，还包括共同居住人员。日本如此注重涉密人员审查和第二次世界大战后日本频发的人员泄密案件有关。从"拉斯特波洛夫"事件到"科诺诺夫"事件、"克兹洛夫"事件、"列夫钦科"事件，一系列的间谍案件在日本频繁发生，大量的公务人员被策反。由于缺乏系统的法律约束，导致大多数泄密人员只受到很轻的处罚甚至免于处罚。因此《特定秘密保护法》不仅将泄密人员的刑期提高到最高10年，而且在涉密人员的审查方面也极为严格。

6. 载体管理

《特定秘密保护法》第3条规定，行政机关长官确定特定秘密时，在通过政令记录的同时，为了明确该项特定秘密的范围，应将文件、图片、电磁记录或记录特殊指定秘密信息的物体或内阁命令规定的包含所述信息的任何物体标记为特别指定的秘密。

因属于特别指定秘密的信息的性质，难以采取前款规定的措施的，按照内阁命令的规定，将前款规定适用于该信息的事实通知处理该信息的人。

1965年日本就出台了有关机密文件处理的规定，其中共包括13条具体原则，包括文件的产生、分类、责任人、文件编号、保密期限、复制、存储、转移、销毁以及各部门具体处理规则的制定等。

7. 会议活动

《特定秘密保护法施行令》第12条第5项指出，要对进入特定秘密处理场所及设备带入进行限制。这也适用于秘密会议的召开及相应的设备限制。

相应的具体会议保密规定如下：指定秘密处理人员组织召开包含特定秘密内容的会议（包括投影、财产展览等），应采取以下措施，防止特定秘密的泄露等。

表3-8　　　　　　　　　　涉密会议活动管理

会议场所	选定参加者以外的人无法听取会议等内容的场所
与会人员	确认参加者是与会议中处理的特定机密有关的信息相关的特定机密处理人员，并且该数目是最小必需数目
会议通知	通知参加者会议内容等包含特定秘密
机密处理	提请注意特定机密的处理，例如使用的特定机密文件
文件回收	对指定要使用的机密文件进行序列号管理，使用后收集等

8. 对外提供和境外人员知悉

日本非常重视涉外保密行为，在军事方面有《国防装备转让三原则》严格限制国防装备的出口转让。同时经济产业省下设安全保障贸易管理部门来专门限制日本的敏感信息和技术泄露给境外势力。具体政策有《大学和研究机构安全出口管制条例》《大学和研究机构安全出口敏感技术控制指南》等。同时日本是《关于常规武器与两用产品和技术出口控制的瓦瑟纳尔协定》（一般简称为《瓦森纳协定》）的成员国，在常规武器及两用物品和技术的转让方面有着严格的要求。

表 3 – 9　　　　　　　　　　　　　出口规范

《国防装备转让三原则》	1. 如果不利于国际和平与维护安全，将不允许出口； 2. 如果有利于和平，并且有助于积极推进国际合作和日本的安全保障，将批准武器的出口； 3. 向第三国转让装备原则上事先必须获得批准
《大学和研究机构安全出口敏感技术控制指南》	为了建立有效的合规框架并提高对敏感技术信息的控制标准，学术机构需要遵守法律要求的"出口商合规要求"，并且还应采取更适当的敏感技术控制措施。主要规定了安全出口控制系统的适用情况；技术转让和货物出口的验证程序；建立/运营组织结构和用于检查内部合规性的检查表等
《大学和研究机构安全出口管制条例》	1. 不提供可能妨碍维护国际和平与安全的技术或出口货物； 2. 如果需要遵守外汇法并获得经济产业大臣的许可，则负有责任的许可； 3. 为确保出口管制，应任命负责出口管制的人员，并适当准备和完善出口管制制度

日本的出口管制十分严格。一方面因为日本是 Wassenaar 安排的成员国，需要遵守相关的要求；另一方面因为日本希望通过出口管制来保持日本在相关领域的技术领先地位。同时日本又十分重视国际合作和研发，积极推动同美国及其他盟国的国防装备和技术合作。

9. 公开保密审查制度

表 3 – 10　　　　　　　　　　　　　保密审查规定

《特定秘密保护法》第 4 条	行政机关的负责人在进行定密的同时要确定保密期限，自指定之日起不超过 5 年；5 年保密期限到期后，行政机关负责人在获得内阁批准的条件下可以将保密期限延长至 30 年；如果在 30 年保密期满之后为了保护国家与国民的安全而仍然无法解密的，行政机关需要给出无法解密的原因，并将保密期限延长，但不能超过 60 年。但武器弹药等防卫品、有损与外国政府谈判的信息、密码学、内阁令指定的重大信息等七种特定秘密不受 60 年最大期限的制约

续表

《特定秘密保护法》第18条	公开行政机关等持有的信息以及公共记录等的管理，必须征求内阁对草案的决定。政府应制定标准，以确保在特别指定秘密的指定、终止指定以及进行安全检查评估方面统一实施。同时首相必须每年根据上述制定的标准，向指定人员报告特别指定机密的指定状态，指定的终止以及安全检查评估的进行并必须听取这些人的意见
《特定秘密保护法》第19条	政府应每年向国会报告特别指定秘密的指定状态，指定的终止以及安全检查评估的进行，并具有第18条指定人员所述的意见并公布报告
《特定秘密保护法》第20条	有关行政机关负责人应当在指定专用秘密的指定，安全检查评估的实施以及根据《特定秘密保护法》应采取的其他措施上相互配合，以防止未经授权的信息披露

为了确保核查和监督有关特别指定秘密的指定和负责人终止指定的标准等，确保国家安全和对特别指定的秘密进行适当的指定和终止，日本成立了一些监督机构，如"内阁保全监督委员会"、"独立公文书管理监"、"情报保全监察室"、"情报监督审查会"和"情报保全咨询委员会"等。

尽管《特定秘密保护法》规定了特别指定秘密所属的具体领域和事项。但在具体指定过程中依旧存在肆意指定的危险。对于何种秘密会被指定为特定秘密，国民很难预期。同时特定秘密的指定权完全掌握在各行政机关手中，虽然存在上述监察机构，但"内阁保全监督委员会""独立公文书管理监""情报保全监察室"均为行政机关内设机构，缺乏中立性；而参议两院设立的专门秘密指定监督机构"情报监督审查会"则缺乏强制力；而至于由专家组成的"情报保全咨询委员会"则只能审查适用基准，权力和作用更加有限。各行政机关也可以以秘密"关系到日本国家安全保障"为由，拒绝内阁的材料提供和秘密解除要求。同时"国家安全保障会议"不公布会谈内容，不留下任何档案，行政部门则需无条件执行会议决定。这种组织机构的运行方式极有可能造成过度定密。

10. 严重违规和泄密责任追究制度

表 3-11 泄密追责规定

《特定秘密保护法》第 23 条	如果从事处理特别指定秘密的职责的人未经授权披露了该人在执行职责过程中所知道的特别指定秘密，可以视情况处 10 年以下有期徒刑，并处 1000 万日元以下罚款。特别指出，当该人不再承担处理特别指定的秘密的责任时，同样适用
《特定秘密保护法》第 24 条	通过欺骗、攻击或恐吓某人的行为或通过盗窃或破坏财产，侵入设施，截取有线通信，通过未经授权的计算机访问行为而获得特别指定的秘密的人，或任何其他破坏对持有特别指定秘密的人的控制的行为，其目的是利用该秘密促进外国利益或获取非法个人利益，或损害日本的安全或日本公民的生命或身体，可以视情况处以 10 年以下有期徒刑，并处 1000 万日元以下罚款
《特定秘密保护法》第 25 条	与他人串谋、诱使或煽动他人实施泄密行为的，最高可处 5 年以下有期徒刑

3.4.4 日本总体保密工作的特点

由于第二次世界大战战败国的身份，日本的保密发展一直受到很大的阻碍。但是由于中国力量的增长，历次朝核危机，亚太地区形势的不稳定性增加，日本国内所谓的安全意识和忧患意识增强，而反对安全投入的力量减弱。另外，过去美国一直在压制日本的军事及安全发展，而随着美国战略的转变，其对日本军事和相应制度的松绑几乎是必然的。《特定秘密保护法》就是在这种特殊的情况下提出的。由于特殊的历史因素，日本的总体保密工作呈现出以下特点。

1. 国内外环境导致保密工作严重受限

由于第二次世界大战战败国的身份，日本战后的保密建设工作受到了极大的阻碍。首先是原有的保密相关法规基本被美国完全废除，并且和平宪法等对日本的保密工作进行了限制，阻止日本对信息的保密。并且在和平宪法的保护之下，日本的新闻和言论相当自由，在这种情况下，大部分日本人对国家主义嗤之以鼻，日本社会对于限制言论自由的一切政府举动均存在非常大的戒心。所以从第二次世界大战结束直到 2013 年《特定秘密保护法》通过这中间近70年的时间日本国内一直没有专门统一的保密法规。而安倍内阁凭借"多数主义"强行通过《特定秘密保护法》的行为也受到日本民众、新闻界、在野党、国内学者和团体的强烈反对。

2. 保密活动与美国关系密切

第二次世界大战之后，日本的国家主权受到了一定的限制。日本的保密体系也是和美国以及驻日美军紧紧联系在了一起。甚至可以说驻日美军的保密管理体系甚至要比日本本身的保密管理体系更加完善，惩罚也更加严厉。日本《国家公务员法》对泄密行为的最高处罚是1年有期徒刑，《自卫队法》对泄密行为的最高处罚可达5年有期徒刑，而《伴随基于〈日美安保条约〉第3条的行政协定的刑事特别法》和《伴随日美相互防卫援助协定等的秘密保护法》都可以对泄密者处以最高10年的刑罚。《特定秘密保护法》的通过也与美国的背后推动密切相关。日本政府将额外的安全立法归因于美国。政府发言人声称，美国政府官员明确表示，除非立法通过，否则他们将无法与日本共享机密信息。日本首相安倍晋三也曾表示"世界上各个国家都有关于……国家机密的明确规定。因此，除非日本制定管理此类秘密信息的规则，否则日本将无法从这些国家接收信息"。可以说，日本的保密体系是与美国紧密相连的。

3. 注重涉密人员的管理

第二次世界大战后的日本被苏联克格勃戏称为间谍天堂，日本政府和自卫队的敏感信息可以被轻易获得。而日本不仅对苏联特工缺乏有力的惩罚手段，甚至对泄密的日本政府人员和自卫队人员也缺乏约束能力。虽然《自卫队法》《国家公务员法》中都有对泄密人员的处罚规定，但力度有限。对于大部分泄密的日本官员或自卫队官员只能以开除公职或者剥夺退休金来处罚。当面对国外间谍的诱惑时，很多人就会铤而走险泄露自己知道的国家秘密或敏感信息。因此日本对涉密人员的审查非常严格，《特定秘密保护法》中近1/4的内容是关于涉密人员审查的，不仅详细规定了需要进行审查的涉密人员和免于审查的7类人员，同时规定了审查内容和审查对象。审查对象不仅包括父母子女等亲人，还包括共同居住人员。同时将泄密人员的刑期提高到最高10年。

4. 重视出口审查与限制

日本是《关于常规武器与两用产品和技术出口控制的瓦瑟纳尔协定》

简称《瓦瑟纳尔协定》安排的成员国，需要遵守相关的要求，严格限制武器装备和军民两用技术的出口。在国防装备的出口转移方面，日本制定了《国防装备转让三原则》来对武器及相关的技术的出口转移进行限制。同时日本希望通过出口管制来保持日本在相关领域的技术领先地位。为此出台了《大学和研究机构安全出口敏感技术控制指南》等相关指南和操作守则，来对大学和研究机构的敏感技术出口进行审查与限制。日本在强调出口管制的同时又十分重视国际合作和研发，积极推动同美国及其他盟国的国防装备和技术合作。

5. 可能导致过度定密

前面提到，日本第二次世界大战后的保密工作受到了严重限制，但《特定秘密保护法》的出台却可能导致过度定密问题的出现。尽管《特定秘密保护法》规定了可以指定特定秘密的四个领域的 23 个项目，但在具体指定过程中依旧存在肆意指定的危险。对于何种秘密会被指定为特定秘密，国民很难预期。同时特定秘密的指定权完全掌握在各行政机关手中，虽然存在一些监察机构，但其要么行政机关内设机构，缺乏中立性，要么就缺乏强制力，导致监督力度有限。行政机关也可以以"涉及日本国家安全保障"为由，拒绝提供材料和解密。而且《特定秘密保护法》只有对泄密的惩罚，而没有对定密不当或过度保密的惩罚。而且"国家安全保障会议"的内容不会公布，不留下任何文件，行政部门将被要求无条件执行会议的决定。这种运行方式极有可能造成过度定密。

本章小结

通过法律手段调整和管理保密是世界各国的普遍做法。这是因为法律是一种稳定而明确的社会行为规范，正如马克思曾经指出的那样："法律是一种肯定的、明确的、普遍的规范，其中自由的存在是普遍的、理论性的、独立于个人的。"

依法治国，包括依法实施保密管理，是人类文明进步的基本标志和宝贵财富。目前，它有两个特别重要的意义：第一，在大力推进依法治国、建设社会主义法治国家的过程中，必须坚持依法实施保密管理。第二，依法实施保密管理是许多国家的普遍做法，这要求我们批判性地吸收国外保密法律制度的有益因素，以促进我国保密法律制度的建设。

当代国外保密法律制度已经基本形成，尤其是西方主要国家的法律结构相对完善。从法律渊源来看，保密法律规范的具体形式包括宪法、法律、行政法规和行政命令，这就是广义的保密法。

保密条款大多是各国宪法原则中的内容，明确体现了国家对保护本国秘密的法律态度，是制定保护本国秘密的法律、行政法规的依据。保守国家秘密的基本法律、行政法规中包含了大量保守国家秘密的具体法律制度。

学习国外保密法律制度，能够初步了解西方国家保守国家秘密的全过程，可以从定密制度、解密及密级变更制度、保密措施和制裁措施等方面进行了解和借鉴。

关键词

国外保密　美国保密　英国保密　俄罗斯保密　日本保密　现行政策

第 4 章

美国科技保密工作体制

章首开篇语

美国是一个三权分立的国家。行政、立法、司法三个系统不同程度地参与国家科技政策的制订和科技工作的管理。对于政府机构及其涉密人员的科技保密法律制度,美国并没有单独的行政法规,而是通过保密法规或总统令的形式来体现的。

本章重点问题

- 美国科技计划的全过程管理
- 美国科技项目管理模式
- 美国国防部军事科技保密管理
- 美国基础研究安全保密
- 国家工业安全计划
- 美国能源部对承包商的要求

4.1 美国科技计划的全过程管理

美国行政、立法和司法系统都在一定程度上参与了国家科技工作的管理,这与其三权分立的政治特色有鲜明的对应关系。联邦政府并不制定全面的科技发展规划,只是将有关部门科技政策(包括预算)等进行汇总。

4.1.1 美国科技管理体制

对应美国三权分立的政治体制，立法系统内，国会是立法机构，国会在全国科学技术事务中的作用集中体现在制定有关法律方面。通过立法、拨款、审批等来进行科技管理。国会审计办公室负责科技预算与计划的审计。

行政系统内各个部门对科技管理拥有更直接的影响。在科学技术发展方面，总统集中了全国科学技术活动的最高决策权与领导权。与科技相关的联邦部门很多，包括国防部、卫生与人类服务部、能源部、国家航空航天局、商务部、农业部、运输部、环保局、国家科学基金会等，各部都有与本部门相关的科学技术预算和计划。

政府的最高科技决策管理机构归于白宫，具体包括：白宫科技政策办公室（OSTP）、国家科技委员会（NSTC）和总统科技顾问委员会（PCAST），OSTP由总统科技顾问兼任主任，负责向总统提供科学技术方面的咨询和信息，协助总统处理全国科学技术问题，并阐述在经费分配中政府应进行的选择；NSTC由总统担任主席，由内阁级科技相关部门负责人和白宫官员组成，从政府的角度促进联邦各部门之间的协调，制定符合国家目标的科技发展计划；PCAST主要司职于科技咨询和辅助决策，总统的科学技术顾问是该委员会的共同主席之一。其他成员主要来自工业、教育、研究机构和非政府组织。该项目的目的是提供私营和非政府部门对科学和技术项目的反馈，并就影响国家发展的科学和技术问题向NSTC提出建议。

1. 白宫科技政策办公室（OSTP）

白宫科技政策办公室依据1976年《国家科技政策、组织和重点法令》成立由总统科技顾问兼任主任，是一个为总统提供科技政策建议的办公室。它的主要任务是在联邦政府制定重大政策和计划时，为总统提供科学技术分析和判断。该机构负责协调政府各部门科技预算以及政策的制定和实施；与私营部门合作，确保联邦政府对科学技术研究和开发的投资有利于经济繁荣、环境质量和国家安全；与联邦、州、地方政府以及科研机构国外建立良好的合作关系；评估联邦科技政策和投资的规模、质量和有效性。

2. 国家科技委员会（NSTC）

国家科技委员会于 1993 年由克林顿总统签署行政命令成立，是总统协调联邦科学、太空探索和技术政策的工具。它的重要使命是为国家的科学技术发展确立明确的目标，并确保科学技术发展的努力朝着这些目标进行。由总统领导的 NSTC，包括副总统、总统科技顾问、商务部部长、国防部部长、能源、卫生和公共服务部部长、国务卿、内政部长、农业部长、劳工部部长、交通部部长、教育部部长和国家航空航天局（NASA）部长，以及国家科学基金会、政府机构负责人。

3. 总统科技顾问委员会（PCAST）

根据 2010 年《关于建立总统科技顾问委员会的行政命令》，PCAST 由不多于 21 名成员组成，其中一名成员为总统科技顾问，其余成员由总统任命，由联邦政府以外的个人和代表组成。主要职能：为总统提供咨询，应总统或总统科技顾问的要求提供信息、分析、评价和建议；面向社会，广泛收集信息和思想；承担总统创新与技术咨询委员会和国家纳米技术咨询小组的角色。另外，应 NSTC 要求向其提供来自联邦政府以外的建议。在 PCAST 的管理运行方面，该命令规定：在法律许可范围内，应 PCAST 联合主席的要求或为执行 PCAST 职能，其他各行政部门与机构的首脑应向 PCAST 提供相关科技事务信息；经与总统科技顾问协商，PCAST 可授权建立执行分委员会和顾问组，以协助 PCAST 工作；应 PCAST 要求，OSTP 应为其提供资助、管理和技术等方面的支持。

4.1.2 科技计划与预算制订体系

美国的联邦研发预算和计划是根据部门定位、总统的科技政策和国家和社会的需要而建立的多元化、分散的美国体制。这就决定了其科技计划和预算的制定具有以下特点：

1. 有效分权，互相制衡

在白宫发布的国家目标和预算优先事项的指导下，在白宫科学技术监督局的指导和协调下，联邦机构根据部门的实际情况制定更新的预算和计划。国会负责批准和调整预算和项目。预算权力在立法部门、白宫科技行政机构和联邦各部门之间合理分配，形成相互制约的机制。

2. 科技预算与计划具有较强的连续性

在联邦机构的研发预算和计划的基础上，保持稳定一致的风格，跨部门的发展计划通常在很长的一段时间，所有涉及的部门都有不同的年度研发计划和预算，这往往会保持很强的连续性，以确保联邦研发预算和计划的整体稳定性。部门内部或跨部门的任何新的研究和开发计划以及预算的任何增加或减少（特别是预算的显著增加）都必须经过国会的严格认证和批准，并且必须有令人信服的理由。

白宫科技管理机构中，与研发预算关系最密切的是 OMB（Office of Management and Budget）和 OSTP，OMB 的职责主要是确定预算的优先领域，具体是通过评估各部门提交的计划、政策、报告、条例和拟议立法来确定，根据各种联邦机构在核查后提出的各自预算、计划编制和编制联邦政府的预算草案和计划，并编制进入联邦预算和负责后期预算的监督执行。OSTP 在制订预算过程中负责向总统 OMB 和各联邦部门提供帮助和提出建议，其使命是保证科学技术计划和预算反映联邦政府的优先领域和实现协调发展，并在 NSTC 的帮助下领导和协调跨部门研发计划与活动。概言之，后者主要起决策咨询作用，而前者则是唯一重要的执行机构。

在研发预算和计划开发过程中的实际权力最大的是联邦部门。各部门所需的预算需要报告给管理和预算局，预算基于总统指定的原则和限制，在此基础上提出了部门的一些建议和需求，各部门部长都是这些报告数字的最终决定者和仲裁者。因为各部门对该领域和研究方向最为了解，因此在部门研究预算和项目的制定中有最大的发言权。

OMB 和 OSTP 与联邦机构合作制定年度研究预算和计划，并提交给总统审查。预算编制和执行程序包括：各部门在编制自己的预算和计划之前，管理预算办公室和科技办公室将联合发布预算优先领域备忘录，为各部门提供指导和依据；根据优先领域备忘录，准备并向总统提交部门预算和计划。OMB 负责实施，OSTP 提供决策信息和咨询，NSTC 主要负责跨部门规划协调。根据部门预算请求，总统当年向国会报销了联邦 R&D 的预算请求；最终预算由国会决定。每次参众两院审议，都会根据各种科技预算和项目的功能描述以及以往执行情况，对预算进行一定的调整。预算经国会批准后，预算管理和预算局负责根据计划分配资金，监督各部门预算的执行，确保预算目标的实现。

判断科技计划的标准包括相关性、质量和绩效，也用于评估在活动期间和之后的科学和技术方案的表现。（1）相关维度：研发计划必须具有完全的目标和明确优先领域；该计划必须展示其潜在的公共利益；该计划必须证明它与特别考虑的主席的具体优先事项有关；有必要提前使用外部评估，以评估国家计划和需求，科学和技术需求和客户需求的相关性。事后外部评估必须定期使用，以评估计划对国家需求，科学技术需求以及计划客户的需求的相关性。（2）质量维度：基于价值的竞争用于分配资金。对于那些不以这种方式分配资金的人来说，有必要证明资助方法，并解释如何确保质量；必须通过事后专家审查定期评估计划的质量。（3）性能维度：每年跟踪相关计划的输入；设置适当的产出和成就评估指标，进度和关键点；每年，必须在事实后证明计划绩效。

对于跨部门的研发计划，通常成立一个高级领导小组，共商计划研究优先领域和预算，并确定战略规划，高级领导小组由总统科技顾问牵头、合作各方首脑联合组成，下设计划工作小组，负责制定计划、预算和协调，以避免重复研究。

4.1.3 美国科技计划的管理过程

美国科技计划全过程管理包括科技计划的提出、计划具体实施方案的制订、计划的过程管理以及评估。

1. 科技计划的提出

美国国家科技计划的提出一般要经历动议与决策过程，虽然各个国家对科技计划的启动过程有所差异，但大体上讲，科技计划的提出是由国家政府、科学家或科学顾问、咨询机构等提出的。美国的国家科技计划由政府部门、国家科学院、咨询机构等提出动议。总统科技顾问委员会（President's Council of Advisors on Science and Technology，PATS）和国家科学技术委员会（National Science and Technology，NSTC）通过战略咨询论坛、公众咨询等提出重大科技计划建议，在科技计划的动议、咨询、论证和协调等方面发挥关键作用。白宫科技政策办公室（Office of Science and Technology Policy，OSTP）担当全面协调国家科技计划的角色。

2. 科技计划的实施

科技计划的具体实施方案的制订多由具体负责该计划的政府部门进

行，对于跨部门的国家科技计划，由国家高层科技管理机构进行管理和协调，如美国的国家科学技术委员会，白宫科技政策办公室在国家科学技术委员会的帮助下，综合协调各方面的科技计划建议，制订年度科技优先领域备忘录，作为各联邦部门编制科技计划预算的指南。

美国政府部门科技计划的动议、决策与管理主要通过部门研发预算的审批和评估来体现。美国白宫管理与预算办公室（Office of Management and Budget，OMB）与白宫科技政策办公室会同各部门一起编制每年的研发计划和预算，具体过程为：白宫管理和预算办公室与白宫科技政策办公室联合发布预算优先领域备忘录，各部门根据指南提出计划及其预算，经白宫科技政策办公室和白宫管理与预算办公室统筹后纳入总统向国会报出的预算建议，国会批准后形成正式科技计划，白宫管理与预算办公室负责按计划分配资金并监督各部门的预算执行。总统科技顾问委员会和国家科学技术委员会等针对国家重大需求提出重大科技战略建议。通过白宫科技政策办公室把战略建议落实为具体的科技计划、责任体系和执行机制，通过与部门沟通协商变为部门的科技计划、执行机制和预算。即使是由单一部门提出或负责的科技计划，如美国能源部先进能源研究署（Advanced Research Projects Agency-Energy，ARPA-E）和脑科学计划（Brain Research Through Advancing Innovative Neurotechnologies，BRAIN），通过国家科学技术委员会等的咨询论证机制纳入优先领域备忘录，然后才纳入部门的计划与预算建议中，由白宫科技政策办公室和OMB统筹协调为总统预算案中的具体预算提案，其中包括对计划的评估和调整机制。

3. 科技计划的过程管理

科技计划的过程管理是指科技计划从计划指南发布到后期评估的整个过程，发达国家科技计划的过程管理执行一般分为两种，第一种是直接管理，即科技计划的专业管理机构进行管理；第二种是委托管理，即由专业管理机构委托给项目主管或专题小组进行过程管理。科技计划的过程管理环节包括科技计划项目指南制订、项目评审专家组织、项目评审过程管理、项目全过程监管与评估。多采取专家评审制，并通过评审专家遴选制度、评审专家轮换制度、评审专家回避制度等保证评审的公正性。

4. 科技计划的监督评估

科技计划监督评估是科技计划监管、保障科技计划质量、控制科技计划成本的重要手段,并非一蹴而就,而是贯穿科技计划管理的全过程,重点是由政府牵头组织实施的科技重大计划和专项。目前,美国对科技计划的评估是有组织有计划的,不仅被纳入常规的监督评估体系,还指定专门机构进行专业角度的评估,体现了其强制性和规范性的特点,有利于各方沟通,获取所需信息,也使得监督评估结果更为可靠和权威。监督评估一般采用听证、报告、审计、调查等方式进行,具体内容涉及计划制订、预算安排与使用、职责履行、任务落实、目标实现情况等,同时重视对监督评估的结果要进行及时反馈和有效运用,一旦计划的执行被评定为低效,有关机构可提请国会终止计划。

美国科技计划全过程管理中,在宏观管理机制、具体的项目管理等方面都呈现出一些特点,如采用专业管理机构对项目进行管理。

综上所述,从宏观角度来看,美国政府部门科技计划的动议、决策与管理主要通过部门研发预算的审批和评估来体现,跨部门计划则通过高配协调机构进行有效协调。总统科技顾问委员会和国家科学技术委员会作为提议者,在重大科技计划的动议、咨询、论证和协调中发挥关键作用。OSTP在国家科学技术委员会帮助下担当全面协调国家科技计划的角色,负责制订年度科技优先领域备忘录,作为各联邦部门编制科技计划预算的指南。跨部门科技计划的管理协调依靠白宫科技管理机构主导的协调机制来实现,国家科学技术委员会作为计划执行的最高协调机构,设立相应协调办公室负责对计划实施过程的协调与评估。跨部门计划的协调机制大都在计划立项时的立法中予以确认并预先制订协调保障规则,保证协调机制有效发挥作用。

4.2 美国科技项目管理模式

项目管理是规划和执行项目的学科。项目管理旨在通过使用计划、时间表和资源在设定的时间范围内执行项目活动来实现既定目标。项目管理学科包括:项目管理流程;项目管理阶段;项目管理角色;项目管理工具;项目管理方法论等。项目目标由客户或利益相关者定义,项目经理应用项目管理方法来创建一个计划,该计划建立满足利益相关者要求所需的资源、任务和可交付成果,还必须考虑到三重约束,即时间、成本和范围约束。为了平衡上述条件、要求和进度，管理人员经常使用项目管理软件来执行项目。在线软件可以使项目保持在正轨上，并让团队保持高效。

项目与其他重复或定期继续的业务不同，它是一个特殊的将被完成的有限任务，是在一定时间内，满足一系列特定目标的多项相关工作的总称。每个项目都会经历项目生命周期，该周期由五个项目管理阶段组成：启动、规划、执行、监控和控制以及收尾。

第一阶段：项目启动。

这是项目经理必须证明项目有价值且可行的开始阶段，包括创建一个商业案例来证明项目的必要性，并进行可行性研究以证明它可以在合理的时间和成本内执行。然后创建项目章程，该章程是传达项目将要交付的内容的文件。这个项目管理阶段在项目启动会议上达到高潮，团队、利益相关者和其他相关方齐聚一堂，制定项目目标、时间表、流程和沟通链。

第二阶段：项目规划。

项目获得批准后，进入第二个项目管理阶段：项目规划。此阶段的目标是创建项目计划，这将是接下来两个阶段的行动指南。项目规划必须涵盖与项目的执行有关的成本、风险、资源和进度安排等部分。在此阶段，使用工作分解结构（Work Break-down Structure，WBS）定义项目范围。WBS将项目分解为活动、标志性事件和可交付成果，使项目经理可以轻松地创建时间表并将任务分配给团队成员。项目经理经常使用甘特图（Gantt Chart）对项目计划进行可视化展示，为项目实施提供路线图。

第三阶段：项目执行。

第三个项目管理阶段是项目执行，即解决计划中概述的任务和里程碑以产生令客户或利益相关者满意的可交付成果。在此过程中，项目经理将根据需要重新分配资源以保持团队工作。此外，他们将识别和减轻风险，处理问题并纳入任何变化。

第四阶段：项目监测和控制。

第四个项目管理阶段，项目监控和控制，与项目的执行阶段同时进行。它涉及监控项目的进度和绩效，以确保其按计划进行并在预算范围内。应用质量控制程序以保证质量。

项目中最大的问题通常与三个因素有关——时间、成本和范围，统称为三重约束。此阶段的主要目标是对项目进行严格的控制，以确保这三个因素不会偏离轨道。

第五阶段：项目收尾。

第五个项目管理阶段是项目收尾，在此阶段将最终可交付成果提交给客户或利益相关者。一旦获得批准，就会释放资源，完成文档并签署所有内容。此时，项目经理和团队可以进行事后分析以评估从项目中吸取的经验教训。根据项目的不同，收尾阶段可能包括将控制权移交给不同的团队，例如运营管理团队。在这种情况下，项目经理的工作是确保这种过渡顺利进行。

4.2.1　科技项目管理类型

科技计划的项目管理类型可分为"自上而下型"和"自下而上型"，前者为目标导向，后者为探索导向。"自上而下"类依据国家发展的战略需求，提出目标，主要由国家经费资助，一般来说，包括以应用为目标的基础科学研究、关键技术开发等。就管理角度而言，有管理者来决定研发的目标和项目的承担者，而管理方又要依靠精通该领域的专家。同时，此类项目通常不是由一个主体来承担从发起到承担的全部工作。因此，管理这种"自上而下"的目标导向型项目需要识别国家需要的技术方向、选择研发目标、选定承担人、跟踪与决策、监督与评估等，所有环节都需要管理方参与其中，管理的难度较高。而"自下而上"类项目一般基于自由探索，自己申请自己完成，只是需要申请国家经费资助，责任方非常明确，能够起到自我激励作用。因此，国家只需要给出宏观方向，依据科学和专业机制进行评估和筛选，并监督项目实施，最终给予评价即可。

4.2.2　科技项目管理的基本模式

与上述科技项目的类型相对应，"自上而下型"一般采用"连接模式"进行项目管理，而"自下而上型"普遍采用"分离模式"。前者致力于解决军事国防等国家急需的关键技术问题，政府负责连接研发与应用的鸿沟；后者着眼于需求侧，自发产生探索性科技计划。由于使命导向型国家科技项目通常是国家级的大型项目，项目经理人所掌握的资金和权力更大，对他们的专业素质和能力自然也提出了更高的要求。

4.2.3 美国重大科技项目的管理方式

美国是世界上最发达的国家之一，其国家层面的主要科技项目，具有与其政治、经济和文化特征相适应的管理模式。在整体上，美国的主要科技项目可分为基础研究项目和应用开发项目。重要的基础研究项目通常由国家研究机构或大学承担，科学家提出科学研究项目，政府将研究预算分配给研究机构或学院并提供必要的实验条件，如场地、设备等，创造有利的外部环境。研究领域和基础研究的方向、研究的进展和计划以及资金的使用都是由项目领导者制定。应用和开发项目可以分为几个类别，依据研究目标不同可分为大型科学和技术项目与商业性开发项目，前者一般与国防、卫生、公用事业等政府职能有关，与公众利益息息相关。商业性技术开发项目更多关注各相关方的经济利益。

从项目管理的微观层面来看，美国政府计划项目的管理基本遵从项目管理知识体系（PMBOK）。项目管理知识体系并非美国政府创立，它是项目管理行业公认的流程、最佳实践、术语和指南的完整集合。PMBOK 被认为对公司很有价值，因为它帮助他们标准化各个部门的实践，定制流程以满足特定需求，并防止项目失败。随着从业者发现新方法或最佳实践，知识体系不断增长，因此必须定期更新和传播，这项工作由项目管理协会（PMI）监督，该协会是项目管理专业人士的全球非营利会员协会。

项目管理知识体系涵盖了管理项目的九个要素。这些领域分别是：

（1）项目整合管理。项目整合管理是一系列流程的集合，这些流程概述了项目以便企业成功。项目集成管理包括七个步骤：制定项目章程、制定初步项目范围、制定项目计划、执行项目并产生可交付成果、监控项目进度、在项目中集成变更控制、关闭项目。

（2）范围管理。范围管理涉及五个过程，旨在确保项目是独立的并且不会曲折。范围元素部分包括：关于编写范围说明书的信息、范围定义、创建工作分解结构、验证范围、控制范围。

（3）时间管理。时间管理要素包括以下过程：定义活动、测序活动、估计活动的持续时间、估算资源活动、制定时间表、控制时间表。

（4）成本管理。成本管理涉及资源和预算。成本管理下的流程包括：估算成本、预算成本、控制项目中的成本。

（5）质量管理。质量管理与项目的可交付成果有关。项目管理的目标是产生高质量的可交付成果。质量管理的过程包括计划质量、保证质量和控制质量。

（6）人力资源管理。该要素涉及管理人力资源的所有方面，从资源规划到获取、发展和管理项目团队。

（7）通信管理。在项目管理过程中，有效沟通非常重要。PMBOK 的这个元素处理是谁需要知道什么，什么时候。沟通管理涵盖的流程包括：沟通规划、信息分发、报告表现、利益相关者管理。

（8）风险管理。风险管理是管理成功项目的关键要素。PMBOK 中的风险管理流程包括：风险管理规划、风险识别、定性和定量风险分析、规划风险应对、风险监控。

（9）采购管理。管理采购品是 PMBOK 项目管理的最后一个要素。该要素包括六个过程。这六个过程是：计划采购、收购、计划承包、要求卖家回复、选择卖家、管理合同和关闭合同。

4.2.4 国防部 DARPA 项目经理人制度

美国国防高级研究计划局（Defense Advanced Research Projects Agency，DARPA）成立于 1958 年 2 月 7 日。60 年来，DARPA 一直坚持一项独特而持久的使命：为国家安全的突破性技术进行关键投资。该使命和DARPA 本身的起源可以追溯到 1957 年人造卫星的发射，以及美国承诺，从那时起，它将成为战略技术惊喜的发起者而不是受害者。DARPA 与政府内外的创新者合作，一再履行这一使命，将革命性的概念甚至看似不可能的事情转化为实际能力。最终的成果不仅包括改变游戏规则的军事能力，如精确武器和隐身技术，还包括现代平民社会的标志，如互联网、自动语音识别和语言翻译，以及小到可以嵌入的全球定位系统接收器和无数的消费设备。DARPA 明确地寻求转型变革而不是渐进式进步。但它并不是孤立地进行工程炼金术。它在包括学术、企业和政府合作伙伴在内的创新生态系统中运作，始终关注国家军事部门，这些部门与 DARPA 合作创造新的战略机遇和新颖的战术选择。几十年来，这个由不同合作者组成的充满活力、环环相扣的生态系统已被证明是 DARPA 旨在培养的强烈创造力的培育环境。DARPA 成功的背后，其特殊的组织管理模式是关键，而项目经理人制度是 DARPA 成功运作的核心。

DARPA 不遗余力地识别、招募和支持优秀的项目经理——他们是各自领域的佼佼者，渴望有机会突破学科极限。这些领导者是 DARPA 成功历史的核心，他们来自学术界、工业界和政府机构。具体而言，对于国家重点研发项目，连接模式的特点是强调使命导向，既有针对特定关键技术的应用型研发，也有方向明确的基础性研发，在这种模式下，政府的资金投入主要以政府采购合同的形式进行。在决策机制方面，专门的项目经理（PM）往往有充分的决策权。要求项目经理在明确职责的前提下有一定的裁量权，找到最合适的项目目标，并找到最合适的项目承担者，通过全过程的跟踪管理，把国家需求和科技专长很好地联系起来，并对项目的成功负责和讲解。项目经理应对广泛的挑战，涵盖从深度科学到系统再到能力的各个领域，但最终他们是受到想要有所作为的愿望的驱动。他们定义自己的计划，设定里程碑，与执行者会面并孜孜不倦地跟踪进度。但他们也在不断探索各自领域的下一件大事，与科学和工程界的领导者交流，以确定新的挑战和潜在的解决方案。项目经理向 DARPA 办公室主任及其副手报告，他们负责制定办公室的技术方向、招聘项目经理和监督项目执行。

DARPA 项目经理人制度的一大特色在于任期有限，通常为 3—5 年。这个截止日期加剧了 DARPA 的紧迫性。

4.3　军事科技保密管理

军事科学是有关战争的理论、策略、概念和学说，对军事程序、机构和行为以及对战争的研究，以及对有军事行动理论和应用。它主要侧重于以与国防政策相一致的方式来提高军事能力的理论、方法和实践。军事科学可用来确定维持相对优势的必要战略，政治、经济、心理、社会、作战、技术和战术要素军事力量；并增加在和平或战争中获胜的可能性和有利结果。军事科学家包括理论家、研究人员、实验科学家、应用科学家、设计师、工程师、测试技术人员和其他军事人员。

军事技术是用于战争的技术的应用。它包括本质上是军事性质的技术，而不是民用的技术，通常因为它们缺乏有用的或合法的民用技术，或者在没有适当的军事培训的情况下使用而有危险性。美国国防部高级研究计划局在美国国防部负责新技术的发展，为军队服务的机构。领导着美国军事技术的发展，如今有数十个正在进行研究的项目，如从类人机器人到能够在到达目标之前改变路径的子弹。

4.3.1 美国国防科技管理

2020 年，新冠肺炎疫情骤然暴发，世界科技发展大环境不利，全球科技竞争格局倍加严酷。美国进入大选年，特朗普政府执政后期深陷疫情失控、经济下滑、政治分化的境况。作为美国国防科研工作主管，国防部本轮科研管理改革中任命的首位研究与工程副部长年中突然辞职，一度令美军科研工作蒙上阴影。但整体而言，美国国防科技管理大方向坚定，始终遵循 2018 年《国防战略》既定路线，全速推进国防科研管理体制改革，特别强调前沿技术创新，愈加寻求更快更好地集成新技术能力，并借助厚积薄发的人才和信息化战略，谋求大国竞争背景下的绝对军事竞争优势。

1. 完成国防科研管理体制改革阶段性调整，全面依托科技创新重塑军事优势

美国 2017 财年启动国防科研管理改革，将国防部原采办、技术与后勤副部长办公室职能拆分至研究与工程副部长办公室、采办与保障副部长办公室，由新设立的研究与工程副部长主管国防部科研工作的组织与协调，并作为国防部首席技术官推进技术发展与创新，旨在加快科技创新和新技术、新能力集成，在大国竞争中维持绝对军事优势。国防部研究与工程副部长办公室自 2018 年 2 月成立后，不断优化内部组织架构和职能，至 2020 年实现里程碑发展。

（1）发布政策文件，明确国防部研究与工程副部长职责权限

2020 年 7 月，国防部发布第 5137.02 号指令《国防部研究与工程副部长》，标志着实施三年的国防科研管理体制改革基本完成。根据指令，国防部研究与工程副部长直接向国防部长汇报工作，下设负责现代化的国防研究与工程局（下称"现代化局"）、负责研究与技术的国防研究与工程局（下称"研究与技术局"）、负责先期能力的国防研究与工程局（下称"先期能力局"）、国防高级研究计划局、导弹防御局、太空发展局、

国防创新小组、国防微电子局、国防技术信息中心、试验资源管理中心等在行政管理上也直接隶属于研究与工程副部长，但在业务上则分别归研究与技术局、先期能力局管理。战略能力办公室由本轮改革初期隶属国防部研究与工程副部长管理之下调整为直接向常务副部长汇报工作。

（2）突出国防创新小组职能定位，加强商业创新为军所用

2020年，国防部研究与工程副部长将国防创新小组调整至和研究与技术局、现代化局、先期能力局三个职能业务局同等位置。同时，作为国防部仅专注商业技术为军所用的唯一机构，国防创新小组2020年4月设立联合预备役分队，由各军种从拥有商业、工程、技术转让、项目管理等领域工作资历的预备役人员中选派人员，补充到国防创新小组各办公室，一方面，提供关于商业领域所开发技术的专业知识和分析、挖掘可用于国防部的商业技术，并增加国防部与私营部门的创新技术交流合作机会；另一方面，与军种部、作战司令部及其他国防部机构一起，快速生产商业技术样机，利用创新的缔约机制快速采购此类技术，便于拥有相关技术的机构或企业及时与国防创新小组和国防部的需求快速对接。

（3）改革导弹防御局组织架构，推进分层导弹防御

2020年年初，导弹防御局建立"导弹防御局2.0"组织架构，与原组织架构相比，主要优化两方面职能：一是将导弹防御项目的关注重点拓展为弹道导弹防御、高超声速导弹防御、国土巡航导弹防御，旨在更好地响应《国防战略》的要求，应对高度动态变化的威胁环境；二是着眼于联合及国际导弹防御兵力结构建设，简化决策链条，提高导弹防御局应对复杂全域威胁的速度和效率，同时改进业务实践、资源管理和人才管理。改组后的导弹防御局由总架构师、项目执行办公室、职能机构和导弹防御局机关组成。其中，总架构师从此前隶属于工程研制处，调整为直接向导弹防御局局长汇报，负责对导弹防御局新投资组合进行架构设计和评估，并牵头战略规划活动。项目执行办公室由此前的4个调整为5个：先期技术项目执行办公室；传感器、指挥与控制项目执行办公室；地基武器系统项目执行办公室；海基武器系统项目执行办公室；靶标与对抗措施项目执行办公室。

2. 拓展军地融合网络，构建更广大国防创新生态体系

随着世界科技形势的不断发展，美国技术创新环境发生重大改变，传

统军工二元科研体系维系的军队技术优势已不能持续，国防部转向构建更广泛的创新体系，谋求持久创新优势。在国防部层面国防创新小组生态体系不断拓展的同时，三军的开放创新也初呈体系，2020年持续拓展。

（1）陆军开拓新的军地合作开放空间

2020年，陆军未来司令部下属陆军研究实验室、工程兵下属工程研发中心等传统科研机构持续推进开放创新，陆军采办、后勤与技术助理部长继续通过"快速技术搜索"（XTech Search）竞赛拓展创新来源。与此同时，陆军情报、电子战与传感器项目执行办公室于10月成立新的定位导航与授时（PNT）现代化办公室，领导陆军利用开放系统架构开发PNT解决方案，该办公室将启动"开放创新实验室"，作为开放合作空间，供商业实体与陆军共同开发PNT解决方案。

（2）海军扩大"技术桥"网络

在海军敏捷办公室持续推广敏捷创新方法、传统科研机构2019年主导建立6个军地合作"技术桥"的基础上，2020年，海军新建9个"技术桥"，其中，8个"技术桥"设在美国本土，主要由海军各作战中心等主导，负责促进海军与地方工业界、学术界及其他军兵种机构之间的合作，形成区域创新生态体系，关注领域涉及数字制造、数据分析与可视化、网络、无人与自主技术、人工智能与机器学习、先进材料、指挥与控制、海上气象学与海洋学等；1个"技术桥"设在英国伦敦，是美海军在海外设立的首个"技术桥"，由位于伦敦的美海军研究办公室全球部主导，负责加强与英国国防部、皇家海军、工业界、学术界的合作，吸收英国的技术解决方案为美海军所用，初始关注人工智能、无人与自主性、生物技术、太空、定向能等技术领域。

（3）空军拓展创新工场体系

2020年，在空军研究实验室主导的军地融合创新体系持续发展的同时，空军全球打击司令部与路易斯安那州非营利机构网络创新中心签署合作关系中介协议，建立"打击工场"创新中心，于5月正式开放运营，围绕空军全球打击司令部最具挑战的问题，汇聚地方政府、工业界、学术界等资源，加强技术创新、合作与转移转化。此外，空军采办创新旗舰"空军工场"（AFWERX）2020年进行内部结构重组并结束实验阶段，启动2.0模式，在其管理之下改组建立的"空军风险投资"（AF Ventures）

部，通过统筹管理多种金融工具，广泛筹集空军项目、小企业项目资金及私营资本，促进军民两用技术发展，快速解决空军面临的现实挑战。2020年，空军风险投资为超过550家小企业筹集近10亿美元合同资金，其中近一半通过"战略融资"项目授予21家小企业。12月，在太空军成立即将满一年之际，太空军在洛杉矶空军基地成立"太空工场"，作为空军工场的太空军分支，拓展太空工业基础，确保太空军快速获取前沿技术。

3. 加强新兴技术领域重点布局，同时推进科研发展与技术保护

人工智能、生物技术、自主武器、网络战、电子战、太空、高超声速武器、量子信息科学等新兴技术对经济增长和国家安全至关重要，将从根本上改变未来战争的特征，美国将优先发展这些技术视为维持军事竞争力和领先地位的核心着力点。

（1）出台战略规划，从国家层面整体协调关键技术发展

美总统及白宫2020年2月、3月、10月分别发布《美国量子网络战略愿景》《美国安全5G国家战略》《关键与新兴技术国家战略》等文件，寻求调动整个联邦政府，并协调学术界、工业界乃至盟友和伙伴的力量，共同推进关键技术发展。其中，《美国量子网络战略愿景》提出了量子网络研究的近期和远期目标；《美国安全5G国家战略》明确了美国保护5G通信基础设施安全的框架；《关键与新兴技术国家战略》规划了维持美国在关键与新兴技术领域世界领导力的实现途径，特别强调促进国家安全创新基础，保护技术优势。

（2）建立科学中心，促进关键技术领域政学企投资研发合作

2020年8月，美国白宫宣布，计划未来5年投资7.65亿美元建立12个科学中心，其中，7个人工智能研究所由国家科学基金会和农业部国家食品与农业研究所资助，设在大学，每一研究所聚焦某一具体人工智能应用；5个量子科学研究所由能源部资助，设在能源部不同的国家实验室，聚焦量子计算机测试平台、量子互联网、量子传感器等量子信息科学各个方面。除政府资助外，IBM、谷歌、英特尔等私营企业也将为这12个研究所提供资助，使总资助规模达到10亿美元以上。每一研究所都将汇集美国政府、工业界、学术界等整个创新生态体系的资金和专业知识，合理推进具体研究方向的快速发展。

（3）调整新兴技术领域重要性排序，微电子成为国防部最高优先

事项

美国国防部研究与工程副部长2018年设立之初确定了10大现代化优先事项,高超声速排在第1位,此后,这些技术领域经过重新划定和增减调整,到2019年年底现代化局成立之前变成11项。在2020年的国防科研管理体制调整完善过程中,研究与工程副部长下属现代化局对11大重点技术领域的优先次序进行了重排,微电子取代高超声速提升至第1位,5G排在第2位,高超声速降至第3位(除此之外,11大重点技术领域还包括定向能、人工智能、生物技术、太空、自主、全联网指挥控制与通信、网络、量子信息科学)。

(4)推进制造创新能力发展,新建生物工业制造创新研究所

美国国防部通过制造技术计划,打造国防部制造创新网络。2020年10月,国防部宣布,在已有8家制造创新中心的基础上,未来7年斥资8700万美元,并吸纳来自另外31家企业、57所大学和学院、6家非营利机构及2家风险投资公司的1.87亿美元资金,建立第9家制造创新中心——生物工业制造创新研究所(BioMADE),以明尼苏达州大学为总部,联合地区公私机构,推进可靠、可持续生物工业制造技术发展。该制造创新研究所将与国防部及军兵种密切合作,为广泛国防产品打造长期可靠的生物工业制造能力。

(5)发布国防部政策文件,加强关键技术和项目保护

2020年7月,美国国防部发布第5000.83号指示《维持技术优势的技术和项目保护》,为国防部科技相关主要机构和官员保护关键研究、军事技术和项目制定政策、程序,并分配职责,致力于:确保保密和非密受控技术信息安全;监督国防部资助的涉及合资企业、学术合作、合作研究关系的研究;设计用于安全性和网络弹性的系统;防范网络攻击;保护已部署系统安全;通过技术领域保护计划、科技保护计划和项目保护计划,加强对关键技术和项目的保护。当前,国防部正在实质落实该文件要求,例如,研究与工程副部长办公室正根据国防部的有关评估与报告,为每一科技现代化领域建立"技术领域保护计划"。

4. 加速国防科技成果转化,缩短能力研发到部署时间

成果转化是实现科技创新的重要环节。在大国竞争背景下,加速科技成果转化成为美国防科研管理改革的主要目标。为实现这一目标,推动国

防相关科技成果的后续开发、试验、部署与应用，2020年，国防部研究与工程副部长辖下负责科技成果转化应用的先期能力局进一步细化了机构职能；同时，国防部发布了新的政策文件指导采办改革，以及试验与鉴定工作的顶层统筹。

（1）强调样机开发与软件研发

2020年，国防部研究与工程副部长先期能力局将此前下设的研制试验、鉴定与样机开发处更名为样机开发与软件处，一方面继续强调样机开发；另一方面突出国防部对软件研发的业务指导。1月，样机开发与软件处下设的全球能力项目启动"联盟样机开发计划"，在美国与国际盟友现有研发合作框架内，通过共同投资、共享技术专业知识、发挥各国工业优势，开发样机，最终实现5—7年内向联盟部队快速交付前沿技术能力，既提高联盟部队的互操作性，又增强彼此的供应链、降低脆弱性。2月，总统特朗普向国会提交的2021财年政府预算中，国防科研预算在原7个子类基础上，新增第8个子类"6.8软件和数字技术试点项目"，寻求通过敏捷开发、快速迭代等现代化软件采办手段，加速重要软件系统能力升级，为保持美军事领先优势提供重要支撑。与此同时，军兵种也响应国防部精神，加强样机开发与软件研发。陆军通过提前及更频繁举行"士兵接触点"活动，让士兵可在实验室样机研发的较早阶段接触样机，并根据作战经验提供反馈，从而加快新能力的转化；海军推进"创新性海军样机"项目，根据现实需求（而不是既定采办要求），将突破性技术引入战场。空军启动"先锋"项目，以战略能力办公室的快速样机开发流程为模型，加速实验室颠覆性技术向列编项目的转化，已首批启动"导航技术卫星3"、"天空博格"项目、"金帐汗国"3个项目。此外，空军1月启动"平台一号"、陆军7月建立软件工厂，以创新方式向作战人员加快提供软件解决方案。

（2）推动关键技术向工程研制转化

2020年4月，国防部研究与工程副部长先期能力局工程研制处成立联合高超声速转化办公室，推进高超声速技术向作战系统的转化，主要负责制定和实施一体化的高超声速科技路线图，建立高超声速研究大学联盟，发展人才，协调整个国防部当前和未来的高超声速研究、发展、样机研制、试验与评估项目。10月，国防部授予德克萨斯州农工大学工程实验站5年期每年2000万美元经费，用于建立和管理一个应用高超声速大学联盟，2020年秋季启动运营，通过促进工业界与学术界合作，加快高超声速技术转化，并加强相关人才培养。

（3）以精简、灵活、快捷、安全为原则改革国防采办政策

2020年1月，美国国防部发布美军新版采办全寿期管理政策文件第5000.02号指示《适应性采办框架的运行》，明确了国防采办宏观政策、采办过程中各部门的职责以及项目管理权限，提出推行"适应性采办框架"，针对不同采办对象采用6种采办路径。①紧急能力采办，针对2年内可形成初始作战能力、直接交付部队使用的应急采办项目，沿袭前版5000.02指示的快速采办程序；②中层采办，包括快速原型样机和快速部署两类；③重大能力采办，即传统硬件密集型装备采办，沿袭前版5000.02指示的常规采办程序；④软件采办程序，针对迭代发展的敏捷采办；⑤国防业务系统采办，突出为国防部业务运行提供能力保障；⑥服务采办，针对国防部服务需求和监管的团队建设、市场研究和绩效管理。与前版5000.02指示相比，新版指示最大不同在于新增了中层采办程序，调整软件采办程序，对服务采办作出了更明确的规范。

（4）加强试验与鉴定工作顶层统筹

2020年11月，美国国防部发布第5000.89号指示《试验与鉴定》，制定了国防部新采办程序框架下的试验鉴定工作政策、程序，明确了研究与工程副部长、作战试验鉴定局局长等各方职责，强调提高研制试验与鉴定、作战试验与鉴定和试验资源管理三方工作效率，促进三方充分协调以实现一体化试验鉴定，通过强化研制试验与鉴定的严格性，提升作战试验鉴定的成功率等。该文件也是国防部首次以独立政策文件形式规范美军试验鉴定工作，旨在加强国防部试验与鉴定工作的顶层统筹，加快新技术向作战能力的转化。

5. 重视国防科技人才发展，多举措壮大科研人才队伍

人才是实现国防科技创新、维持大国竞争优势的基础，是比科技、装备等硬条件更具战略重要性的软条件。2020年，美国国防部采取多种渠道、多种手段培养、吸引和留住科技人才。

（1）扩大科技人才供应渠道

国防部2021财年申请7700万美元预算，聚焦现代化重点领域，推进

"支持变革的科学、数学和研究"（SMART）奖学金计划，即为国防部急需的科技专业本硕博学生提供奖学金，要求奖学金获得者毕业后在国防部实验室或其他机构文职岗位工作相应年限。各军种均积极利用 SMART 奖学金等工具招聘新型科技人才。海军、空军还通过各自方向的 STEM（科学、技术、工程与数学）项目，从初级教育阶段培养定向人才。

（2）实施灵活聘用机制

美国会授予军兵种实验室直接招聘特定领域人才、派遣人员深造、提供新人奖金、提供绩效薪酬的灵活聘用权限。2020 年，陆军加强落实"人事管理论证计划"，充分利用国会赋予的各种人才管理授权；空军研究实验室继续利用"提高薪酬授权"，快速聘用自主系统、数据分析、通信与网络方面的专门人才；海军科研机构也开始建立新的人事管理系统，以更好地发挥国会授权的作用。

（3）加强科研合作

2020 年，国防部 SMART 奖学金计划为奖学金获得者提供向国际顶级研究机构和人员学习机会，如与冯卡曼流体力学研究所建立合作伙伴关系等。陆军加强科研人员与政府、学术界、工业界专业人员的合作与交流，以合力解决陆军面临的技术难题；陆军研究实验室继续推进"开放园"业务模式，通过开放实验室研究设施，供重点技术领域全球学生和科研人员使用，使陆军科研人员与其他科研领域加强交流合作。海军通过科研资助项目，使海军科研体系研究人员（海军研究办公室、海军研究实验室、各作战中心的科研人员）与美国乃至全球大学的优秀科研人员合作开展研究，解决海军和海军陆战队所面临的难题，目前在科技领域共有 2500 多个奖助金项目。

6. 调整国防部首席信息官体制，加强军队信息化并拓展人工智能应用

国防部首席信息官的主要工作与信息管理相关，负责执行《国防部数字现代化战略》，涉及云、人工智能、指挥控制与通信、数据管理及网络安全 5 大部分业务。

（1）将首席数据官改组至首席信息官办公室管理

2020 年，国防部将首席数据官（负责加强数据管理，实施数据战略，加快国防部向数据驱动的文化转变）由首席管理官办公室调整至首席信

息官办公室,并于6月任命新首席数据官戴夫·斯皮尔克,旨在改革国防部使用和收集数据的方式,为联合全域作战提供支持。10月,《国防部数据战略》发布,作为《国防战略》与《国防部数字现代化战略》的重要支撑,该战略要求将数据视为武器系统进行有效管理、保护和使用,生成作战效能。其愿景是使国防部转型为"数据中心型机构",通过快速、大规模使用数据,提高效率,夺取大国竞争背景下的作战优势。

(2)启动联合人工智能中心2.0版

2020年3月,联合人工智能中心在前期管理任务计划的成功与失败经验基础上,优化业务模式,启动联合人工智能中心2.0版,将进一步扩大规模,并利用人工智能催化国防部的长期改变。这一年,联合人工智能中心开发人工智能应用,支持国民警卫队和美国北方司令部强化其新冠病毒响应工作;通过建立人工智能责任委员会及其他举措,打造符合伦理的人工智能文化;继续领导国防部制定人工智能政策的有关工作;开始通过"联合通用基础",与美国作战司令部一起开展人工智能项目。截至2020年7月,联合人工智能中心的人员规模已超过200人。

4.3.2 国防部涉密信息类别

军事信息一般集中在国防部,因此以下分析以国防部为主。

1. 抵押品(Collateral)

所有根据美国总统令的规定,并不正式需要例如敏感隔离信息(SCI)或者特殊接触项目(SAP)之类的特殊隔离系统但被分类为秘密、机密、绝密的国家安全信息,即一般意义上分为三个密级的涉密信息:

第13526号总统令对该类信息的定密标准为:合理地预期对信息的未经授权的披露会对国家安全造成可识别或可描述的损害,并且该信息属于以下一项或多项:

(a)军事计划,武器系统或行动;

(b)外国政府信息;

(c)情报活动(包括秘密行动),情报来源或方法或密码学;

(d)美国的外交关系或国外活动,包括机密资料;

(e)与国家安全有关的科学、技术或经济事项;

(f)美国政府保护核材料或核设施的方案;

(g) 与国家安全有关的系统、设施、基础设施、项目、计划或保护服务的漏洞或能力；

(h) 大规模杀伤性武器的开发、生产或使用。

从以上表述来看，和军事科技显著相关的为 (a)(e)(f)(g)(h) 项。

2. 特殊接触项目 (Special Access Program)

针对特定类别的分类信息而建立的程序，其施加的保护和访问要求超过相同分类级别上通常所需的信息。

国防部内有三类特殊接触项目：获得特殊接触项目 (AQ-SAP)，用于保护新系统的"研究，开发，测试，修改，评估或采购"；情报特殊接触项目 (IN-SAP)，用于保护"特别敏感的情报或反情报 (Counter Intelligence, CI) 单元或操作的计划和执行"；运营和支持特殊接触项目 (OS-SAP)，用于保护敏感军事活动的"计划、执行和支持"。

3. 敏感隔离信息 (Sensitive Compartmented Information, SCI)

敏感隔离信息 (SCI) 是与敏感情报来源、方法或分析过程有关或从中得出的美国涉密信息。从 SCI 的定义来看，它只与情报工作有关，而与军事科技没有直接关系。

4. 限制数据/以前的限制数据 (RD/FRD)

限制数据和以前的限制数据 (RD/FRD) 是与核信息有关的分类标记。这是联邦法律根据1954年《原子能法》定义的仅有的两种分类。核信息在25年后不会自动解密。具有《原子能法》所涵盖的核信息的文件将被标记为分类级别（秘密、机密或绝密）以及受限制的数据或以前受限制的数据 (RD/FRD) 标记。该法令规定的核信息可能会无意间出现在未定密的文件中，发现后必须给予重新定密。即使是由私人创建的文件也因包含核信息而被定密。只有能源部可以解密核信息。

5. 受控非密信息 (Controlled Unclassified Information, CUI)

指的是未定密的信息，该信息不符合第13526号总统令的国家安全分类标准，但要求保护其免受未经授权的披露，特殊的处理保护措施或根据并与法律相符的规定的交换或传播限制，法规或整个政府的政策。名称"受控非密信息"取代了术语"敏感但未分类"(SBU)。

查找受控非密信息的类别清单，列举可能涉及军事科技的类别如表4-1所示：

表 4-1　　　　　　　　受控非密信息类别清单

组织索引分组	子类别
关键基础设施	安全法信息
防御	受控技术信息
	国防部关键基础设施安全信息
	海军核推进信息
	未分类的受控核信息—国防
出口管制	出口管制
	出口管制研究
国际协定	国际协议信息
核	通用核能
	核推荐材料（有关能源部国防核设施的建议）
	核安保相关信息
	保障信息
	未分类的受控核信息—能源
专利	保密令
临时	信息系统漏洞信息—国土
运输	敏感的安全信息

4.3.3　美国国防部科技信息保密工作

1. 工作方针和原则

（1）国防部科学技术信息计划（STIP）

一方面，按照相关规定对国防科学技术信息获取、文件编制和传播进行控制；另一方面，国防部维持一个协调的计划，以管理在执行由基础研究、应用研究和先进技术开发计划组成的科学和技术项目创建或获取的科学和技术信息。

（2）国防部信息安全计划

目的：有效执行强有力的信息安全计划，既要保护信息，又要表现出对开放政府的承诺，并包括准确、负责地应用定密标准以及例行、安全和有效的解密。

综上，军事科技保密工作方针为：既促进信息资源的合理使用，又根据政策要求识别和保护军事科技秘密。

2. 保密工作责任制

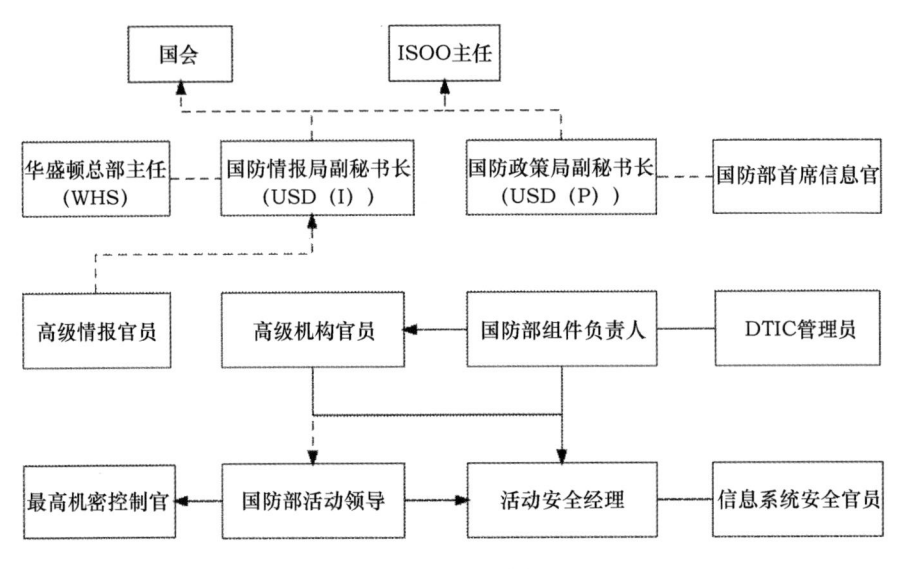

图 4-1　美国国防部信息安全保密人员责任图

3. 定密制度

（1）原始定密

只能由国防部长、军事部门的秘书以及以书面形式授权给他们的其他官员进行原始定密。原始定密官（OCA）的授权仅限于国防部有效运作所需的最少官员人数。

（2）派生定密

当以新的形式或文档合并、释义、重述或生成分类信息（即派生秘密）时，必须将其通过标记或类似方式标识为分类信息。派生定密包括基于安全分类指南或其他源材料中的分类指南对信息进行分类，但不包括影印或以机械方式或电子方式复制分类材料。在国防部内，所有生成或创建要进行派生定密的材料的已批准人员，均应确保按照要求完成派生定密。不需要特定的个人授权。签署或批准派生定密文件的国防部官员对派生定密的质量负主要责任。

（3）解密

解密有自动解密、强制解密和系统解密审查三种形式。

自动解密，指所有永久有价值的记录应在它们成为满 25 年的 12 月 31 日之前进行审查，以进行解密。除非是 FD/FRD 信息或获得机构间安全分类申诉委员会批准的豁免，或者根据规定延迟自动解密时间，其他文件应予解密。除非国防部长已向国会证明提前解密不会损害国家安全，否则不得在自动解密前提前解密。如果记录在截止日期前未按要求进行解密审查，则国防部各部门负责人应在截止日期前 6 个月通知国防情报局副秘书长（USD（I）），通知应包括记录的标识、在截止日期之前不对记录进行的理由、仍未审核的数量、记录位于何处以及何时需要完成审核。自动解密并不构成批准信息公开发布。公开披露审查之前，自动解密的文件不得向公众发布。如果解密后的信息符合指定标准，则可以根据规定指定为 CUI 进行相应的标记和保护。

强制解密，指任何个人或组织都可以要求对根据 13526 号总统令或以前的保密法规确定的涉密信息进行解密检查。通常收到申请的国防部机构应在收到之日起 1 年内做出最终决定。如果所审查的信息不再符合定密标准，则应将其解密。除非根据其他适用法律批准豁免，否则应发布解密后的信息。

系统解密审查，是指对免于自动解密审查的涉密档案进行全面审查，是对自动解密审查的有效补充。国防部各部门负责人应建立系统审查程序，以审查由国防部各部门保管的解密信息，并确定该信息是否可以进一步免于自动解密。这些工作应根据国家解密中心确定的优先级进行优先处理。

（4）美国专利局的保密令

与分类信息和受控非密信息集中于联邦机构不同，美国专利局的保密令既有联邦机构等持密单位的国防发明，也有民间机构。无论是解密后的国防发明，还是个人持有的发明，如果授予专利来公开或披露发明会损害国家安全时，国防机构的负责人会通知专利局，同时专利局长将下达将其保密的命令。共有三种类型的保密令，每种保密令的范围不同。

a 第 I 类保密令：特定国家专利申请的保密令和许可，适用于根据国防部指令 DODD5230.25"对公开披露的非保密技术资料的保留"而需要保密的专利申请。旨在允许在专利申请中广泛地利用技术数据，同时仍控制可能导致非法出口的任何公开或披露。这种保密令还确定了可以提出相应专利申请的国家。美国与之建立对等安全协议的国家为：澳大利亚、比利时、加拿大、丹麦、法国、德国、希腊、意大利、日本、卢森堡、荷兰、挪威、葡萄牙、大韩民国、西班牙、瑞典和土耳其。受保密令保护的申请不能直接向欧洲专利局提交，因为与该组织不存在安全协议，申请必须在上述确定的各个成员国中提出。

b 第Ⅱ类保密令：披露涉密信息的保密令和许可，适用于包含已适当定密或可定密的数据的专利申请，其专利申请者拥有当前的国防部安全协议。如果申请是可定密的，本保密令允许其像已按照国家工业安全计划操作手册（NISPOM）定密一样进行技术信息的披露，目的是与任何其他涉密材料一样，同等对待作为专利申请提交的涉密专利和可定密技术数据。因此，该保密令将包括有关申请中技术数据定密等级的通知。

c 第Ⅲ类保密令：一般保密令，适用于那些含有如果公布或披露会对国家安全有害的数据的专利申请，包括那些专利申请者没有国防部安全协议但根据安全指南可以正确定密的数据。该命令禁止未经专利事务专员的明确书面同意而向任何人披露有关事项。然而，这类保密令通常包括一个许可证。如果不适用其他类型的命令（包括由国防部以外的机构指示发布的命令），则使用Ⅲ型保密令。

4. 涉密信息系统

美国国家安全系统是由美国政府、其承包商或代理商运营的，包含机密信息或具有以下内容的信息系统：参与情报活动；涉及与国家安全有关的加密活动；涉及指挥和控制军队；涉及作为武器或武器系统不可分割的一部分的设备；要么对于直接执行军事或情报任务（不包括例行管理和商业应用）至关重要。

在信息系统的生命周期中，它将遇到多种类型的风险，这些风险会影响系统的整体安全状况以及必须实施的安全控制措施。风险管理框架（RMF）流程支持及早发现和解决风险。

国防部 RMF 治理结构对网络安全风险管理实施了三层级别管理方法。

第 1 层战略级别：解决国防部企业级别的风险管理。在这一层，DOD 首席信息官（CIO）指导和监督 DODIT 的网络安全风险管理。风险执行职能由国防部信息安全风险管理委员会（ISRMC）执行。

第 2 层任务/业务流程级别：在此级别，组件 CIO 负责国防部组件网络安全计划中的 RMF 管理。

第 3 层 IS 和 PIT 系统级别：DOD 组件负责人负责为其组件中的所有 DoDIS 和 PIT 系统任命经过培训的合格授权官员。

5. 人员教育管理制度

安全教育和培训应是连续的，而不是非周期性或随机的。定期的情况介绍，培训和其他形式的介绍应辅以其他信息和推广工作，以确保保持持续的意识和绩效质量。当被确定为实现计划目标的最有效手段时，鼓励使用工作绩效辅助工具和其他替代方法进行正式培训。不得将指令或类似材料以只读形式散发，这是满足任何特定要求的唯一手段。

（1）入职培训

培训内容包括定义分类信息和 CUI，并说明保护此类信息的重要性；对安全策略和原则有基本的了解；通知人员在安全计划内的职责，并告知他们在适当情况下可以实施的行政、民事和/或刑事制裁；向个人提供足够的信息，以确保对其所拥有的机密信息和 CUI 进行适当的保护，包括在发现此类信息不安全、注意到安全漏洞或有人寻求未经授权访问此类信息时应采取的行动；在向公众发布所有未分类的 DOD 信息之前，告知人员需要对其进行审查。

（2）职责培训

与工作职责相称并足以有效执行这些职责的安全教育和培训。

（3）原始定密培训

新任命的原始定密官需要接受培训，之后每年接受培训，并且需要书面证明已经接受了培训。培训应涉及 OCA 的职责和分类原则，对分类信息的适当保护，以及可能对个人造成的刑事、民事和行政制裁。

（4）解密权限培训

对信息进行解密的标准、方法和程序；创建、维护和使用解密指南的标准；国防部组件的解密计划中包含的信息；国防部组件负责建立和维护解密数据库；推荐过程和要求。

（5）年度进修培训

6. 载体管理

（1）分类材料的复制

纸质副本、电子文件和其他包含机密信息的材料应仅在完成组织使命或遵守适用法规或指令的必要时复制。鼓励使用防止、阻止或检测未经授权的机密信息复制技术。除非受到原始机构的限制，否则可以根据操作需要复制包括电子邮件、扫描和复制在内的绝密、机密和秘密信息。国防部各部门应建立程序，以促进对分类信息的复制以及对复制信息的使用，进行监督和控制，包括确保以下方面的控制：尽量减少复制，以符合任务要求。复制涉密信息的人员应了解分类复制的程序，并了解所使用的特定复制设备所涉及的风险以及需要采取的适当对策。充分仔细地观察原始作者对文档的复制限制，以及适用于特殊类别信息的特殊控件。复制的材料要按照与原始材料相同的责任和控制要求进行放置。文件摘录将根据内容进行标记，并在适当时被视为工作文件。明显地将复制材料识别为适用级别的分类，并且在复制过程之后检查分类材料的副本，以确保存在所需的标记。复制过程中产生的废物应予以保护和销毁。分类资料仅在经批准且适当的情况下，在经过适当认证的系统上复制。该机箱的第 14 节提供了其他指导。外国政府信息（FGI）是根据原始政府授予的指导和授权进行复制和控制的。

（2）收发与传递

从仓库中取出后的保护：授权人员应在不断监视下，将机密材料从仓库中取出。分类文件的封面［SF703，"绝密"（封面）；SF704，"秘密"（封面）；或 SF705"机密"（封面）］应放置在没有安全存放的分类文件上。封面通过颜色和其他立即可识别的格式或图例显示适用的分类级别。

传输和运输程序：国防部各部门的负责人应建立传输和传输机密信息的程序，以最大限度地使有资格访问机密信息的个人获得机密信息，并在允许使用最具成本效益的方式的同时，最大限度地降低遭受破坏的风险。传输或运输机密信息的人员有责任确保对预期的接收者进行授权访问，有必要了解并具有存储机密信息的能力。

（3）传输绝密信息

绝密信息只能通过以下方式传输：

a. 减少人员之间的直接接触。

b. 通过批准的安全通信系统［即由国家安全局局长授权的加密系统或设计并安装为满足国家安全电信和信息系统安全指令（NSTISSI）7003 要求的受保护的分发系统］上的电子方式。这适用于语音、数据、消息

（组织和电子邮件）以及传真传输。

c. 如果材料符合 DODI 5200.33（国防部指令 5200.33）的规定，则为国防快递服务（DCS）。如果货运集装箱的结构足以提供强迫进入的证据，并配有符合规范的高安全性挂锁进行固定，则 DCS 可以使用专用的货运集装箱代替 DCS 直航快递。这将提供秘密进入的证据。DCS 快递员应陪同专用运输集装箱往返飞机，并监督其装卸。此授权还要求 DCS 制定程序，以解决由于任何原因而改飞航班时保护专用运输集装箱的问题。

d. 授权的美国政府机构快递服务（例如，美国国务院外交快递服务部，美国国防部授权的快递服务）。

e. 适当疏散专门指定用来携带信息和通过地面运输旅行的美国军事和政府文职人员。

f. 专门经过指定目的是在美国，其领土与加拿大之间以及之间往返于计划的商用客机上携带信息并旅行的美国军事和政府文职人员，应经过适当的清理。

g. 适当地疏散专门指定用来携带信息并在美国，其领土和加拿大以外的航班上乘坐预定的商用客机旅行的美国军事和政府文职人员。

h. 国防部的承包商员工应在内部和内部之间进行适当的检查满足参考（x）和 DOD5220.22 - R 的要求的美国及其领土。

（4）向外国政府的分类信息和材料的传输

根据批准发布给外国政府或国际组织（统称为"外国政府"）的机密信息和材料，应通过政府间渠道或书面同意的其他渠道在各政府代表之间进行传输。由发送方和接收方政府的 DSA 负责。机密材料的国际转移：美国政府应保持从原始点到最终目的地对分类信息或材料的控制和责任，直到其通过指定的政府代表（DGR）正式移交给预定的接受国政府为止。在紧急情况下，美国政府机构雇员可能随身携带机密材料。国防部各部门签订的合同或国际协议中都要求将机密信息和材料转移给外国政府，应与国防部运输和安全主管部门协商，以确认适当的转移安排并在转移之前确定责任。

（5）使用安全通信传输分类信息

计算机到计算机的传输：用于传输机密信息的计算机和其他 IT 系统还应进行批准和认证。适用于在与传输的数据相对应的分类级别上进行操作。通过安全的计算机到计算机的链接（例如，通过安全的电子邮件）进行机密信息的电子传输比硬拷贝文档的物理传输更可取。

传真传输：只能使用安全的传真设备进行机密信息的传真传输。应遵循以下程序：传送信息的个人应确保接收者具有适当的权限和需要知道的知识，并且对于所传送的信息，安全连接处于适当的分类级别。在传输分类材料之前所使用的页眉或封面应明显地标明所传输信息的最高安全分类和任何要求的控制标记。封面还应包括发起者的姓名、组织、电话号码、未分类的标题、页数以及接收者的姓名、组织和电话号码。当封面没有分类信息时，还应注明"去除分类附件后未分类"。传真发送的文件应具有完成文件所要求的所有标记，并应由接收者相应地加以控制和保护。

只有经国家安全局局长批准的安全电话，包括手机和个人电子设备内置的电话，才能用于机密信息的电话传输。用户必须确保所讨论信息的安全连接处于适当的分类级别。

(6) 在手提分类材料中使用公文包或拉链袋

由帆布或其他重型材料制成并具有整体钥匙操作锁的带锁公文包或带拉链的小袋才可用于在活动外随身携带机密材料。当无法立即获得预期的收件人时，此类情况也可用于限制对机密资料的访问。如果在活动之外使用公文包或小袋将分类材料随身携带，或者在任何情况下有可能将公文包或小袋留给预定的接收者随后打开，则按照本手册第 10 节的要求包装材料外壳并另外遵守以下步骤：

a. 清楚、可辨认地显示发送机密材料的组织的名称和街道地址，以及内部联系人的名称和电话号码在公文包或邮袋外面发送活动。

b. 对小袋或公文包进行序列编号，并在其外表面清楚地显示此序列号。

c. 锁定公文包或小袋，并将其钥匙放在单独的密封信封中。

d. 当存放分类材料时，请按照最高分类级别和适用于其内容的任何特殊控制措施来存放公文包。

e. 确保授权使用公文包或邮袋的活动维护一个内部系统，以解释和跟踪邮袋及其钥匙的位置。

f. 仅使用公文包或小袋来协助执行所需的知识。它的使用绝不废除个人责任，以确保将机密材料交付给具有适当安全检查权限并可以访问所涉及信息的人员。

(7) 护送、快递或随身携带

根据国防部组件程序确定的负责官员，应向有权护送，快递或随身携带机密材料的每个人提供书面声明。授权现场承包商护送、运送或随身携带机密材料的程序应符合要求。护送、快递或手提 SCI 的授权应符合规定。

(8) 在商用飞机上的手提或护航分类信息

尽管通常不需要预先协调，但在某些情况下，可能需要事先与当地运输安全管理局（TSA）现场办公室进行协调，以通过航空公司的筛选程序来简化通关手续。被指定为快递员的个人应拥有国防部或承包商签发的身份证和政府签发的带有照片的身份证。快递员应在授权携带机密材料的代理机构的信笺抬头上准备好快递卡或授权书，其中应包括提供个人及其雇用代理机构或公司的全名。携带签发日期和有效期；携带发出信件的官员的姓名、职务、签名和电话号码；请携带该人员的姓名和指定该人员的美国政府官方电话号码，以确认快递授权。

在到达检查站后，指定为快递员的个人应向 TSA 监督运输安全员出示要求的身份证明和授权文件。如果快递员未出示所有必需的文件，包括有效的快递员授权、国防部或承包商签发的身份证、政府签发的照片身份证，则 TSA 官员将要求按照其标准程序对机密材料进行筛选。

快递员应与其他乘客一样经过相同的航空公司机票和登机过程。当 TSA 监督运输安全员确认快递员授权携带机密材料时，只有美国政府的机密材料免于任何形式的检查；应提供快递员和所有快递员的个人财产以供检查。在筛选过程中，机密材料应始终保持在快递人员的视线范围内。在必要情况下，可以打开运送机密信息的行李以进行安全检查，只要快递员保持目视并且未打开包装或行李即可。

国际商用飞机上的手提物品只能在例外情况下进行。要求在海外地点使用机密材料的国防部旅客，应在将国际民航飞机上手提物品之前用尽所有其他传输方式（例如，电子文件传输、通过快递方式提前运送）。

(9) 用于处理分类信息的设备

国防部拥有各种未经 COMSEC 批准的设备，用于处理机密信息。这包括复印机、传真机、计算机和其他 IT 设备及外围设备、显示系统和电子打字机。活动应识别用于处理机密信息的设备的那些特征，零件或功能；这些特征，零件或功能可以保留全部或部分信息。活动安全程序应规定适当的保护措施以防止未经授权的人访问该信息，包括维修或维护人员。

确保维修程序不会导致未经授权传播或访问机密信息。如果无法对设备进行适当的消毒或提供适当的知识，则应使用经过培训的维修技术人员。如果有可能从正在维修的设备传输分类数据，则电子维修或诊断设备应由 DOD 组件作为分类材料进行维护。远程诊断或修复功能的使用应由活动安全经理明确书面批准和授权；如果设备保留或存储任何分类信息，则必须在远程端提供适当的物理和逻辑保护，并且需要安全通信。如果无法删除机密信息，请以适当的方式更换和破坏设备零件。可移动磁盘驱动器、内存芯片和主板以及复印机、传真机等的其他电子组件可能会以与同类计算机设备相同的方式进行消毒或销毁。或者，应将设备指定为机密，并进行相应的保留和保护。在将设备从保护区中取出之前，请确保有适当知识的、经过培训的人员检查设备和用于处理机密信息的相关介质，以确保没有保留的机密信息。检查后，应从消毒的设备和介质中除去分类标记和标签，然后再从保护区中除去。确保用于处理分类信息或通过网络传输分类信息的计算机和其他设备均进行了认证和认可并执行保护措施，以防泄漏。

（10）存储和销毁

分类信息应在足以阻止和检测未经授权人员访问的条件下加以保护。本卷中指定的要求代表可接受的安全标准。机密材料的持有量应减少到完成任务所需的最低限度。GSA 制定并发布了适用于存储和保护机密信息的容器、保险库门、模块化保险库，警报系统和相关安全设备的最低标准、规格和供货时间表。DODI 3224.03 描述了获取在国防部内使用的物理安全设备的要求。DNI 为敏感的隔离信息设施（SCIF）制定了安全要求。

分类的文件和识别为要销毁的材料应完全销毁，以防止任何人根据国防部各部门负责人规定的程序和方法恢复涉密信息。常规销毁分类信息的方法和设备包括燃烧、切碎、湿法制浆、切割、化学分解或粉碎。用于清除、消毒或销毁机密 IT 设备和介质的方法包括覆盖、消磁、打磨以及物理破坏组件或介质。

确定要销毁的文件和其他材料在实际销毁前应继续按照密级保护。国防部各部门负责人应建立程序，以确保所有旨在销毁的机密信息均被授权手段和经适当清理的人员销毁。无法销毁的机密信息应重新评估，并在适当的时候降级、解密或退回到指定的记录中心。分类信息的控制方式应设计为最大限度地减少未经授权移除或访问的可能性。燃烧袋可用于存储分类信息，以等待在中央销毁设施处销毁，在实际销毁前密封并保护每个燃烧袋。

7. 会议活动

《国防部信息安全计划》对会议活动作出规定，其中：

（1）国防部会议批准必须确保满足以下要求：会议是为美国政府指定目的而服务的；使用其他批准的方法或渠道传播机密信息或材料是不能实现的；会议、会话等仅在经过明确的美国政府机构或具有适当机构安全许可并根据要求具有安全存储能力的美国承包商机构中进行，除非事先获得国防部负责人或官方高级机构事先提供书面形式的批准。此类例外权限不得下放至高级机构官员以下；涉密会议与不涉密会议分开；进入可以讨论或传播机密信息的会议或特定会议，仅限于具有适当安全权限并需要知道的人员；外国国民或外国代表的任何参与均符合相关的国防部指令的要求；会议或会议的公告是未定密的，并且仅对将要介绍的主题、发言人的姓名、后勤信息以及行政和安全说明进行概述；应确保在会议期间创建、分发或使用的机密信息、文件、记录、视听材料、信息系统、说明和其他材料得到控制、保护和运输，以符合《国防部信息安全计划》的要求。仅在确定为实现美国政府会议目的而需要采取此类行动时，才允许在定密会议期间记录或记录笔记，包括在定密电子设备上的笔记。

在会议期间用于支持定密信息的创建或表示的信息系统，应满足处理定密信息的所有适用要求，包括对技术安全对策的适当考虑。未定密的笔记本电脑、手持信息技术（如个人电子设备）和其他类似设备不得用于定密会议期间的笔记记录。仅在需要满足会议或大会的意图并且已满足适当的保护和技术安全对策要求时，才允许使用机密计算机和其他电子设备。

（2）主办定密会议的国防部活动应指派一名官员担任会议的安全经

理，并负责确保至少满足以下安全要求：向与会者介绍安全程序。进入受到控制，以便只有授权人员才能进入该区域。应特别注意确保未获授权参加机密会议的任何个人均不得进入机密会议。对外围进行控制，以确保未经授权的人员无法听到机密的讨论或介绍会破坏机密信息的设备。当不参加分类演讲和/或讨论时，为在会议或会议上提供服务（例如设置食物或打扫卫生）的未经许可的人员提供陪同。禁止使用手机、个人电子设备、对讲机或其他进行传输的电子设备。分类注释和讲义根据存储和销毁规定进行保护。分类信息仅根据相关规定向外国人披露。在会议结束时（或在多日活动的每一天结束时）进行房间检查，以确保正确存储所有机密资料。

（3）美国政府承包商人员可以提供行政支持并协助组织机密的会议，但赞助聚会的国防部部门仍然负责所有安全要求。

（4）除经过适当许可的美国政府或美国承包商设施以外，提议用于涉密会议的其他设施应禁止公众使用，访问权应由美国政府或获得许可的承包商通过100%身份证明卡支票进行控制。对于军事设施或受同等保护的联邦政府建筑，它可以位于设施或建筑的外围围栏处。将要举办分类会议的房间远离公共区域，以便在分类会议期间可以完全防止人员从墙壁和天花板的通道进入。根据存储与销毁规定的方法来保护机密信息。符合国防部反恐标准。根据国防部相关指令接受技术监督对策检验。解决此要求时，必须参考 TSCM 安全分类指南，以确保在与技术监督对策关联使用时对会议详细信息进行正确分类。

（5）在获得批准的例外机密会议结束后的 90 天内，主办方应通过批准的国防部组件负责人或高级机构官员向国防情报与安全局副局长提供事后报告。事后报告应是事件发生期间遇到的任何问题或威胁的简要摘要，以及针对该情况所采取的措施。

8. 对外提供和境外人员知悉

（1）国防部将最大限度地向公众提供国防部科学和工程信息，保证其自由流通。

（2）直接由国防部资金产生并在同行评审出版物中发表的可公开发布的研究结果，必须加以保护，以便长期保存，并且可以以公开的方式进行搜索，检索和分析，以便最大限度地提高国防部研究投资的影响力和责任感。在发布禁运期为 12 个月之后，最终的同行评审稿件或最终出版的文档必须提供数字形式阅读、下载和分析。

（3）负责人将在研究项目开始时需向国防技术信息中心（DTIC）提交一份描述该计划的文件副本，通常不超过 2 页。它应符合相关研究学科建立的格式或责任方要求的其他格式，其主要内容应包括是否存在国家安全或受控制的未保密信息而无法向公众提供数据的声明。

9. 公开保密审查制度

计划公开发布的官方国防部信息将在以下情况下提交审查和批准：

（1）由高级人员（例如将军或船旗官和高级行政人员）在敏感的政治或军事话题上提出或建议在国家首都地区释放；

（2）有可能成为国家或国际利益的项目；

（3）影响国家安全政策、外交关系或正在进行的谈判；

（4）关注国防部各部门之间或与其他联邦机构之间的潜在争议主题；

（5）由国防部员工介绍，由于其职位、职位或专业知识而被视为国防部的官方发言人；

（6）包含技术数据，包括根据合同进行开发或独立开发涉及的数据，这些数据可能在军事上很关键。

经审查后的信息将分类为：

（1）允许公开发布：国防部或其授权官员可以不受限制地发布信息。国防部预出版与安全审查部门（DOPSR）可能要求提供免责声明，以附上以下信息："所表达的观点仅为作者的观点，并不反映国防部或美国政府的正式政策或立场。"

（2）清除"建议"以公开发布："建议"包括可选的更正、删除或添加。尽管 DOPSR 不负责纠正事实错误或进行编辑更改，但可能会在文本中发现明显的错误，并标记为"建议"。这些更正对作者或提交者不具有约束力。

（3）清除"修正"以供公众发布：用红色标记的"修正"对提交者具有约束力。红色标记表示必须删除的信息。如果不采用修正版，则国防部的许可无效。在可能的情况下，提供替代措辞来代替已删除的材料。有时会包含一些措辞，这些措辞必须在公开发布之前添加到文本中。

（4）不允许公开发布：此类信息将不公开。

DODI 5230.24 技术文件分发声明详细规定了技术文件分发的要求。主要包括生成或负责技术文档的所有国防部组件，应确定其分发可用性并在初次分发之前对其进行适当标记。除指定的适用分类和传播控制标记外，还应使用发行声明。寻求国防部资金或合同的承包商提交的技术建议书或类似文件中，不得要求国防部分配声明标记；但是，应采用适用的采购法规规定的标记。赞助该工作的国防部控制办公室分配给技术文档的分发声明，用于通过使用 DTIC 依照"科学技术信息注册系统"来控制这些文档的二次分发。支持本指令限制的维持、物流、维护、修理、供应和测试的操作和维护技术数据，应由军事后勤和产品中心的负责人负责维护、传播和控制。除非合同或协议另有授权，否则严禁由非政府实体或个人进一步分发受本说明所确定限制的信息。

一旦批准公开发布，如果这些文件包含本说明中的技术信息，按照定义，可以将它们标记为分发声明 A。国防部的官方文件，包括但不限于视听材料或新闻稿，应由国防部公共事务助理部长批准公开发行。不符合意图的文档可能会以最低的审慎级别清除以公开发布。

编写标题、摘要、关键字等元数据，以便尽可能广泛地分发。当实际情况或经验表明这种销毁方法不能充分保护信息时，地方当局可以使用其他方法，但必须在增加费用与敏感度之间取得平衡。所有记录均应按照国家档案和记录管理局批准的处置方式进行维护和管理，以确保适当的维护、使用、可访问性和保存性。

10. *严重违规和泄密责任追究制度*

《国防部信息安全计划》中指明，机密信息的泄露对国家安全构成威胁，并可能损害情报或作战能力；降低国防部保护关键信息、技术和程序的能力；或降低国防部管理的有效性。一旦已知发生妥协，就必须确定对美国国家安全的损害的严重性或对国家安全的不利影响的程度，并采取适当措施来消除或最小化不利影响。在可能的情况下，还应采取措施恢复对被盗文件或材料的保管。在所有情况下，安全管理人员都必须采取适当的措施来确定可疑或实际损害的来源和原因，并采取补救措施以防止再次发生。

任何发现分类信息受到异常控制的人员，应尽可能保管和保护材料，并立即通知适当的安全部门并尽可能使用安全通信进行通知。国防部的每位文职雇员，现役、预备役和国民警卫队军事人员，以及按合同条款规定使用机密材料从事工作的国防部承包商或承包商的每个雇员，在得知损失或潜在的损失机密信息遭到破坏时，应立即向其当地活动负责人和活动安全经理报告。如果有关人员认为负责人或安全经理可能已介入安全事件或对该事件负责，则其可以在更高级别负责人指挥或监督下将事件报告给安全当局。如果此种通知难以实现，则个人应在最近的国防部设施处通知指挥官或安全经理，或与任何国防部执法、反情报或国防刑事调查组织联系。安全官员应将在其安全责任范围内发生或涉及其人员的情况告知上级。如果最初收到报告的活动负责人或安全经理对安全事件无法认定，则该官员应确保将事件报告给适当的主管部门。当事件已经或可能导致重大后果或事件的事实可能公开时，有必要向安全局局长报告已确认的安全事件。此类事件应由国防部高级机构官员通过适当的安全渠道迅速报告。

具有安全意识的负责人应立即发起对实际或潜在危害的查询，以确定事件的真实情况，并将事件定性为违法或违规。在调查结束后，将提供调查结果叙述，以支持其他调查或其他行动。

实际追责中，如果调查的结论是发生了泄密，且既定安全实践或程序中的弱点或漏洞是造成泄密的原因，或者由于既定安全性中的弱点或漏洞而存在对机密信息进行泄密的可能性做法和/或程序，适当的负责任的安全官员应立即采取行动，根据需要发布新的或修订的指南，以解决已发现的缺陷。如果调查的结论是由于一个人或多个人不遵守既定的安全惯例或程序，导致机密信息受到损害，则该官员应负责采取适当措施追究此类人员的责任以解决该事件。对以上范围之外的其他调查结论，允许以刑事起诉对违反法规的行为进行适当的制裁，或确定发现的漏洞进行有效补救措施。

4.3.4　美国军事科技保密特点

1. 法律—政策—操作手册体系完备

尽管美国既没有专门的保密机构，也没有特殊的科技部门，但法律制度较为健全，在此基础上，各部门根据自身情况印发指令，再由特定的部门整理形成操作手册并予以体系化公开。例如国防部网站列出了现行有效的所有指令，不仅有发行编号，还有生效日期、更改日期、过期时间及主要责任办公室等，形成清晰的操作规范，无须疑惑哪个发行版本是现行有效的。

2. 操作手册极为细致

《国防部信息安全计划》操作手册分为三卷，每一卷有其对应的主题，即使作为刚入职的员工，也可以很清楚地从手册中获得指引，明白自己应该接受哪些培训、和哪些人员联系。

3. 汇报线清晰，指挥链明确

在操作手册中，非常明确地指出"由谁任命谁"，"谁需要向谁汇报"等。例如，WHS 主任向 USD（I）确定一名个人和至少一名候补人员担任 ISCAP 与国防部联络员；涉密违法行为以及豁免信息由 USD（I）通知国会和 ISOO 主任；高级机构官员指导国防部活动领导、指定活动安全经理；国防部活动领导书面指定活动安全经理；在适当时，以书面形式指定活动助理安全经理，可以（非必须）指定活动 TSCO 以及 TSCA；信息系统安全官员与活动安全经理协调信息系统安全措施和程序的实施，当发生可能或实际的危害或数据泄露时，通知活动安全经理等。每个人的责任是明确的，指挥、协调、汇报等都是"人对人"，而非机构对机构，可以强化个人责任意识，提升处理效率。

4. 敢于"上网"

例如 DTIC 管理员需要维护一份安全分类指南索引等，即使该数据库网址是公开的，然而通过运用第三方认证、生物特征识别等方式，既提高了可访问性，又能保证在线数据库的内容安全。

5. 核信息和其他国防科技信息分开管辖

明确规定限制数据和以前的限制数据（RD/FRD）是与核信息有关的分类标记。这是联邦法律根据 1954 年《原子能法》定义的仅有的两种分类。核信息在 25 年后不会自动解密。具有《原子能法》所涵盖的核信息的文件将被标记为分类级别（机密、秘密或绝密）以及受限制的数据或以前受限制的数据标记。该法令规定的核信息可能会无意间出现在未分类的文件中，发现后必须重新分类。即使是由私人创建的文件也因包含核信息而被扣押并被分类。只有能源部可以解密核信息。

4.4 美国基础研究安全保密

鉴于当今科技企业的国际化特征，顶级人才或"智力资本"已经成为一种全球商品。发达国家和发展中国家都在竞相吸引最聪明的学术人才，特别是那些能够在国内研究项目中发挥核心作用或提供专业知识的高知名度研究人员。美国国家科学基金会（The National Science Foundation，NSF）于1949年成立。70多年来，它改变了美国的基础研究，并使世界领先的科技企业建立在开放的知识交流、合作和共享的基础上。但近年来发生的一些事件引发了 NSF 对于学术基础研究生态系统的开放性被其他国家所利用的担忧。他们认为这种不公平竞争感与对快速变化的世界中美国经济和国家安全的忧虑交织在一起。国家科学基金会希望并坚持卓越、开放和公平的核心价值观评估这些问题，发布了一份非机密报告，该报告可以在学术界广泛传播和讨论，同时该报告含有一份附录是涉密的，提供关于特定安全问题的技术或其他数据，不予公开。

4.4.1 基础研究安全的定义

科学的开放性依赖于世界各地科学家之间的信息自由交流。自第二次世界大战开始以来，开放科学与围绕技术军事用途的技术保密需求之间出现了紧张关系。第二次世界大战后，建立了保密系统，以限制需要知道的人获得敏感信息，包括被认为敏感的科学信息。随着时间的推移，流行的观点是基础研究保持非密，而具体到与国家安全相关的应用可以被定密。

1985年9月21日，罗纳德·里根总统发布了《国家安全决策指令189》（NSDD-189），其明确目标是"建立一项国家政策，用于控制由联邦资助的学院、大学和实验室研究中产生的科学、技术和工程信息的流动"。NSDD-189旨在专门解决"东方集团国家为增强其军事能力而获取先进技术的问题，这对美国的国家安全构成了重大威胁"。总体目标是捍卫"在科学技术方面的领导地位"，这被认为是"经济、物质和安全的一个重要因素"。NSDD-189认识到"美国科学的力量需要一个有利于创造力的研究环境，一个自由交流思想是其重要组成部分的环境"。NSDD-189为进行"基础研究"制定了一项国家开放政策，默认情况下，该政策将其定义为与专有研究相对比:"基础研究"是指科学和工程方面的基础和应用研究,其结果通常在科学界广泛公布和共享,这与专有研究以及工业发展、设计、生产和产品利用不同,后者的结果通常因专有或国家安全原因而受到限制。该政策的主要内容是"尽最大可能使基础研究的产品不受限制,在国家安全需要控制的地方,由联邦政府资助的高等院校、大学和实验室的科学、技术和工程基础研究中产生的信息应予以定密。除非适用的美国法规另有规定,否则不得对联邦资助的未获得国家定密的基础研究的开展或报告施加任何限制"。

2008年5月9日布什政府发布的一份备忘录中确立了"受控非密信息"(Controlled Unclassified Information,CUI)的类别。从其内容来讲,包括但不限于"仅供官方使用"(FOUO)、"敏感但未分类"(FOUO)、"毒品管制署敏感信息"、"国防部未分类的受控核情报"、1987年《计算机安全法》所定义的"敏感信息"以及技术文档中包含的信息等。在ISOO的官方网站中列出了CUI的所有类别、标记要求和传播限制等,该数据库被称为CUI注册表,提供有关处理CUI的信息、政策、要求和指南,是CUI权威在线存储库。与NSDD-189规定的原则大体一致,CUI注册表内没有与学术研究直接相关的类别。然而,在CUI的"出口管制"规定中,对可能存在军民双重用途或可能对美国国家安全构成潜在威胁的技术仍然进行了严格的保护。与这些类别相关的限制可能影响到在美国大学从事高级研究的外国研究人员。在"出口管制"类别中,"出口管制研究"的官方定义仅被描述为"与对材料和来源的系统调查和研究有关,以确定事实并得出新的结论",但这种描述提供的指导很少。目前,与CUI类别相关的处理实践很多,并且处于不断变化的状态,在很大程度上仍有待于与NSDD-189完全适应。

总而言之,基础研究是指结果通常在科学界广泛公布和共享的,不涉密的科学和工程方面的基础和应用研究。

4.4.2 影响美国基础研究安全的方式

受NSF委托的研究机构分析了情报界关于外国对美国研究企业的影响的证据,并把影响的类型分为四种:奖励、欺骗、胁迫和盗窃。奖励是提供物质或社会商品以换取期望的行为;欺骗是指在申请、提案或出版物上提供不完整、不正确的信息，目的是隐藏或转移对某些活动的注意力；胁迫是为了强制遵守要求而威胁造成伤害或不利；盗窃是未经所有者许可而拿走实物或受保护的思想。不同的项目、招聘计划（如千人计划）、奖学金等，可以利用部分或全部影响类型。

1. 奖励

作为一种影响手段，奖励可以有多种形式。招聘项目可能会用现金、高薪、住宿、显赫的头衔、研究基金或设施来吸引在美国工作的外国研究人员，以鼓励他们返回自己的国家或运用他们的技能来改善当地的研究事业。一名杰出的美国研究员可能会收到来自外国的同行邀请，而不需要在该国全职居住。美国学术机构在吸引包括许多外国研究人员在内的最好的科学和工程教师方面非常成功，他们结合使用了显赫的头衔、大量的启动资金、住房援助计划和有吸引力的薪酬和福利待遇。为在美国大学就读的研究生提供学费和津贴支持的奖学金，以及为博士后学者在美国大学工作提供工资和研究津贴的奖学金，也是常见的奖励形式。在美国，国家科学基金会和能源部有研究生研究奖学金，国立卫生研究院和美国国家航空航天局提供博士后奖学金，几个基金会为早期职业教师提供研究奖学金。这些奖学金和研究资金既有声望，也期望获奖者将继续在各自的领域做出出色的工作，并感谢奖励组织的支持。在某些情况下，授予机构要求接受者提交一份年度报告，说明他们由奖学金或研究资金资助的活动。这些要求作为奖励的一个条件被公开声明。奖励也可用于鼓励危害研究完整性的活动，如未经授权的信息共享、盗窃实物（如样品或原型）、将外国学生安排到美国研究小组或其他欺骗行为。一些奖励要求不得向接受者的本国机构披露收到的奖励，这种做法可能违反所在机构的规则。

2. 欺骗

欺骗行为包括故意隐瞒或遗漏信息以获取优势，并构成最广泛的影响类型。美国基础研究的许多部门依靠准确完整的信息自我报告来履行职责。这些包括研究生入学委员会、评估博士后学者的教师、考虑教师聘用和晋升的委员会、发放签证的官员和发放助学金的项目官员。遗漏欺骗是指未能报告奖励或礼物、机构隶属关系、完成的课程或其他相关信息。弄虚作假是指传递虚假信息。这两种欺骗似乎在研究生和本科生申请中相对频繁地出现。对于在美国寻求职位的外国学者来说，通过遗漏进行欺骗的形式可以是不报告与本国军方或国家安全部门运营的机构的隶属关系或者不报告签证官员可能认为敏感的课程（例如高超音速飞行、声学）。一些大学选择不通过奖学金项目接收学生，该项目要求学生在完成学业后返回祖国。这可能会产生一种动机，即不报告那些被外国学者认为对他们的录取机会有害的条款和其他内容。未能披露国外或国内关联、现金形式的奖励、住宿或物质商品、或时间承诺是通过遗漏进行欺骗的例子。其中一些是潜在的利益冲突，也必须披露。使用第二个名字来掩盖其真实目的，例如一所军事大学用一个非军事的名字，可以认为是通过省略来欺骗。当学者或美国研究人员故意提供不正确的信息时，应用程序、提案和其他报告中可能会出现伪造欺骗。

基础研究企业中欺骗行为的频率很难确定——联邦机构、大学和其他机构只有偶尔的审计，并且通常在受到他人警告或作为更广泛调查的一部分时发现欺骗信息。重要的是，美国国家卫生研究院报告说，由于对外国参与的更多关注，他们未报告的冲突数量正在增加。关于外国学者未报告的隶属关系和报告义务，一项旨在确定美国与未披露的军事联系的学者的合著研究发现，美国有188名学者隶属于外国军事机构。

3. 胁迫

胁迫是通过武力或威胁强迫个人做某事的做法。威胁可能是隐性的，也可能是显性的，范围从社会谴责到身体伤害。隐性胁迫有一个重要的文化层面，也就是基于文化经验，一个人"知道如果他们不遵守会发生什么"。对于外国学者来说，如果该学者不报告其活动，不收集所要求的信息，或不同意在完成学业后返回自己的国家，胁迫的形式可能是扣留奖学金或研究金。一个美国的研究人员可能会受到在国外失去资源、声望或特权的威胁。对于从事欺骗的学者和美国研究人员来说，暴露他们未能报告可能被用来胁迫某些行为。美国学者家庭特权或社会地位的丧失也可能提供一种强制因素。最后，要求外国公民在被询问时与该国情报和安全部门合作的法律是一种合法的胁迫形式。

4. 盗窃

盗窃是指未经许可而获得知识产权。样本、原型、软件、书面文件和想法都构成知识产权，在基础研究中，这些是学术成就的价格，它们的损失会影响晋升、任期和奖励决策。与私营部门的知识产权损失相比，财务考虑通常不那么重要，但如果要申请专利的发明受到损害，对大学和研究者来说的损失更大。当学者在小组之外交流研究小组的活动时，可能会发生无意的知识产权盗窃。大多数美国学者对他们应该和不应该在他们的小组之外讨论什么以及当他们听到来自另一个小组的可能是机密的事情时应该如何反应有着直观的感觉，但是外国学者可能没有同样的感觉。研究小组的领导者应该培养一种明确讨论信息共享的文化——这种文化最好由主要研究人员和他们的合作者来发展。

4.4.3 保护美国基础研究安全的方法

由于外国研究人才对美国基础研究事业的不可或缺性，限制在美国的外国学生数量等报复措施可能对美国弊大于利。假如利用外交解决方案，如关于在美国的外国学生的互惠协议，可以谈判，但仍然使美国的研究企业容易受到影响，并且这种条约很难谈判。一些学者认为，接受美国价值观教育的外国学生和其他参与将使敌对国家改变美国的思维方式，但这不太值得信任。因此，美国近期可以采取的最有效的应对措施是：要求严格披露从属关系和承诺，继续遵守 NSDD-189 作为信息控制框架，开发和部署项目评估工具以帮助利益相关方确保基础研究，以及教育美国学术界和研究界了解威胁的性质以及情报和执法界了解基础研究的规范。

1. 披露

披露活动是抵御外来影响的主要手段，尤其是涉及奖励、欺骗和胁迫的活动。研究机构建议申请外国学者需要披露所有的隶属关系、学位和完成的课程。申请通常被认为是保密的，这将鼓励准确的披露。一旦到了美国的主办机构，外国学者应该披露他们的奖学金所要求的任何报告要求或他们的祖国附加在他们出国学习或工作许可上的其他条件。外国学者的收入或奖励也应每年披露一次。来到美国大学或研究机构工作或学习的外国学者应被要求披露支持他们的合同或奖学金的所有条款，包括任何报告或保密要求。

美国教师和研究人员通常每年向雇主披露他们的外部专业活动（Outside Professional Activities，OPA），是为了在机构层面评估潜在的利益冲突和承诺。披露政策的要求因机构而异，但至少应包括每年列出和描述所有职位和附属机构，包括外国职位和附属机构，还应报告国外补偿和研究支持。大多数联邦资助申请要求披露所有当前和未决的研究支持以及其他机构和基金会支持的内容。国家自然科学基金应继续坚持将外国研究资助报告作为资助申请流程的一部分，明确所有资助都必须作为奖励流程的一部分进行披露。

在外国研究支持或参与人才计划的情况下，计划的完整合同应披露给授予机构或大学。如果不披露外国参与的任何方面，无论是来美国的外国学者还是在外国进行资助研究的美国研究人员，都会损害美国研究企业的完整性。如果未能进行适当的披露，则必须被视为违反研究诚信，并应以与伪造数据或剽窃的方式进行调查和裁决。在大多数美国研究机构中，对研究不当行为的惩罚包括降级、解除特权或解雇。授予机构，如国家科学基金会，在规定的期限内可以禁止个人接受进一步的资助。重要的是要注意，某些形式的不适当披露也可能涉及法律处罚，例如，故意提供不正确的信息作为披露的一部分。

2. 遵守 NSDD-189

在 NSDD-189 建立的机制之外控制基础研究领域既不可行也不可取。首先，不可能围绕基础研究的广泛领域划定界限，也不可能界定在这一研究学科中包括什么和排除哪些是政府控制的。例如，人工智能广泛渗透整个学科，包括生物、化学、物理、材料科学、机械工程和社会科学。机器人学同样广泛地影响着一系列研究工作，从生物医学工程和药物发现到先进制造和太空探索。新型电池技术涉及电化学、表面科学、材料科学、物理化学、应用物理和理论的基础研究。这些广泛领域的工作进一步相互关联，使得更难定义研究的一个方面止于何处。

其次，研究领域随着时间的推移而变化，并且随着技术的发展而变化。在一个发现和技术变革极其迅速的时代，很难从过去的研究中对未来做出有用的预测。在一个领域（例如基础材料化学）接受培训并进行研究的学生，今天可能会从事另一个领域的工作，例如基于人工智能的领域，该领域可以利用他们广泛的问题解决技能和分析培训以及编码能力。私营部门在许多研究领域的积极投资和有吸引力的机会模糊了特定领域职业生涯的界限。

基础研究豁免是基于基础研究中产生的知识的一般性质无法控制的想法。控制信息的主要动力，通常被认为是防止可能具有经济价值的信息从美国研究实验室传输到竞争国家。任何基础研究信息价值的不确定性源于其基本性质，证明一项新技术可能具有国家安全价值远比评估其潜在经济影响简单，即使经济安全在某种程度上等同于国家安全。

已经存在一种称为受控非密信息（CUI）的中间控制层，这种信息在基础研究中可能很有用。然而，针对特定研究领域的新 CUI 类别不会解决这个问题，除非基础研究的广泛领域被视为"生来受控制"。这种控制将与基础研究旨在公开发表的观念背道而驰，并将严重阻碍美国的研究事业。大学和美国政府已经有了通过专利程序和保密协议保护知识产权的手段。应该根据需要使用它们来保护信息，如果需要更多的保护，应该对它们进行修改。NSDD-189 宣布大多数基础研究应该是开放的，并规定了基础研究知识的具体应用何时应该被定密。

3. 利用评估工具

基础研究生态系统有广泛的参与者和利益相关者，每个人都对自己的行为负责。利益相关方包括：公众政治领导层，如美国国会和行政部门成员联邦资助机构（如国家科学基金会、国家卫生研究院、国防部）、研究机构（如大学、国家实验室、智库）、研究小组负责人（如部门负责人、研究所和中心主任）、专业协会、出版商、主要调查人员、学者（如研究合作者、工作人员、学生、博士后研究员）等。针对外国影响的有力对策是利益相关方在开始对外接触之前仔细考虑这些接触。这可以通过一系列问题形式的一套评估工具来实现，这些工具是为相关利益攸关方量身定制的。这些可以被认为是基础研究的一个问答，一系列有启发性的问题，当一个人做出关于研究项目的决定时，可以对这些问题进行思考。在美国政府内部，评估国防高级研究计划局项目的海尔迈耶问答（Heilmeier Catechism）为人们所熟知。对于考虑与外国研究机构合作的首席研究员来说，这样的一系列问题可能包括：简洁地描述约定，不使用行话。是基础研究吗？如果没有，该机构的政策是什么？是否以书面形式明确约定条款？所有参与者都确定了吗？PI 和 PI 的机构是否都知道所有的参与者？是否记录了所有参与者的利益冲突和承诺？项目中是否有任何方面不得向任何参与者披露？如果有，原因是什么？合约中是否有任何不寻常、不必要或不明确的方面？活动所需的资金和其他资源来自哪里？各方提供的资料清楚吗？项目的所有有形资产是现有的还是将要产生的（如数据、元数据、利润、设备等）。如何分享？谁决定如何分配它们？参与者如何结束参与？作为参与的一部分，学者是否被期望居住在远离其家乡机构的地方？如果是，他们是如何被选中参与项目的？对国内机构或组织的报告要求是什么？谁将控制由此产生的基础研究的传播？

这些问题可被视为一种评估工具，旨在做出决策前对项目有更全面的了解。大学或实验室的代表可能会考虑一组类似的问题，这些问题经过修改以反映这些机构面临的风险。基于麻省理工学院负责研究的副校长办公室的一个例子：美国国家安全有风险吗？有哪些政治、公民和人权风险？美国的国家竞争力有风险吗？出口管制合规性会得到保证吗？知识产权风险是什么？是否有明确的数据和出版政策？什么是提前终止风险？什么是虚假陈述风险？机构的社区和核心价值观是否存在风险？不参与对机构有什么风险？

每个利益相关者都有自己的一套问题或指南，基于与他们可能做出的决定的相关性，例如学者或机构参与或不参与，期刊出版或不出版，资助机构资助或不资助等。国家科学基金会和专业协会都是美国研究事业的核心，可以领导这些工具的开发和传播。

综上所述，外国学者是美国研究企业和经济的福音，美国需要继续招募和培养最好的国际人才，以保持美国在科学技术上的卓越地位。许多外国学者留在美国，为美国的科学事业做出贡献，那些返回的人仍然是同事，并帮助从事日益国际化的科学事业的国家之间建立信任。然而，不能忽视的是，一些在美国的外国学者参与了本国政府和机构违反美国科学伦理和研究完整性规范的项目。这些行动对美国基础研究事业构成了威胁。许多已经确定的外国影响问题可以在研究完整性的框架内解决，研究开放和吸收有才华的外国研究人员的好处决定了禁止在基础研究的特定领域采取措施。

4.5 国家工业安全计划

美国国家工业安全计划，实际上是一种工业安全许可，是指从安全角度出发，对承包商、被许可人、受权人作出的，确定其有接触、知悉与该许可同一或者更低密级定密信息资格的行政决定。

4.5.1 美国工业安全许可制度

工业安全许可是接触、知悉定密信息的许可，是事前审查，是一种资格。工业安全许可的对象主要是承包商机构及其雇员，既包括机构安全许可，又有人员安全许可。

1. 历史沿革

美国工业安全许可制度可以追溯至第二次世界大战期间。当时，美国的涉密政府采购主要集中在国防军工领域，战争部在允许承包商接触定密信息前，要求其签订保密协议，承诺在允许其雇员接触绝密级和机密级定密信息前应当经过批准。"最初，武装部队各机构建立和自行管理着本单位、系统的工业安全许可计划。1947年，国防部和武装部队各机构负责人建立了一个统一的项目，以执行统一的安全许可程序。该项目由陆海空部队人员安全委员会（Army-Navy-Air Force Personnel Security Board，PSB）和工业雇员审查委员会（Industrial Employment Review Board，IERB）负责。1953年，上述两个委员会被工业人员安全委员会所取代，后者制定了工业人员安全审查条例（Industrial Personnel Security Review Regulation）。1959年，最高法院在格林尼诉 G. 麦克艾尔罗伊（Greene v. McElroy）案中判称，工业安全许可程序与传统的法庭对抗和交叉询问的权利严重相悖，损害了上述权利。为此，1960年2月24日，艾森豪威尔总统签发第10865号总统行政命令《工业领域定密信息保护》（Safeguarding Classified Information within Industry）。1980年12月8日，国防部又出台第5220.22号条例《国防部工业安全计划》，建立了本部门的工业安全计划"。根据该条例，国防调查局（Defense Investigative Service，IS）出台了工业安全规章（Industrial Security Regulation，DOD 4220.22 – R），规定了国防部工业安全计划的政策程序等，也对承担国防涉密合同的机构建立了保密管理制度。

自20世纪50—70年代的冷战期间，美国的涉密政府采购逐渐扩展到国防军工之外的其他领域，除国防部外，很多政府部门也制定了本部门保护国家安全信息的要求和标准，并自行开展对承包商及其雇员的审查和安全许可授予工作。至20世纪80年代，繁杂的标准和要求无论对政府还是工业界，均已明显造成过重负担。当时，各部门的工业安全计划相互重叠，每个计划对定密信息保护均有不同要求，对承包商的物理保护能力、措施亦有不同标准。正如美国安全许可方面专家谢尔登所言："安全许可的授予构成了一个庞大的政府计划。各部门除了开展背景调查和作出安全许可决定外，无暇开展其他工作。"1990 年，当时的国防部部长向总统提交《国家工业安全计划报告》，根据该报告，21 个部门和机构有自己的工业安全计划，仅国防部便有 47 个不同的标准、书册和基础行政命令或者法规细则，这给工业界和政府均造成了巨大负担。据报道，"1989 年政府和工业界用于定密信息保护的支出为 138 亿美元"。

1990 年 4 月，总统指示国家安全委员会（National Security Council）制定统一、通用的工业安全计划以节省费用和提高安全防护水平。当年年末，国防部部长、能源部部长和中央情报局局长提交了《国家工业安全计划报告》，建议建立国家工业安全计划。1993 年 1 月 6 日，乔治·布什总统签发第 12829 号总统行政命令《国家工业安全计划》。1994 年 10 月，根据该总统行政命令，国防部副部长约翰·M. 达奇（John M. Deutch）签发首版《国家工业安全计划实施手册》。在《国家工业安全计划报告》和《国家工业安全计划实施手册》中，正式设立了工业安全许可。

2020 年 12 月 21 日，国防部负责情报和安全的副部长办公室发布了一项最终规则，将目前作为国防部手册 5220.22 - M 的一部分发布的《国家工业安全计划操作手册》（NISPOM）编入《联邦法规》（CFR）第 34 篇第 117 部分。《最终规则》于 2021 年 2 月 24 日生效。

2. 国家工业安全计划（NISP）概况

美国工业界开发和生产美国的大部分国防技术，其中大部分是保密的，因此在创建和保护对美国安全至关重要的信息方面发挥着重要作用。国家工业安全计划（NISP）的建立是为了确保美国国防工业在履行合同、计划、投标或研发工作时保护其拥有的机密信息。

根据 1993 年 1 月 6 日第 12829 号行政命令"国家工业安全计划"NISP 形成，用于保护根据 1995 年 4 月 17 日第 12958 号行政命令"国家安全机密信息"和经修订的 1954 年《原子能法》分类的信息。

国家安全委员会负责为 NISP 提供总体政策指导。信息安全监督办公室（ISOO）主任负责执行和监测 NISP，并发布要求 NISP 下属机构执行的指令。国防部长是 NISP 的执行代理人。然而，在 NISP 下有四个认知安全机构，包括国防部、能源部、中央情报局和核管理委员会。国防部长在能源部长、核管理委员会主席和中央情报局局长的同意下，负责国防部5220.22M"国家工业安全计划操作手册"（NISPOM）的发布和维护。国防安全局代表国防部和联邦政府行政部门内的22个非国防部联邦机构管理NISP。

3. 分类

工业安全许可分两类，一类是机构安全许可（Facility Security Clearance，FCL），另一类是人员安全许可（Personnel Security Clearance，PCL）。

（1）机构安全许可。机构安全许可是从安全角度，确认公司有资格接触知悉某一类（及所有更低密级类型）定密信息的行政决定。公司只有取得机构安全许可，才能接触、知悉定密信息，甚至在某些情况下，存储定密材料。

（2）人员安全许可。人员安全许可是从安全角度审查，确认承包商雇员个人适合接触、知悉与其所获得的许可级别相同或者更低密级的定密信息的行政决定。

4. 法律性质

工业安全许可是对承包商及其雇员接触国家秘密的许可，具有四方面特征。第一，由国防部等联邦政府机关作出，属于行政机关的行为。第二，是事前审查，即在接触、知悉定密信息之前进行审查，只有拥有许可后才能获准接触、知悉。第三，是一种资格。拥有许可是接触、知悉定密信息的必要条件，但不是充分条件。能否接触、知悉某一具体定密信息，还必须看持有安全许可的机构、人员是否具备工作需要。第四，对象是承包商及其雇员。换言之，是非政府机构和非国家工作人员，对其管理属于对私人和私人团体的管理。

4.5.2 机构安全许可

《国家工业安全计划实施手册》（以下简称《手册》）对机构安全许可作出的定义是："机构安全许可：从安全角度，确认公司有资格接触、知悉定密类型（及所有更低密级类型）定密信息的行政决定。"即机构只有取得机构安全许可，才能接触、知悉与许可级别相对应以及更低级别的定密信息。机构安全许可作为工业安全许可的类别之一，是一种资格，许可内容是接触、知悉定密信息，需要事先审查，属于行政许可的性质。

1. 机构安全许可对象

参考《手册》对"机构"的定义：工厂、实验室、办公室、学院、大学、商业组织，只要其具备相关联的仓库、储存区域、附属设施和组成部门，当因功能和位置关联，构成运行的实体。（商业或者教育组织可以构成一个或者多个本处所定义的机构。）出于工业安全的原因，本《手册》所称机构不包括政府机构。

从上述定义分析，"机构"具有如下特征：

（1）必须是法律实体（Legal Entity）。美国工业安全许可方面专家杰弗瑞·W. 班尼特（Jeffrey W. Bennett）对机构安全许可的解释为："机构安全许可是确认法律实体值得信任和有能力保护定密信息的决定。"从中可以看出，"机构"须为法律实体。首先，应当具有法律资格，不得为非法组织或者从事非法事务。如机构安全许可的主管机构国防安全局所指出的，"机构必须具有法律地位和合法经营的名声"，这是机构获得安全许可的条件之一。其次，"机构"应为法人或者法人的分支机构，是拟制的法律主体。自然人也是法律主体，可以做出法律行为，形成法律关系，但并不属于《手册》所称的"机构"。例如，第12829号总统行政命令明确规定："'本行政命令所称'承包商，不包括订立人员服务合同的个人。"值得注意的是，《手册》规定，机构安全许可的对象包括单人机构，即只被分配了1个人的机构。但单人机构实质上仍为法人，具有法律人格，并非自然人。最后，要具有一定的独立性，能够独立运行。正如《手册》中"机构"定义所规定，要"具备相关联的仓库、储存区域、附属设施和组成部门，构成运行的实体"。

（2）与"公司"（Company）基本为同一概念。《手册》中大量使用"公司"概念，通过对这些用法的归纳分析，可以认为，"机构"与"公司"基本为同一概念。这从机构安全许可的定义也可以得到证明："机构安全许可：从安全角度，确认公司有资格接触、知悉一定类型（及所有更低密级类型）定密信息的行政决定。"如作进一步深入区分，《手册》对尚未获得安全许可的机构，换言之，在为申请安全许可的机构规定标准时，往往使用"公司"概念。例如，在对机构安全许可所设定的四个条件中,《手册》均规定,"公司必须……",而对于已经获得安全许可的机构,则往往使用"承包商"概念。例如,《手册》第三章对已经获得安全许可的机构关于安全培训和教育的要求等均规定"承包商应当……"

2. 许可分级

机构安全许可分为绝密、机密和秘密三个级别,各级机构安全许可向下兼容,可以接触、知悉与其密级相同或者更低密级的定密信息。例如,拥有机密级机构安全许可的公司自然也可以接触、知悉秘密级的定密信息。但在申请机构安全许可时,提出申请的机构不能仅仅出于工作方便等原因,而故意申请较高级别的机构安全许可。机构所申请的机构安全许可的级别,必须以其得到的涉密合同的密级及其要求为基础。换言之,仅当机构获得涉密合同,需要接触、知悉定密信息时,方可申请安全许可;其申请的安全许可的级别应当以所获得的涉密合同以及需要接触、知悉定密信息的密级为基础。例如,如果机构获得的涉密合同仅为机密级,一般情况下,便意味着它只能申请机密级安全许可。

4.5.3 人员安全许可

根据《国家工业安全计划实施手册》,人员安全许可,是指:"从安全角度审查,确认个人适合接触、知悉与其所获得的许可级别相同或者更低密级的定密信息的行政决定。"该行政决定是以对申请人进行调查并对调查数据进行审查为基础,经确认允许其接触、知悉定密信息明显与国家利益相一致后作出的。根据第12968号总统令《接触定密信息》,安全许可是人员接触、知悉定密信息所必须满足的条件之一,未获得安全许可的人员不得接触、知悉定密信息。设立人员安全许可制度的目标在于,以申请人的忠诚度、性格、可信度和可靠度为基础,确定其是否有意愿和能力保护定密信息,从而确保定密信息的安全。

1. 许可对象

根据被许可对象的不同,人员安全许可被分为三类,一是对联邦雇员的安全许可;二是对州和地方政府雇员的安全许可;三是对承包商雇员的安全许可。

一般情况下,承包商雇员,是指已经被承包商正式雇佣,签订过雇佣合同的人员。特殊情况下,承包商也可以为其拟雇佣的人员申请人员安全许可。但此时，承包商应当出具拟雇佣该人员的书面要约，而后者也必须是已经书面接受要约的。此外，书面要约还应当注明，雇佣合同应当于该人获得人员安全许可后30日内开始履行。由于存在雇佣关系，承包商可以为其雇员申请安全许可；但反之则未必，即承包商为其雇员申请了安全许可，并不能保证承包商对该雇员的雇佣关系。雇佣关系只是说明接触、知悉定密信息的需要。

《手册》还规定："仅美国公民有资格获得安全许可。"因此，承包商"应尽一切努力确保需要接触、知悉定密信息的职位不雇佣非美国公民"。同时规定，个人在提交人员安全许可申请时，必须提交相应的身份证明材料，有关主管机构应当严格进行审查。但会存在一些特殊情况，需要外国人知悉定密信息。因此，作为特例可以授予非美国公民有限许可："在非美国公民拥有为完成某涉及特定定密信息的美国政府合同所急需的独一或不寻常的技能或专业，而拥有个人安全许可或者可以授予个人安全许可的美国公民无法提供的特殊情况下，可以向这些非美国公民授予有限许可。"

2. 分类分级

人员安全许可分为绝密、机密和秘密三个级别，各级别人员安全许可可以接触与该级别相同或更低密级的定密信息。例如，拥有机密级人员安全许可的个人可以接触机密级和秘密级的定密信息。但如前所述，为了控制持有安全许可人员的数量，《手册》规定，承包商为其雇员申请人员安全许可的级别，必须以其工作需要接触的定密信息的密级为基础，而不得仅出于工作方便、个人原因或者其他原因而申请与其工作需要不一致的安全许可。

人员安全许可仅针对一般定密信息有效。由于特殊接触项目、敏感隔离信息等类型定密信息的特殊敏感性，美国在上述三级人员安全许可之外，还规定了几类特别的接触授权（Access Authorization），实施特殊保护。例如，有关人员接触原子能信息，便需要接触授权，《决定接触定密事项或者特殊核材料的标准和程序》对该接触授权的定义是："就个人有资格接触涉密事项或者有资格接触、控制特殊核材料的行政决定。"接触授权与安全许可从性质上讲，均系就是否授予接触、知悉某类定密信息资格作出的行政决定，因此，在一些行政规定中，如无特别说明，两者也被统称为安全许可。两者也存在区别，接触授权一般仅针对特殊类型的定密信息，例如特殊接触项目、敏感隔离信息。仅有少数接触授权与安全许可在功能上重叠，兼具安全许可的功能，例如，持有针对原子能信息的 L 级授权，既可以接触、知悉一定类型的原子能信息，又可以接触、知悉机密级安全许可所允许接触、知悉的信息。

其他接触授权则基本上是在安全许可的基础上针对特定信息的授权，获得接触授权的人员已经获得安全许可。下面对几个主要的接触授权作简要介绍。

（1）L 级授权。针对原子能信息的接触授权，持有本授权可以接触、知悉秘密级限制使用数据、被确认为类型二、类型三的特殊核材料（Special Nuclear Material，SNM），还可以接触、知悉机密级安全许可所允许接触、知悉的信息。

（2）Q 级授权。同为针对原子能信息的接触授权，比 L 级授权高一级，持有本授权可以接触绝密级和机密级的限制使用数据、被确认为类型一的特殊核材料以及 L 级授权所允许接触、知悉的信息，还可以接触、知悉绝密级安全许可所允许接触、知悉的信息。

（3）QX 和 LX 授权。同为针对原子能信息的接触授权，分别可以接触、知悉机密级限制使用数据和秘密级限制使用数据。

（4）SCI 授权。持有本授权可以接触、知悉敏感隔离信息。

（5）CRYPTO 授权。持有本授权可以接触、知悉密码信息。

（6）COMSEC 授权。持有本授权可以接触、知悉通信安全信息。

（7）SIGMA 授权。持有本授权可以接触、知悉核武器数据信息。

（8）SAP 授权。持有本授权可以接触、知悉特殊安全项目信息。

（9）NATO 授权。持有本授权可以接触、知悉北大西洋公约组织信息。

3. 最小化原则

为了将有限的行政资源集中用于对人员安全许可的审查和对已获得许可人员的管理，《手册》在人员安全许可数量方面规定了最小化原则。《手册》规定："承包商应根据合同义务和本《手册》其他要求，将申请人员安全许可的雇员人数降低到保证行动效能所必需的最低限度。不能仅为了储备拥有人员安全许可的人力资源而为其雇员申请安全许可。"此项规定的目的，一方面是保护定密信息安全。因为知悉定密信息的人数越多，定密信息泄露的风险便越大，因此有必要加以控制。另一方面，是节约行政资源。在授予人员安全许可之前，要对申请人进行调查、裁定；授予之后，还要对其进行管理。如果人员数太多，有关主管机构将难以负担。

4. 有效期

通常情况下，持有人员安全许可的个人只要被取得机构安全许可的机构雇佣，且可以合理预期需要知悉定密信息，该安全许可便一直有效。但为防止持有安全许可人员的过度膨胀，机构安全官被要求持续审查拥有安全许可人员的数量，并在可能的情况下予以削减。持有安全许可人员还会定期接受再调查，对于绝密级人员，至少每 5 年一次，机密级人员至少每 10 年一次，秘密级人员至少每 15 年一次。

4.6　美国能源部对承包商的要求

美国能源部指令《部门指令程序》（DOE O 251.1D），将指令确立为设定、传达和制度化部门要素和承包商的政策、要求、责任和程序的主要手段。指令有助于实现能源部的战略和运营目标，还有助于确保安全、可靠、高效且经济的运营，并符合适用的法律要求。指令促进整个指定经营实体的业务一致性，并促进健全的管理。一言以蔽之，《部门指令程序》是类似我国公文写作规范的文件，仅适用于能源部内部。

依据《部门指令程序》，美国能源部在撰写部门指令时，所有对承包商要求的简明扼要地在附件 1《承包商要求文件》（Contractor Requirements Document, CRD）中提供。在适当的情况下，CRD 对承包商的要求和责任，必须符合指令中规定的对能源部人员的要求和责任。同时 CRD 必须是一个独立的文件，能够给予明确的指示，而不是简单地指示承包商遵循指令中的要求。这里的"承包商"是一个泛指的概念，不是针对某个具体合同中某个公司来写的。

4.6.1　CRD 的概念

在部门指令程序中开发和处理的要求文件，由能源部秘书或副秘书批准，如果对承包商的要求是必要的，这些要求必须包含在指令的附件1中，称为承包商要求文件（Contractor Requirements Document，CRD）。

4.6.2 CRD 实例

美国能源部在进行研发和其他科技活动的过程中产生科技信息。能源部指令《科学技术信息管理》（DOE O 241.1B）的目的是确保科学、技术和创新作为能源部使命的一部分得到适当管理，以促进科学知识和技术创新。因此，该指令的目标是：确定指定经营实体的要求和责任，以确保在法律、法规、行政命令、指定经营实体的其他要求以及项目需求和资源的范围内，部门科学、技术和创新得到适当的识别、传播、保存，并可供决策者、科学界和公众使用；为保护机密、非机密受控核信息（UCNI）和受控非密信息（CUI）提供高水平的要求，以便在法律、法规、行政命令和其他能源部要求的情况下保护科学、技术和创新。该指令适用于包含与研发或其他科学技术努力相关的发现、分析或结果的科学、技术和创新；由能源部资助的工作产生或利用能源部设施执行；发起者打算被出版或传播等情况。

科学、技术和创新的透明度和可获得性有助于继续推进健全的科学和技术基础，以帮助指导和通报国家的关键公共政策决定，推进美国的国家、经济和能源安全；促进完成指定经营实体的任务目标，并使公共价值最大化。科学、技术和创新以各种媒体制作，如文字、视听、多媒体和数字媒体，并作为技术报告传播；会议论文和发言；期刊文章；期刊论文；专利；科技软件；等等。大多数由能源部资助的科学、技术和创新是可公开发布的，一小部分要求限制访问。必须对科学技术信息进行审查后才能酌情向公众发布。可能被定密的科学技术信息必须进行分类审查。必须审查潜在受控非密信息（如防扩散、国家安全、出口控制、知识产权或受保护的个人身份信息和隐私）的科技创新，以识别此类信息。包含机密、非机密受控核信息（UCNI）或受控非密信息（CUI）的科学、技术和创新必须按照部门指令进行标记。在向 OSTI 提供科技创新之前，科技创新发布官员必须确保根据法律、法规、行政命令和/或其他部门要求应用了适当的公告和可用性限制。总部和外地单位必须指定一个正式的科技创新联络点（如技术信息官员），与 OSTI 协调科技创新，参加指定经营实体的科技信息计划（STIP），并担任或指定一名科技创新发布官员。包括NNSA在内的总部资助研究或制定影响科学、技术和创新政策的部门，必须委派一名高级官员根据需要处理科学、技术和创新政策问题。在传播之前，科学、技术和创新必须有明确的标志，以区分代表指定经营实体官方立场的机构发布的信息和由指定经营实体资助的 R & D 或相关活动产生的信息。能源部资助的科技创新必须包括赞助计划的归属。表明项目赞助的措辞应包括美国能源部、美国能源部项目办公室和该项目办公室资助研究的子项目。

该能源部指令《科学技术信息管理》（DOE O 241.1B）的附件1即为"承包商要求文件"（CRD）。在该 CRD 的开头部分即指明：无论工程的执行者是谁，承包商都有责任遵守 CRD 的要求。承包商负责将本 CRD 协议的要求下达到任何层级的分包商，以确保承包商符合要求。

在履行能源部合同义务的过程中，要求每个承包商将根据合同产生的科学技术信息作为工作的直接和不可分割的一部分进行管理，并通过向能源部的中央科学技术信息协调办公室（OSTI）提供科学技术信息，确保其广泛提供给所有客户群体。

除此之外，承包商必须做到以下几点：

1. 任命一个能够在能源部科学技术创新计划（STIP）中代表其组织联系人的人员，担任科学技术创新发布官员或指定发布官员，负责确保所有创新和公告通知得到适当的审查和标记。

2. 实施一个网站计划，以识别、区分优先顺序，并向 OSTI 能源部提供原始网站认为有用的科技创新产品。例如，科技创新产品是项目旨在出版或传播的可交付成果，无论科技创新是可公开发布的、受控非密信息，还是在这些产品根据法律、法规、行政命令或部门要求经过适当的机构审查后进行定密。具体来说：

（1）为 OSTI 的每一种科技创新产品提供一个电子版。指令的附件4提供了可供使用的人工智能列表以及每个人工智能所需的元数据元素。

（2）确保每个科技创新产品都采用适合自动索引系统的电子格式。

（3）确保每种科技创新产品要么提交给 OSTI，要么公开发布在网站上并确保 AN 为相应的科学技术信息项目提供唯一的永久标识符，或者提供其他可用性信息。

3. 审查根据合同生成的科学技术信息，以确定适当的发布和处理方式，并应用任何必要的法定或程序驱动的公告或可用性限制，包括与防扩散、国家安全、出口控制、知识产权、受保护的个人身份信息和隐私有关的限制。此外，将所有必要的限制性标记应用于科学技术信息产品，包括任何必要的法律免责声明，对于由能源部资助的工作产生的科学技术信息产品，需要确定赞助者。

4. 修改先前宣布或提交给 OSTI 的科学技术信息时，通知 OSTI，例如更改访问限制或内容更正。另外，当从提供了与 OSTI 永久链接的网站上永久删除科学技术信息时，请通知 OSTI，以确保能源部继续提供适当的可用性和保护。

5. 在实施现场科学技术信息计划时，请参考最佳做法和美国国家档案暨记录管理局（NARA）批准的 DOE 计划记录时间表。

4.7　典型案例

4.7.1　著名科学家因涉嫌间谍、欺诈和税款被判入狱 13 年

1. 案例描述

54 岁的科学家斯图尔特·大卫·诺泽特（Stewart David Nozette）曾在能源部、国防部、国家航空航天局和白宫国家空间委员会工作，因企图从事间谍活动、阴谋诈骗美国和逃税被判处 13 年监禁。

该判决涵盖了两起案件的指控。在其中一个案件中，诺泽特于 2011 年 9 月承认试图从事间谍活动，因为他向一个他认为是以色列情报官员的人提供了机密信息。在另一起案件中，他于 2009 年 1 月对欺诈和税收指控认罪，这些指控源于他向政府提交的超过 26.5 万美元的虚假申报。除了监禁，诺泽特还需要向政府机构支付超过 217000 美元的赔偿。

诺泽特自 2009 年 10 月 19 日因试图从事间谍活动被捕以来一直被拘留。当时，他正在等待欺诈和逃税指控的判决。联邦调查局特工在一次秘密行动后逮捕了诺泽特，在这次行动中，他三次提供机密材料，其中一次是他认罪的基础。他随后被联邦大陪审团起诉。起诉书没有指控以色列政府或代表以色列政府行事的任何人在本案中犯有美国法律规定的任何罪行。

诺泽特获得了麻省理工学院的行星科学博士学位。至少从1989年开始，他在美国政府中担任敏感和高级职位。他曾以各种身份代表政府在国防和太空领域开发最先进的项目。例如，在他的职业生涯中，诺泽特曾在白宫的总统行政办公室——国家航天委员会工作。他也是美国能源部劳伦斯·利弗莫尔国家实验室的物理学家，在那里他研发了高度先进的技术。

诺泽特是竞争技术联盟（ACT）的主席、财务主管和董事，该联盟是他在1990年3月组织的非营利组织。2000年1月至2006年2月期间，诺泽特通过他的公司澳大利亚首都直辖区，与几个政府机构签订了开发高度先进技术的协议。诺泽特在华盛顿特区的美国海军研究实验室（NRL）、弗吉尼亚州阿灵顿的美国国防高级研究计划局（DARPA）和马里兰州格林贝尔特的美国国家航空航天局戈达德太空飞行中心进行了一些研究和开发。

在这起欺诈和税收案件中，诺泽特承认，2000—2006年，他利用澳大利亚首都地区欺骗美国国防高级研究计划局和美国国家航空航天局，提出并提交了超过265000美元的欺诈性报销申请，其中大部分已经支付。他还承认，2001—2005年，他故意逃避超过20万美元的联邦税收。此外，他承认使用澳大利亚首都直辖区（因其非营利地位而免税的实体）来获得收入和支付个人费用，如抵押贷款、汽车贷款、轿车服务和其他项目。关于澳大利亚首都直辖区的调查，导致调查人员怀疑诺泽特滥用政府信息。

1989—2006年，诺泽特获得了最高机密的安全审查，并定期、频繁地访问与美国国防有关的机密信息和文件。2009年9月3日，一个自称是以色列摩萨德情报官员的人通过电话联系了诺泽特，但事实上他是联邦调查局的秘密雇员。同一天，诺泽特通知这名卧底员工，他"一直到最高机密敏感隔离信息"都有许可，而且"美国在太空中做的任何事情我都见过"。他表示，他将向一个国家提供金钱和外国护照的机密信息，而不会引渡到美国。接下来的几周，一系列接触接踵而至，包括会议和交流，诺泽特在会上拿走了联邦调查局在预先安排的卸货地点留下的1万美元现金。诺泽特提供了与国防有关的涉密情报。其中一些信息直接涉及卫星、预警系统、针对大规模攻击的防御或报复手段、通信情报信息和防御战略的主要要素。2009年10月19日，诺泽特和这名卧底员工在五月花酒店进行了最后一次会面。在那次会议上,诺泽特要求为他透露的秘密获得更多的报酬,并宣称,"即使在第一次运行中,我也给了你一些最机密的信息……"诺泽特在发表这些声明后不久就被捕了。

2. 案例评价

(1) 美国律师马晨:斯图尔特·D.诺泽特的贪婪超过了他对我们国家的忠诚,他同意把国家机密卖给一个他认为是外国特工的人,浪费了他的才华,也毁了他的名声。他在狱中的时间将为他提供充分的机会来反思他背叛美国的决定。

(2) 助理司法部长摩纳哥:斯图尔特·D.诺泽特背叛了他的国家和对他的信任,他试图出售一些美国最严密保护的秘密来牟利。今天,他得到了他应得的正义。正如这起案件所表明的那样,我们将保持警惕,保护美国的秘密,并将那些泄露秘密的人绳之以法。

(3) 首席副助理司法部长迪奇科:如本案所示,那些试图通过滥用非营利实体免税地位逃税的人将受到调查、起诉和惩罚。

(4) 负责麦克琼金(McJunkin)的助理主任:今天的判决表明,间谍活动仍然是对我们国家安全的严重威胁,美国联邦调查局(FBI)和我们在国防和情报界的合作伙伴每天都在努力防止敏感信息落入坏人之手。

(5) 美国国家航空航天局监察长马丁:我们感到特别自豪的是,美国国家航空航天局OIG对诺泽特的欺诈调查始于2006年,成为进一步调查和今天结果的催化剂。

(6) 联邦特工:联邦特工宣誓保护我们的国家不受国内外任何敌人的侵犯,这将包括斯图尔特·诺泽特这样的内部威胁……找到并追究像诺泽特这样将个人利益置于国家安全之上的人的责任。

4.7.2 美俄双重国籍公民向俄罗斯军方非法出口受管制技术

1. 案例描述

美国和俄罗斯双重国籍公民亚历山大·菲申科(Alexander Fishenko)在2015年9月9日认罪后,今天被判处10年监禁,并下令没收超过50万美元的犯罪所得。菲申科承认在没有事先通知总检察长的情况下,充当俄罗斯政府在美国境内的代理人,密谋向俄罗斯出口和非法出口受管制的微电子产品,密谋洗钱和妨碍司法公正。

菲申科和另外 10 个人以及电子公司（ARC）和顶点系统有限责任公司（Apex）两家公司于 2012 年 10 月被起诉。5 名被告先前认罪，3 人于 2015 年 10 月受审后被定罪，3 人仍然在逃。ARC 现已失效，总部位于俄罗斯的采购公司 Apex 未派任何相关人员出庭。

1998 年，菲申科创立了 ARC，并担任 Apex 的高管。大约在 2008 年 10 月至 2012 年 10 月期间，菲申科策划了一个阴谋，从美国国内的制造商和供应商那里获得先进的技术尖端微电子技术，并将这些高科技产品出口到俄罗斯，同时逃避为控制此类出口而建立的政府许可制度。这些商品具有应用性，并经常用于广泛的军事系统，包括雷达和监视系统、导弹制导系统和引爆触发器。俄罗斯国内没有生产许多这种尖端商品。2002 年至 2012 年期间，ARC 向俄罗斯运送了价值约 5000 万美元的微电子和其他技术。ARC 最大的客户，包括 Apex 子公司是俄罗斯国防部经过认证的军事装备供应商。

为了诱使制造商和供应商将这些高科技产品出售给 ARC，并逃避适用的出口管制，菲申科及其同谋提供了与购买这些货物有关的虚假最终用户信息，隐瞒了他们是出口商的事实，并将出口货物错误地分类在提交给商务部的出口记录上。

ARC 产品的最终接受者包括俄罗斯内部安全局的一个研究单位，一个为俄罗斯建立空中和导弹防御系统的实体，另一个为俄罗斯国防部生产电子战系统。

2. 案例评价

（1）该案助理总检察长卡林：亚历山大·菲申科非法向俄罗斯军方下属企业运送了数百万美元的高科技产品，这显然违反了美国法律。出口法作为我们国家安全框架的重要组成部分而存在，保护国家资产不落入我们潜在对手之手是我们的首要任务之一。

（2）美国检察官卡珀斯：美国出口法的存在是为了遏制危险军事技术在海外的扩散，但菲申科在非法担任俄罗斯政府代理人时，为了个人私利而藐视这些法律。今天的判决向其他人发出了一个强有力的威慑信息，他们喜欢菲申科和他的同谋，愿意为了个人经济利益而牺牲美国的国家安全。

4.7.3 前承包商试图向伊朗输送美国军事技术

1. 案例描述

时年 61 岁的莫扎法尔·卡扎伊（Mozaffar Khazaee），原籍康涅狄格州曼彻斯特市，被判处 97 个月监禁与 5 万美元的罚款，因为他试图向伊朗发送与美军喷气发动机有关的高度敏感、专有、商业机密和出口管制的材料，违反了《武器出口管制法》，这些信息是他从他以前受雇的多个美国国防承包商那里偷来的。

根据法庭文件和在法庭上所作的陈述，在 2001—2013 年间，卡扎伊是伊朗和美国的双重公民，拥有机械工程博士学位，受雇于三个独立的国防承包商。至少从 2009 年至 2013 年年底，卡扎伊主动提出提供他从美国雇主那里窃取的贸易秘密、专有和出口受控的国防技术，以便在伊朗国有技术大学就业。

从 2009 年底开始，卡扎伊通过电子邮件与一名伊朗个人通信，他试图向其发送，在某些情况下，他确实发送了包含与联合打击战斗机（JSF）计划有关的商业机密、专有和出口管制材料的文件。在一封电子邮件中，卡扎伊说，他所附的材料"非常受控……我冒了很大的风险"。卡扎伊指示在伊朗的接收者"下载后立即删除一切"。

对卡扎伊计算机媒体的分析，还披露了 2009—2013 年底的求职信和申请文件，卡扎伊将这些信件和申请文件发送到伊朗的多所国有技术大学。在这些材料中，卡扎伊说，作为美国国防承包商在各种项目的"首席工程师"，他学会了"可以转移到我们自己的工业和大学的关键技术"。卡扎伊说，他想"搬到伊朗去"，他"正在寻找在伊朗工作的机会"，他有兴趣"把我的技能和知识传授给祖国"。

2013 年 11 月左右，卡扎伊在康涅狄格州居住期间，试图向伊朗运送一个大型集装箱。这批货物包括许多箱子和计算机媒体上数千份高度敏感的技术手册、规格表、测试结果、技术图纸和数据以及其他与美军喷气发动机有关的专有材料，包括与美国空军"F35 JSF"项目和"F-22 猛禽"有关的材料。被截获的货物中的材料是从卡扎伊工作的美国国防承包商那里偷来的，许多文件都醒目地标有严格的出口管制警告。卡扎伊没有申请，也没有获得任何出口任何文件的许可证，向伊朗出口或企图向伊朗出口此类材料是非法的。

2014年1月9日,卡扎伊在机场被捕。在卡扎伊的托运行李和随身行李上执行的搜查令显示,还有一些硬拷贝文件和计算机媒体,其中载有与美军喷气发动机有关的敏感、专有、商业机密和出口管制文件。卡扎伊还被发现持有59945美元尚未申报的现金,他将其分成约5000美元的增量,并藏在随身行李的不同地方的多个银行信封中。

卡扎伊窃取并试图转移到伊朗的硬拷贝和电子材料共约5万页,并得到了美国空军和受害者防御承包商的专家的审查。除了与"JSF计划"和"F-22猛禽"有关的材料外,卡扎伊还拥有许多其他美国军用发动机项目的文件,包括"V-22鱼鹰"、"C130J大力神"和"全球鹰"发动机计划。卡扎伊总共寻求出口大约1500份包含商业机密的文件和大约600份载有高度敏感国防技术的文件。

根据美国空军和受害者防御承包商的分析,卡扎伊窃取的技术数据将帮助伊朗在学术和军用涡轮发动机研发方面"跃进"十年或更多年,将他们对此类技术的投资减少10亿至20亿美元,并可能提高其武器系统的开发和有效性。

卡扎伊自2014年1月9日被捕以来一直被拘留。2015年2月25日,他承认一项违反《武器出口管制法》从美国非法出口和企图出口国防物品的罪名。

2. 案例评价

(1) 助理司法部长卡林:卡扎伊利用他获得国家安全资产的特权,窃取高度敏感的军事技术,意图将其提供给伊朗。违反《武器出口管制法》,特别是那些试图向外国转让敏感国防技术的行为,是我们面临的最重要的国家安全威胁之一,我们将继续利用刑事司法系统来预防、对抗和破坏这些威胁。

(2) 美国检察官戴利:卡扎伊窃取并试图向伊朗发送大量包含高度敏感美国国防技术的文件,从而背叛了他的国防承包商雇主和美国的国家安全利益。美国公司正无情地成为那些试图窃取我们的知识产权、商业机密和先进国防技术的人的目标——无论是通过计算机黑客还是网络入侵,还是通过内部员工或流氓员工。正如本案所表明的,我们将积极调查和追究那些试图从美国工业窃取商业机密和军事技术的人的责任,无论是为了他们自己的私利还是为了外国行为者的利益。

（3）负责埃特雷的特工：阻止像卡扎伊这样的人向外国提供美国军事技术对我们国家安全利益至关重要，从法庭记录中可以清楚地看出，此人意图损害美国在国内外的利益。HSI 将继续与我们的联邦执法合作伙伴合作，确保先进的美国军事技术不会被盗和非法出口用来造福于外国实体。

（4）助理主任科尔曼：卡扎伊先生滥用信任和责任的职位，窃取了国防承包商开发我们一些最先进的飞机时所掌握的商业机密和敏感信息。他的行动可能使我们的国家安全处于危险之中。停止他的计划，并追究他的背叛责任是整个政府的努力。我们将利用一切可用的法律手段，通过窃取我们的技术知识来追捕愿意帮助我们对手的个人。

（5）负责鲁珀特的特工：这次调查和今天对卡扎伊先生的宣判所掌握的证据表明，非法出口敏感文件和技术可能会对美国造成伤害。DCIS 与我们的合作伙伴机构一起，继续优先开展这些调查，以减少对美国作战人员的任何不利影响，并保护美国在国防领域的投资。

（6）负责安格利的特别探员：这个案子是由许多联邦执法机构和美国检察官办公室之间出色的团队合作促成的，关键是能够利用空军采购界提供高价值技术评估标的物的专家。虽然本案的结案消除了这一特定人员的威胁，但也突出了继续和更加警惕地保护我们关键技术的必要性。

（7）负责麦肯纳的特别代理：今天的判决表明，美国商务部和其他联邦执法伙伴正在通力合作，共同防止敏感的美国原产地技术落入坏人之手。

本章小结

由于美国发达的市场经济体制，其科技秘密不止被政府机构的涉密人员所掌握，与政府订约从事科技保密项目的科研机构及社会一般从事科技开发的企业都掌握有大量的科技秘密。为了有效地控制科技秘密的泄露，经过多年的发展，美国从多角度、全方位构建了较为完善的科技保密法律体系。

美国并没有单独的行政法规，而是通过总统令、保密法规或部门规章的形式来体现科技保密的要求。如美国的 12829 号总统令、《美国工业安全计划》、能源部指令等。

美国政府在将涉密项目委托给企业去承担时，为使订约单位能够保证秘密信息的安全，专门制定了《国家工业安全计划》。该计划的目的是"保护联邦政府提供给合众国政府订约单位、执照持有单位和被授权单位的秘密信息的安全"。美国政府在将这些合约、执照或授权颁发给非政府组织时，这些组织有可能需要接触包含于其中的秘密信息。该计划从国家安全的角度出发，提出了政府组织与外界接触中对秘密信息的保护方案，并要求达到与政府部门内部一样的保密方式。

《美国工业安全计划》作为一项完整和综合的工业安全方案来保护涉密信息，以保障国家的经济与科技利益。美国还颁布了《国家工业安全方案操作手册》，其中详细规定了秘密信息的定密、保护、安全培训、访问与会议中的秘密信息保护、自动信息系统的安全等内容。

在科技保密的道路上，美国也在不断地反思与更新。例如《国家工业安全计划》本来只是国防部的一个指令，但自今年起，被纳入了《联邦法规》（CFR），在法律层面上规定承包商的行为，充分证明了美国对科技保密工作的重视也日益提高。

关键词

美国　科技保密　国防科技　承包商　国家工业安全计划　基础研究安全

第 5 章

英国科技保密工作体制

章首开篇语

英国是近代工业革命的发源地,一系列技术革命推动了从手工劳动向机器大生产的重大飞跃,牛顿、达尔文、瓦特和法拉第等科学家建立了经典力学体系、进化论、电磁学等科学理论,奠定了近代科学和现代科学坚实的基础。但 19 世纪后期,英国逐渐丧失科技领先地位,美国取代英国成为世界科技创新中心。20 世纪晚期,英国政府重新聚焦于科学研究和创新,通过制定科技规划、加大研究与创新的公共投资、构建良好的创新生态系统、注重优秀科技人才的培养、注重科技成果的转化和应用等措施,走在全球科学探索和新兴技术的前沿,成为世界上科技最先进的国家之一。英国科技的迅速发展,离不开科技战略规划的制定实施、完善的科研项目管理和全方位的科技保密工作体制。

本章重点问题

- 英国科技计划的全过程管理
- 英国科技项目管理模式
- 国防部科学技术战略
- "X 清单"制度

5.1　英国科技计划的全过程管理

5.1.1　英国科技计划的发展历程

自20世纪90年代开始，为了保持在世界科技创新领域中的优势地位，英国政府开始积极制定科技政策和战略规划，在国家层面对科技发展创新进行顶层设计，明确国家科技创新的总体思路和发展目标，完善科技创新体制。1993年5月，英国内阁（Cabinet Office）发表了《实现我们的潜能：科学、工程和技术战略》（Realising our Potential: a Strategy for Science, Engineering and Technology）白皮书，这是英国政府首次制定国家科技规划，该白皮书对5—10年后的科技发展前景进行了分析和预测，同时分析了可能影响科技进步和经济发展的阻碍因素，为政府制定科技发展战略提供了重要依据，在一定程度上为研发活动指明了发展方向。

2004年6月，英国政府制定了历史上第一个中长期科技发展规划——《2004—2014年科学与创新投资框架》（Science and Innovation Investment Framework 2004-2014）。该框架规定了政府在2004—2014年十年间对英国科学和创新的雄心，特别是它们对经济增长和公共服务的贡献，以及能够实现这一目标的研究系统的特性和资金安排，其主要目标是使英国成为全球经济的关键知识枢纽，同时成为将知识转换成新产品和服务的世界领先者。

但2008年金融危机后，英国经济增长速度远远低于预期，实现10年框架提出的投入目标困难较大，仅能保持每年46亿英镑的资源性科学预算水平，对资本性科学预算进行了大量削减。深陷经济低迷的英国将科技创新视为实现经济复苏的唯一出路。英国政府在不同场合都强调把创新作为经济增长的核心，强调要保持英国科学研究在全球的领先地位，并积极推进研究和创新的商业化。

2011年12月，英国政府出台了《以增长为目标的创新与研究战略》（Innovation and Research Strategy for Growth），对英国研究与创新发展做了全面部署，提出政府要从发现与开发、创新型企业、知识和创新、全球合作和政府的创新挑战等五大方面采取措施，完善创新体系建设，发挥创新生态系统的整体效能，驱动经济发展。措施包括：（1）发现与开发。大力资助"蓝天研究"，即由好奇心驱动的基础研究，尤其是对新兴技术领域进行重点投资，比如生命科学、太空技术等具有广泛前景的领域。（2）创新型企业。推出多项扶持企业研发的政策措施，为企业创新活动营造良好的外部环境。（3）知识和创新。促进不同创新主体之间的合作和知识分享，进而提高整个创新生态系统的活力和效能。（4）全球合作。推动国际科技合作的发展，积极将英国的优势技术推广到世界各国。（5）政府的创新挑战。通过开放数据、简化手续、政府采购等政策措施成为创新的推动者，消除阻碍创新的障碍。

2014年12月，英国商业、创新与技能部（The Department for Business, Innovation and Skills, BIS）发布了《我们的发展计划：科学和创新》（Our Plan for Growth：Science and Innovation），这是英国科技创新的一项长期战略规划，目的是使英国成为世界上最好的科学和商业场所。该科技规划提出了决定发展优先事项、加强科学人才培养、继续投资科学基础设施、大力支持科学研究、继续推动创新和积极参与全球科学和创新六方面内容。

2017年11月，英国商业、能源与工业战略部（Department for Business, Energy & Industrial Strategy, BEIS）制定并发布了《工业战略：建设适合未来的英国》（Industrial Strategy：Building a Britain Fit for the Future），提出了推动英国处于未来工业前沿的四个重大挑战，分别是人工智能和数据经济、绿色增长、未来流动性和老龄化社会。2020年7月，商业、能源与工业战略部制定了《英国研发路线图》（UK Research and Development Roadmap），其目的是在英国范围内进一步加强科学、研究和创新，使其成为解决我们面临的主要挑战的核心，包括实现净零碳排放、建立弹性对气候变化的影响、缩小生产力差距和拥抱新技术的变革性潜力来提高生活质量。《英国研发路线图》强调了政府研发的长期目标是：成为一个科学超级大国，投资科学和研究，这将在未来几十年在英国带来经济增长和社会效益，并为未来的新产业奠定基础。这一计划得到了史无前例的预算承诺的支持，即到2024—2025年，研发方面的预算将增加到220亿英镑。2020年8月英国创新部（Innovate UK）发布了《2020—2024年创新战略设计》（Design in Innovation Strategy，2020-2024），旨在鼓励和支持创新中的优秀设计。该策略概述了良好设计促进业务和经济发展的四种方式：提供更有价值的成果、降低创新风险、加速扩大规模和改善业务绩效。

在国防科技方面,2017 年国防科学技术部(Defence Science and Technology,DST)发布了《国防部科学技术战略》(MOD Science and Technology Strategy 2017),该战略列出了国防部新的核心研究组合的组成部分、英国国防和安全所需的科学和技术能力以及与工业、学术界和国际合作伙伴合作的重要性。2019 年 9 月,国防部发布了《国防技术框架》(Defence Technology Framework)和《国防创新优先事项》(Defence Innovation Priorities)。《国防技术框架》将为国防政策、战略和投资计划提供信息并制定其思路,帮助英国外部合作伙伴了解要求,并为加深英国安全与繁荣的参与提供基础,《国防创新优先事项》提出了五个优先事项:即整合所有领域的信息和物理活动,提供敏捷的命令和控制,在有争议的领域中操作和交付效果,国防人员、技能、知识和经验和模拟未来战场空间的复杂性。2020 年 10 月,国防部发布了《国防部 2020 年科技战略》(MOD Science and Technology Strategy 2020),该战略概述了国防部通过科学技术确保未来优势的愿景。

5.1.2 英国科技计划的管理体制

1. 商业、能源与工业战略部

商业、能源与工业战略部(Department for Business,Energy & Industrial Strategy,BEIS)由商业、创新和技能部(The Department for Business,Innovation and Skills,BIS)和能源与气候变化部(Department of Energy & Climate Change,DECC)在 2016 年 7 月合并而成。商业、能源与工业战略部的职责包括:商业、工业战略、科学研究和创新、能源和清洁增长、气候变化。商业、能源与工业战略部下属的政府科学办公室(the Government Office for Science,GO-Science)、英国研究与创新局(UK Research and Innovation,UKRI)、先进研究和发明机构(The Advanced Research & Invention Agency,ARIA)是英国科技计划的主要管理部门。

(1)政府科学办公室

政府科学办公室(GO-Science)为首相和内阁成员提供建议,以确保政府的政策和决定得到最好的科学依据和战略性的长期思考。其职责包括:a. 通过政府首席科学顾问反映优先事项的项目计划,向首相和内阁成员提供科学建议;b. 确保和改善政府中科学证据和建议的质量和使用

（通过建议和项目，以及在官员与科学界之间建立和支持联系）；c. 通过突发事件科学咨询小组（SAGE），为突发事件提供最佳的科学建议；d. 帮助独立的科学技术委员会为首相提供高层次的建议；e. 通过未来和前瞻支持政府的战略性长期思维；f. 发展政府科学与工程（GSE）专业。政府科学办公室对涉及政府政策的广泛主题进行研究和委托研究，其主要工作包括：每年都会制作一份年度主题报告，以反映政府首席科学顾问的优先事项；发布"Blackett"评论，Blackett评论是由专家主导的独立研究，旨在回答特定的科学或技术问题，并为决策者提供信息；制定前瞻项目（Foresight），前瞻项目是一项深入研究，着眼于未来20—80年的重大问题，每年选择2—3个重点主题进行重点主题领域或产业领域的前瞻预见分析；对动植物健康和技术期货等主题进行不定期研究，并就新兴问题提供一次性报告。

（2）英国研究与创新局

英国研究与创新局（UKRI）成立于2018年4月1日，是英国投资科学研究的国家资助机构，它在整个英国开展业务，与大学、研究机构、企业、慈善机构、公共部门机构等展开广泛的合作，为研究和创新蓬勃发展创造最佳的环境，以提高科研和创新能力、为英国服务。其愿景是在英国建立出色的研究与创新体系，使每个人都有机会贡献自己的利益，从中受益，丰富当地、国内和国际的生活，该机构的使命是召集、促进和投资与其他方面的密切合作，以建立一个繁荣、包容的研究和创新体系，将发现与繁荣和公共利益联系起来。总预算超过70亿英镑，政府承诺到2027年将研发投资提高至国内生产总值（GDP）的2.4%。英国研究与创新局汇集了7个研究委员会、英国创新局（Innovate UK）和英国研究局（Research England），详见表5-1。

表5-1　　　　　　　　英国研究与创新局机构组成

英国研究与创新局理事会	活动领域
艺术与人文研究委员会（AHRC）	艺术与人文
生物科技与生物科学研究委员会（BBSRC）	生物技术和生物科学

续表

经济与社会研究委员会（ESRC）	社会科学
工程与物理科学研究委员会（EPSRC）	工程和物理科学
医学研究委员会（MRC）	旨在改善人类健康的医学和生物医学
自然环境研究委员会（NERC）	环境及相关科学
科学与技术设施委员会（STFC）	天文学、粒子物理、空间科学、核物理以及与本专栏所列任何活动领域有关的研究设施的提供和操作
英国创新局（Innovate UK）	企业主导的创新
英国研究局（Research England）	支持英国高等教育提供者提供研究和知识交流

英国创新局（Innovate UK）是技术战略委员会（Technical Strategy Board）的运营名称。该机构通过支持企业开发和实现新想法的潜力，包括来自英国世界级研究基地的想法，来推动生产力和经济增长。该机构的主要工作任务包括：a. 我们以业务为重，通过与公司合作降低风险、促进和支持创新来推动增长；b. 我们将业务与合作伙伴、客户和投资者联系起来，可以帮助他们将创意转化为商业上成功的产品和服务以及业务增长；c. 我们为业务和研究合作提供资金，以加速创新并推动业务投资于研发；d. 我们为所有经济部门，价值链和英国地区的企业提供支持。英国创新理事会成员在商业、创业、投资、技术、经济等领域的研究和创新方面具有广泛的专长，并具有不同的特点和专业背景。英国创新局对英国科技计划的管理工作主要包括两方面：一是负责组织国家技术及产业发展战略的制订和推进，英国政府所有关于创新商业化方面的决策均由该机构进行。例如2012—2015年的能源战略（Energy Strategy 2012 to 2015）、2015年3月的《国家量子技术战略》（National Strategy for Quantum Technologies）等。二是作为英国最主要的针对技术创新商业化活动的资助机构，资助和主持着若干产学研合作研发计划。例如，技术与创新中心（TIC）的网络计划、小企业研究计划、"知识合作伙伴"计划（KTP），通过同行评议来自遴选并资助产学研机构合作申请的创新项目。

英国研究局（Research England）承担推动英国高等教育基金委员会（HEFCE）在研究和知识交流方面的责任，为英国大学建立一个健康、动态的研究和知识交流体系创造和维持条件。该机构负责英国研究与创新局在英国的仅与大学研究和知识交流有关的职能。这包括为英国大学提供研究和知识交流活动的赠款；与英国高等教育资助机构合作制定和实施卓越研究框架；监督英格兰高等教育研究基地的可持续性；管理价值9亿英镑的英国研究合作伙伴投资基金（UK Research Partnership Investment Fund）；并管理高等教育创新基金（The Higher Education Innovation Fund，HEIF）。

7个研究理事会分别是艺术与人文研究委员会（Arts and Humanities Research Council，AHRC）、生物科技与生物科学研究委员会（Biotechnology and Biological Sciences Research Council，BBSRC）、经济与社会研究委员会（Economic and Social Research Council，ESRC）、工程与物理科学研究委员会（Engineering and Physical Sciences Research Council，EPSRC）、医学研究委员会（Medical Research Council，MRC）、自然环境研究理事会（Natural Environment Research Council，NRC）、科学与技术设施委员会（Science and Technology Facilities Council，STFC）。英国研究与创新局集合了7个专门领域的研究理事会进行战略合作，其目的是为跨理事会的研究活动克服障碍，促进共同的人才培养、创新培育和国际合作工作。通过各专门领域研究理事会，可以保持和支持学科、行业特定优先事项和社区的创造力和活力，能够形成并提供部门和特定领域的支持。英国7个专门领域的研究理事会是英国竞争性研究项目的主要资助机构，负责各自专业领域内科技项目的审批和管理工作。各专门领域研究理事会作为独立法人，实际上是各自独立的管理，并分别向议会负责的。且每个理事会都有理事会成员，他们在战略发展和治理中发挥关键作用。理事会成员与他们的执行主席一起工作，以实现他们的理事会的宗旨和目标，并支持英国研究与创新局的总体使命。由于七个专门领域研究理事会都是专业性的，所以其长期资助研究所的分工更细，所以规模都不是很大。以规模最大的BBSRC各研究所为例，平均每个正规研究所的员工为200—300人，其余研究理事会的研究中心、研究单元人数甚至更少。相对较小的组织规模意味着简洁的组织结构，不仅提高了内部管理的效率，也促进各个专门领域研究理事会对研究成果、经费使用等进行监督。

（3）先进研究和发明机构

先进研究和发明机构（ARIA）是2021年2月19日由英国商业、能源与工业战略部部长夸西·克沃滕（Kwasi Kwarteng）宣布成立的一个新的独立研究机构，旨在资助高风险、高回报的科学研究。它将由世界著名的科学家领导，自由而迅速地识别和资助转型科学与技术。该新机构将帮助巩固英国作为全球科技超级大国的地位，同时塑造该国通过创新来更好地重建的努力。先进研究和发明机构拥有8亿英镑的预算，该机构的核心是能够灵活、快速地为英国最富开拓性的研究人员提供资金，以最好的方式支持他们的工作并避免不必要的官僚作风。它的试验包括计划拨款、种子资助和奖励激励的资助模式，并将有能力根据项目的成功与否启动和停止项目，在必要时重新安排资助。认识到在研究中，失败的自由通常也是成功的自由，它对失败的容忍度比正常水平高得多。

2. 国防部

根据2017年国防科学技术部发布的《国防部科学技术战略》（MOD Science and Technology Strategy 2017），可以将英国国防部（the Ministry of Defence，MOD）的职能分为两类，一是"上游"活动，即国防部的战略政策和决策活动，二是"下游"活动，即战略政策和决策活动的实施。在"上游"活动中，科技为国防提供了一个实验、发展理解、改进问题、解决方法和创新性地选择更明智的战略机会；在"下游"活动中，科技提供新颖的科学和先进的技术，使国防获得可获胜、可负担、连贯性的防御能力。因此，科技创新能力对国防部尤为重要。

国防部下属的国防科学技术（Defence Science and Technology，DST）、国防科学技术办公室（The Defence Science and Technology Laboratory，Dstl）、国防安全加速器（The Defence and Security Accelerator，DSA）和jHub国防创新（jHub Defence Innovation，jHub）是英国国防科技计划的主要管理部门。

（1）国防科学技术

国防科学技术（DST）在国防部首席科学顾问（Chief Scientific Adviser，CSA）的指导下工作，以最大限度地发挥科技对英国国防和安全的影响。国防科学技术为科技制定总体方向，制定政策以最大限度地发挥其影响力，为国际、跨政府和学术界制定优先事项，并管理与所有科技客户的联系。

（2）国防科学技术办公室

作为国防和安全领域科学技术的主要政府组织之一，国防科学技术办公室（Dstl）是国防部的执行机构，为国家和盟国提供世界级的专业知识和尖端科学技术。其职责包括：a. 为国防部和更广泛的政府提供敏感和专业的科技服务；b. 在国防部采购方面提供专家意见、分析和保证；c. 领导国防部的科学和技术计划；d. 通过视野扫描了解风险和机遇；e. 作为连接国防部、更广泛的政府、私营部门和学术界之间的可信赖接口，为英国及其盟国的军事行动提供科学和技术支持；f. 倡导和发展国防部的科学和技术技能。国防科学技术办公室为国防部和更广泛的政府部门提供专业服务，并与全球工业界和学术界的外部合作伙伴合作，提供专家研究、专家建议和宝贵的运营支持。国防部60%的科研项目是由国防科学技术办公室在世界范围内的工业和学术界的外部合作伙伴提供的。国防科学技术办公室通过计划管理客户的工作，并在可能的情况下使用外部供应商，例如2018年的水上系统计划（Above Water Systems Programme）、新型国防科技计划（Emerging Technology for Defence Programme）等。

（3）国防和安全加速器

国防和安全加速器（DASA）由国防大臣于2016年12月成立的跨政府组织和来自国防、安全、私营部门以及学术界等不同背景的近50人组成。它快速有效地发现并资助可利用的创新，以支持英国的国防和安全，并支持英国的繁荣。其愿景是英国通过世界上最具创新性的国防和安全能力来保持其对对手的战略优势。国防和安全加速器的职责主要有四点：a. 建立一个由政府、私营部门、学者和个人组成的创新网络，以捍卫安全，包括从未与我们合作过的人；b. 了解国防和安全利益相关方的要求，并帮助他们发掘、开发和利用创新思想，提供决策依据并找到应对挑战的潜在解决方案；c. 寻找、资助和支持工业，包括中小企业和学术界，将其创新思想发展成可为国防和安全客户开发的可利用产品和服务；d. 以新颖的方法和创新的方法进行实验，以快速提供最佳的解决方案。国防和安全加速器主要通过竞赛的形式来执行国防部的战略规划和科学计划，例如2021年的公开呼吁创新（Open Call for Innovation）。

（4）jHub国防创新

国防部战略司令部（Strategic Command，UKStratCom）下面的jHub国防创新（jHub Defence Innovation，jHub）是其创新中心，寻求创新和技术，以加强和改善英国武装部队的运作，它与国际国防组织、英国政府、贸易组织、学术界和其他寻求鼓励英国创新的机构密切合作。其中，jHub defence 充当了经纪人的角色，在新进入国防或政府领域的供应商和国防部与政府之间架起了桥梁，其工作任务主要有两方面：一是接触战略司令部内的用户以了解他们的需求；二是与供应商联系以确定机会和解决方案。

3. 科学技术委员会

科学技术委员会（The Council for Science and Technology，CST）在政府科学办公室秘书处的支持下，就整个政府的科学技术政策问题向首相提供建议。该委员会从3个方面为首相提供建议：一是科学、技术和颠覆性创新带来的机遇和风险，和使用视野扫描突出显示研究和科学能力、创新与经济、英国的健康和生活质量、可持续发展与复原力等方面的问题；二是通过教育、技能和促进国际合作来发展和维持科学、工程、技术和数学（STEM）；三是政府在科技上的高优先级发展领域是什么？该委员会有政府首席科学顾问和独立主席共同主持，每年在3月、6月、9月和12月召开四次季度会议。

5.1.3　英国科技计划的制定

英国科技计划可以分为国家科技规划和特定科技计划。国家科技规划是指英国政府从国家层面根据不同阶段制订的，集中体现了国家一段时期的科技目标和战略优先领域的综合性科技战略。例如2020年7月商业、能源与工业战略部制定的《英国研发路线图》、2020年8月英国创新部发布的《2020—2024年创新战略设计》。特定科技计划则是由具体的科研资助部门和执行机构来制定，是对国家科技规划的具体落实和体现。例如2015年3月英国创新局发布的《国家量子技术战略》、2020年10月国防部发布的《国防部2020年科技战略》。

1. 国家科技规划的制定

国家科技规划的制定过程主要分为以下三个环节：

首先，政府科学办公室（GO Science）将采用前瞻项目（Foresight）、未来项目组（GOS future group）和地平线扫描项目组（the Horizon Scanning Programme Team，HSPT）共同组织的对世界科技发展的最新趋势，以及本国的社会经济发展现状进行的相关调研，面向长期的机遇和挑战，在战略层面对未来的科学技术战略进行可预见性分析并提供建议。进行远期的战略预见与建议分析。

其次，政府科学办公室和商业、能源和工业战略部（BEIS）将听取来自英国四大科学院、英国研究与创新局、先进研究与发明机构、企业等不同机构的不同领域的科学家、企业界人士的咨询建议，确定对英国未来发展有重大影响的关键科技领域，提出今后的科技规划咨询报告，提交科技界和公众公开咨询（一般在政府科学办公室和商业、能源和工业战略部的官方网站同时发布，并公布最后截止日期）。

最后，政府首席科学顾问（Government Chief Scientific Adviser，GCSA）以及政府各部门的首席科学顾问依据公开咨询的结果，将政府各部门作为一个整体考虑，加强科技战略规划的顶层设计，确立科技优先领域和制订战略。提交内阁审议通过后，一般由内阁办公室和商业、能源、工业战略部对公众公开发布，详见图 5-1。

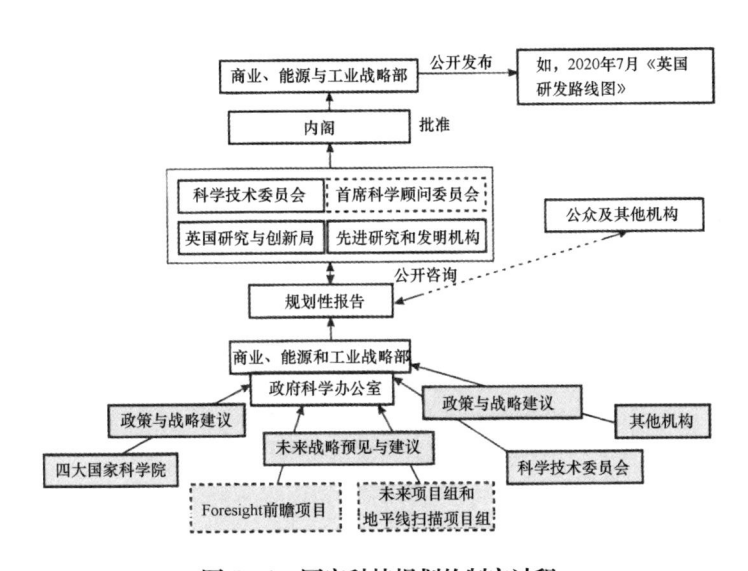

图 5-1　国家科技规划的制定过程

2. 特定科技计划的制定

英国特定科技计划的制定过程分为以下几个环节：

a. 初步酝酿与动议。通常由皇家学会等四大国家科学院、科学技术委员会（CST）以及其他咨询机构、智库、大学和研究机构，组织一个来自各相关方面人士的小组进行反复评估、讨论，最后形成向英国研究与创新局提出或公开发布的初步建议性报告。

b. 由高层评估小组提出建议性评估报告（review report）。来自咨询机构和公众的动议一旦形成社会反响或引起英国研究与创新局的注意，一般就会由7个专门领域研究理事会、英国创新局、英国研究局等科研资助机构或直接由商业、能源与工业战略部或政府科学办公室负责组织一个由各相关方代表组成的高层人士评估小组，对建议性评估报告进行反复讨论和聚焦，初步制订科技计划的内容和执行框架。然后，以评估小组主席的名义提出建议性评估报告，并在相应科研资助机构及商业、能源与工业战略部的官方网站上公开发布，接受公开咨询。

c. 具体方案的制定与提出。公开咨询后，如无重大反对意见，由英国研究与创新局或政府科学办公室负责组建一个计划制定小组，负责制定计划的具体方案。计划制定小组一般包括组织机构的负责人、高层人士评估小组的代表、未来计划各参与方的代表，他们将根据评估报告提出的科技计划的初步内容和执行框架，来细化科技计划的具体实施计划、管理机制和预算方案。如果是跨部门、跨领域的重大计划，计划制定小组可以由政府科学办公室负责组建，组长可以由政府首席科学顾问（GCSA）担任。

d. 公开咨询。计划具体方案制定后，要在商业、能源与工业战略部或政府科学办公室的官方网站上公开发布，接受议会、咨询机构与智库、科技界、公众的公开咨询。

e. 最终批准。计划具体方案在公开咨询后经修改，由商业、能源与工业战略部或其他政府部门提交议会审议，议会通过后，则由商业、能源与工业战略部或其他政府部门公开发布。

f. 组织实施和拨款。议会通过后，就可以在新的财政年度中获得来自财政部的拨款。进而按照科技计划的具体方案开始由英国研究与创新局组建相应的管理体系和机制，并组织计划的内容和项目的具体实施。详见图5-2。

5.1.4 英国科技计划的实施

英国科技计划的实施时间一般为2—4年（与政府的财政周期同步），

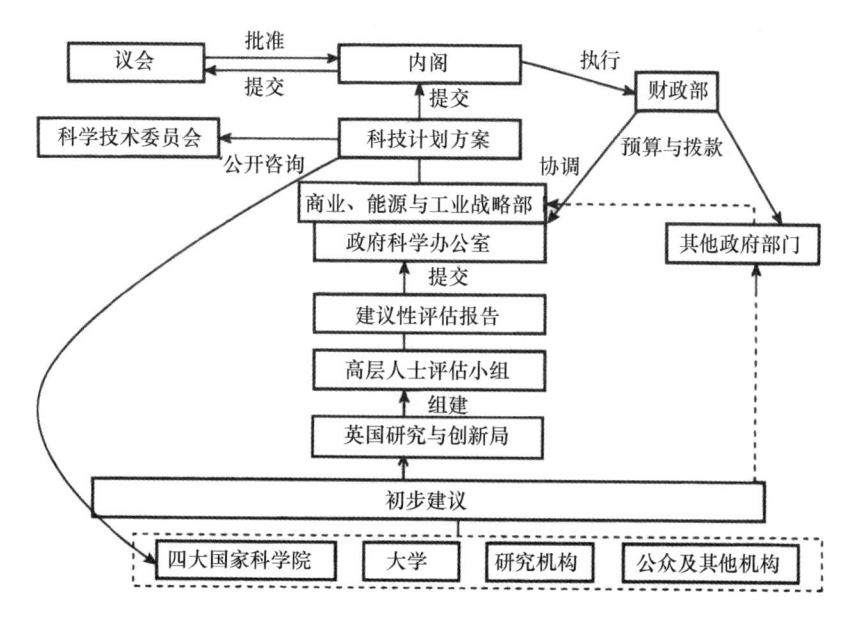

图 5 - 2　特定科技计划的制定过程

计划完成后经过评估再确定是否进入下一轮或是制订新的计划。英国科技计划在方案制订之初就已经确定了结束时间，一般是在多财年的财政周期结束时，计划也将结束。如果计划被认为需要开始进入新一轮，也必须进行总体评估，以总结上一轮的各项任务完成情况、结算预算使用情况等。

5.1.5　英国科技计划的评估

1. 英国科技计划的评估体系

21 世纪以来，英国开始重视科技评估，经过几十年的探索发展，建立了比较完善的科技评估体系，形成了以科技计划、项目和科研机构评估为主体，其他评估领域加快发展的多元化评估格局。2003 年，英国财政部（HM Treasury）发布了《绿皮书：中央政府的评估》（The Green Book：Appraisal and Evaluation in Central Government），对如何评估政策、计划和项目进行了规定，为事前、事中和事后开展监测和评价的设计和实施提供了指导。同年，英国财政部还发布了《紫皮书：评价指导手册》（The Magenta Book：Guidance for Evaluation），明确了如何设计和管理评估，详细规定了评估框架的制定、评估数据的采集、影响评估方法的引入、评估证据的使用等内容，也是《绿皮书》的配套操作手册。这两个文件共同构成了中央政府层面的评估顶层设计文件。2020年，财政部对《绿皮书》和《紫皮书》分别进行了修订。

在《绿皮书》和《紫皮书》的指导下，英国的科技主管部门商业、创新和技能部（BIS，现重组为商业、能源与工业战略部）分别在2014年和2016年制定了《2015—2016年商业、创新和技能部评估策略》（BIS Evaluation Strategy：2015 to 2016）和《2016年商业、创新和技能部评估计划》（BIS Evaluation Plan 2016）。《评估策略》明确了实现政府评估目标的四个因素，分别是评估覆盖范围并将调查结果嵌入政策，建立正确的内部结构和治理，提高分析能力和独立、透明的评价质量保证。《评估计划》中提出了所要开展评估的覆盖范围和一些具体领域，如企业、地区增长、行业分析、高等教育、创新、研究基地等，并带有附录介绍细节，给予说明和解释。英国创新局2018年发布了《评估框架》（Evaluation Framework），《评估框架》详细说明了什么是评估以及为什么要评估，在评估公众对创新的支持时所面临的挑战，如何应对这些挑战和在哪些方面可以进一步改进，同时还制定了一个新的框架来监测英国创新局所支持的项目的活动和产出，并制定了一个涵盖所有活动的评估计划。

2. 英国科技计划评估管理体制

英国的上、下议院分别设立了科学和技术委员会（CST）。下议院科学技术委员会的存在是为了确保政府的政策和决策是基于坚实的科学依据和建议。该委员会拥有广泛的职权范围，可以审查利用科学、工程、技术和研究（也被称为政策科学）的政府部门的活动和影响科学技术部门的政策，例如研究资金和技能的相关政策。上议院的科技委员会通过跨部门调查一系列不同的活动来审查政府的政策。包括：应以科学研究为基础的公共政策领域（例如，航空旅行对健康的影响），技术挑战和机遇（例如基因组医学）和对科学本身的公共政策（例如，为公共资助的研究确定优先次序）。此外，该委员会经常进行质询，要么从部长和官员那里就专题问题取证，要么对以前的工作进行跟进。英国议会还下设了科学技术办公室（Parliamentary Office of Science and Technology，POST），在生物科学与健康、物理科学与信息通信技术、环境与能源和社会科学四大领域为科学技术委员会和有关议员提供相关议题的政策分析与实证支持，通过系列政策简报、研究报告和交流研讨会等方式提出独立、客观的咨询建议；同时支撑英国议会开展技术评估工作，提供有关新兴技术的社会、经济和环境影响评估，从而提供给相关部门的政策制定和决策者的认知、思维和判断以作参考。

作为科技创新、科学研究的主管部门，商业、能源与工业战略部（BEIS）致力于投资一系列的评估工作，这些工作涵盖了科技政策、计划和项目的整个生命周期，并将评估作为改进和评估其有效性的工具。其中，英国研究与创新局下属的英国创新局、英国研究局和 7 个研究委员会承担了评估科技计划的重要职责。商业、能源与工业战略部主要负责制定评估科学计划规章制度和计划，例如 2014 年制定了《2015—2016 年商业、创新和技能部评估策略》，并将每年公布涵盖各个领域的评价范围和目前差距的评估计划和总结。英国创新局、英国研究局和 7 个研究委员会具体负责各自专业领域内科技计划的评估工作，例如生物科技与生物科学研究委员会（BBSRC）制定了《BBSRC 战略》（BBSRC Assessment Strategy）和《评估框架：研究方案和计划》（Evaluation Framework: Research Programmes and Schemes），具体规定了评估框架、评估原则、评估机制和评估方法等内容。

英国的高校、智库、学术团体以及非政府基金组织也是英国科技计划评估的重要力量。高校方面，苏塞克斯大学科技政策研究所（University of Sussex SPRU）和曼彻斯特大学的曼彻斯特研究所（The University of Manchester MIOIR）是历史悠久的传统老牌研究机构，在公共 R&D 评估（包括计划、政策、项目等）方面有着较为丰富的研究成果和评估实践经验。牛津大学、剑桥大学等高校在新兴技术价值、早期阶段性技术项目、公众参与研究评估等方面探索和积累了一些评估经验，形成了一定的评估特色。学术团体方面，以英国社会科学院和英国皇家学会为主要代表，前者曾受英国政府委托，对 2014 年"研究卓越框架"（Research Excellence Framework，REF）实施情况进行独立评估；后者组织开展了对学会所资助项目的评估活动，要求受资助单位在项目完成时提交自评报告，总结项目实施及经费使用情况，并委托外部高校等合作机构开展在线调查。非政府基金组织方面，英国国家科技艺术基金会（Nesta）每年定期开展技术预测与评价，并发布报告，对英国政府的技术决策和政策制定产生影响；

惠康基金会作为英国十分有影响力的慈善基金会和最大的非政府来源的生物医学研究赞助者，建立了对所资助项目实施绩效与影响的定期评估机制，以形成高质量的分析报告，为其科研资助管理和决策提供支撑。

政府和公共组织系统外的一些专业化的社会评估机构或评估咨询公司会接受相关政府部门的委托开展科技计划评估活动。其中，最具代表性的是英国著名的科技评估机构 Technopolis Group，其评估项目范围涉及区域、国家和国际三个层面，评估对象涵盖创新体系、政策、计划、资助机构、法规和标准，评估活动类型包括事前、中期和事后评估，评估委托方来自政府部门及其执行机构、国际组织、公私合营财团、大学、商业组织、慈善机构等，评估的主要目的是为相关部门、机构和组织实现基于证据的决策，以及为相关政策、战略的制定和实施提供评估支撑。

3. 英国科技计划评估流程

英国科技计划的评估流程如图 5-3 所示。

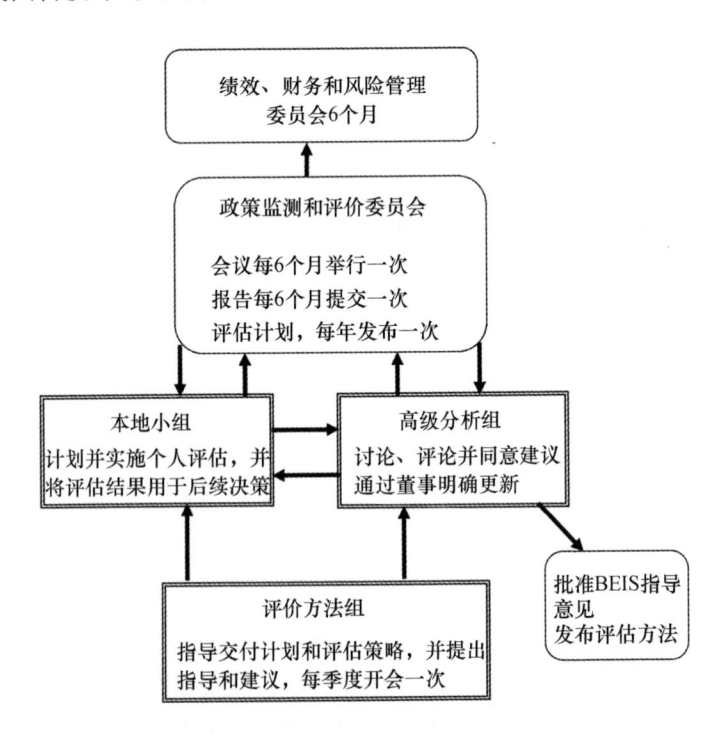

图 5-3 英国科技计划评估流程

评估方法组由商业、能源与工业战略部的工作分析人员、领导评估的合作组织专家或者评估方法的专家组成。评估方法组负责监督该部门对业务、创新和技能的评估，并向高级分析团队报告。它每季度召开一次会议，会议内容主要讨论商业、能源与工业战略部关键评估的进展，分享想法和最佳实践，并指导中央评估团队的倡导和协调工作。

高级分析组由首席分析师负责其领域内全面监测和评估。除了组成分析师团队，BEIS 的分析师还可以做更多的工作从而将强有力的监测和评价纳入政策设计和方案管理。目前，高级分析师将会获得关于他们应该做什么以及他们应该联系谁的监测和评估指导。

中央评价组会开展一系列集中的审查，评估某一政策领域的监测和评估的范围和质量。评审每 6 个月进行一次，每次评审都聚焦于业务、创新和技能政策领域的不同部门。调查结果要在 6 个月的评价说明中报告，并送交所有董事会。董事会可以通过它来比较各董事会之间监测和评估的质量和范围，并让首席分析师检查他们采用的方法的一致性。

政策监测和评价委员会由一名总干事担任主席，并由主管级别的政策、财务和分析师同事提供支持。该委员会的职责包括：a. 审查和指导实施本评估战略中的行动的进展；b. 确保 BEIS 对主要政策、支出和监管措施的评估没有漏洞；c. 调查在 BEIS 内部进行最佳实践评估的任何系统性的战略推进因素和障碍，包括方案和行政资源；d. 监督稳健方法的合规性，并在适当的情况下挑战现有实践；e. 审查在确保整个部门建立有效、一致和有影响力的监测系统方面取得的进展。政策监测和评估委员会将每 6 个月召开一次会议，并向绩效、财务和风险委员会报告，该委员会是执行委员会的一个小组委员会。

5.2 英国科技项目管理模式

5.2.1 英国科技项目管理体制

2018 年 4 月 1 日前，英国科技项目的管理和资助部门主要是四大高等教育拨款委员会（Higher Education Funding Council for England，HEFCs）、各研究委员会（Research Councils，RCs）、技术战略理事会（Technology Strategy Board，TSB）等非政府部门公共机构。高等教育拨款委员会负责向大学和学院分配用于教学和研究的公共资金，7个研究理事会是英国科技项目的主要资助机构，负责竞争性研究经费的分配和管理，技术战略委员会通过资助全国各地的企业来刺激创新，以加速经济增长。

2014年，技术战略委员会开始采用英国创新局这个名称，根据2018年4月生效的《2017年高等教育和研究法案》（The Higher Education and Research Act 2017），英国创新局不再向商业、能源和工业战略部报告，而是成为商业、能源和工业战略部新成立的英国研究与创新局的理事会。同时，2018年4月1日后，四大高等教育拨款委员会被英国研究与创新局和学生办公室所取代，各研究理事会成为英国研究与创新局的理事会。英国研究与创新局成为英国最大的研究与创新公共资助机构，与高等教育机构和研究所、创新型企业、投资者、非营利组织和政策制定者，以及更广泛的合作伙伴，例如教育系统中的合作伙伴和民间社会建立研究和创新体系核心的紧密合作伙伴关系。

英国研究与创新局的主要治理机构是UKRI董事会和执行委员会。UKRI董事会是主要的管理机构，由UKRI的主席，首席执行官和首席财务官以及来自高等教育、工商、政策、慈善机构和其他非政府组织的9—12名独立成员组成，负责对英国研究与创新局的活动进行总体监督，并负责实现英国研究与创新局的战略目标和愿景，UKRI董事会得到审计、风险、保证和绩效委员会、提名和薪酬委员会以及董事会投资委员会的支持。执行委员会由行政长官主持，并包括UKRI的9个理事会的执行主席，负责向UKRI董事会提供战略建议，并且是英国研究与创新局的日常协调机构。它在整个理事会中发挥领导作用，并确保在战略和运营事务上的协作。另外，UKRI有许多非执行委员会，负责为UKRI董事会和执行委员会提供建议和指导，包括审计、风险、保证和绩效委员会，提名和薪酬委员会，员工、财务与运营委员会，战略委员会和健康与安全管理委员会。

英国研究与创新局包括英国创新局、英国研究局和7个研究理事会，在5.1.2节各理事会已有详细介绍，此处不再赘述。英国研究与创新局具体负责英国竞争性科技研究项目的审批、资助和管理，根据霍尔丹原则，英国研究与创新局的资金决定是独立于政府做出的，主要是根据研究的质量和可能产生的影响,通过专家的独立评估来决定应资助哪些研究项目。

5.2.2　英国科技项目的全过程管理

英国研究与创新局为所有学科和工业领域提供资金和支持,从医学和生物科学到天文学、物理学、化学和工程学、社会科学、经济学、环境科学,以及艺术和人文学科的科技项目都有机会获得资助。当前在关键领域投资的基金主要有:产业战略挑战基金、全球挑战研究基金、战略重点基金、地区能力基金、未来领袖奖学金和国际合作基金,它们分别在应对政府产业战略的重大社会挑战、在发展中国家创造机会、政府在 34 个跨学科和跨学科研究主题中的优先事项、推动英国的区域经济增长、培养下一代世界一流的研究与创新领导者、加强与研究和创新领导者的全球合作伙伴关系。

英国研究与创新局制定了多个《资助条款与条件》和《指导文件》,对研究资助的条款及条件、培训经费的条款和条件和其他资助资金的附加条款和条件等各方面进行了详细规定,从申请环节到结题环节对科技项目进行全过程管理。

1. 英国科技项目的审批

研究人员申请科技项目必须通过联合电子提交系统(Joint Electronic Submission system,Je-S system)提交项目提案。Je-S 系统是英国研究与创新局的提交系统,为所有研究理事会提供了一个通用的研究管理电子系统。项目提案的审批是在外部同行评审、由专门组建的机构的评审员审议的基础上进行的。英国研究与创新局制定了同行评审评分表、评估核心标准和小组成员数值评分表等,以便于对科技项目提案进行审批。

英国研究与创新局根据竞争的原则对研究和创新项目进行资助。个人研究申请由学术界和商界的相关独立专家进行评估。高等教育界为其研究提供的核心研究经费以研究素质高低作为标准。英国研究与创新局的科技项目可以分为三类:一类是学术主导的研究项目,一类是业务主导的研究项目,另一类是对机构的资助项目。学术主导的研究项目申请将由专家进行评估,并在适用的情况下评估其卓越性和影响率。英国研究与创新局任命来自英国和海外、在相关研究领域具有公认的专业知识的专家,以独立于其他应用程序审查申请。他们根据已发布的标准进行评估，以评估它们是否可资助。然后，由一个独立专家小组评估彼此之间的申请，并建议应为哪些申请提供资金。英国研究与创新局支持从基础或战略研究到创新或多学科研究等不同类型研究的需要。7个研究委员会分别制定了各自评估和决策过程的规定，英国研究局和英国创新局的专家评审和评估过程在《评估和决策原则》中进行了详细规定。业务导向的研究项目申请由商业和学术界在技术和商业专业知识相关领域的独立专家评估人员审核。英国创新局的资助人小组将最终评估要资助哪些项目。为了确保资金分配到所有的战略研究领域，英国创新局会根据投资组合的范围区域、研发类别、项目工期和项目成本等因素进行资金分配。英国研究局负责审核对机构的资助项目，主要通过"卓越研究框架"进行审批，资金分配方式基于研究人员名额、研究的数量和质量、获得的研究和知识交换收入的数额等因素。

2. 英国科技项目的报告

如果研究理事会审批通过科技项目的申请，研究人员需要通过英国研究与创新局的科研成果管理平台（UKRI's nominated outcomes collection system）报告研究产出、结果和赠款的影响。当前的科研成果管理平台是Interfolio UK公司开发的Researchfish系统。Researchfish是英国的第三方科研成果数据收集与绩效评价平台，该平台使用技术和算法从网络、外部数据源和研究人员本身收集研究结果和输出。2014年，英国的7个研究理事会都委托Researchfish收集数据、跟踪研究和评估投资影响。报告的内容包括：a. 产出——实际成果，例如出版物；b. 结果——研究产生的变化，例如新的或改进的产品、流程或公共政策；c. 影响——可以证明可追溯到您的研究的更广泛的影响、变化或收益——对经济、社会、文化、公共政策、健康、环境或生活质量产生积极的变化。所有受研究理事会资助的研究团队都要注册Researchfish账号，并在获得资助的第1年到资助结束后5年内，每年在系统中更新与研究成果有关的信息，接受研究理事会对所资助项目的监督。特殊情况下研究理事会将要求一部分项目按格式提交结题报告，但一般不进行专门的结题验收。每个研究委员都制定了提交研究报告的指导，包括提示和示例。每年都会设定固定的报告提交。如果未能在Researchfish提交报告，研究理事会可能会实施制裁，包括取消成为未来 UKRI 资金的主要研究者或指定的共同研究者的资格，暂停当前科技项目的资助。

3. 英国科技项目的预算监管

研究理事会有权检查与赠款相关的任何财务或其他记录和程序或为此目的任命任何其他机构或个人。研究理事会通过控制资金拨付和关键节点加强对项目资金执行的监督。项目资金通常按季度（即在每年的3月、6月、9月和12月）通过银行自动清算系统（BACs system）向组织拨付。关键节点包括年度决算、项目的阶段性评估、中期决算等，例如经济与社会研究委员会要求每年提交一份中期支出报表，详细说明当年的收入和支出情况，该报表可能会被要求在一年中的任何时间提供。如果研究理事会提出要求，科技项目申请者必须提供一份由公认专业机构成员审计员独立审查的赠款账目报表，证明支出符合赠款条款和条件。另外，研究理事会执行资金保证计划，对项目承担单位的财务情况进行检查，以确保按照授予资助的条款和条件管理资助资金。检查内容包括单位是否尽责预审并使用正确方法来计算间接成本、直接分摊成本、项目经费使用是否符合资助条款与条件等，大约每3年就要对密集型研究机构进行强化审查。研究机构将于资助期的最后一个月内，通过 Je-S 系统提供最终开支报表。这些文件预计将在拨款结束后3个月内通过 Je-S 系统由研究机构完成、认证并归还。

4. 英国科技项目的评估

研究理事会拥有要求定期更新项目进度、拜访项目团队或要求参与评估研究的权利，如果收到邀请，授权持有人必须尽一切合理的努力对信息请求做出回应，或参加由英国国际关系研究所组织的与所开展的研究相关的活动，包括授权期结束后的请求或活动。研究理事会利用独立的同行评议来进行项目评审，评审专家需要在该领域获得同行认可或已建立的专业知识。评审专家的评审意见及评审情况将会记录在 Researchfish 系统中，并如实反馈给项目申请人，项目申请人可作出必要的答辩。对于已确定资助的项目，研究理事会将要进行严格的过程管理和节点控制，例如按要求提交年度报告、进行阶段性评估、中期决算检查等。在特殊情况下，研究理事会可能需要一份关于项目实施和结果的单独的资助报告。该报告必须在授权期结束后的3个月内提交。

5. 英国科技项目的发布

科技项目报告会在"研究通道"（The Gateway to Research，GtR）自动发布。"研究通道"（GtR）是由英国研究和创新局（UKRI）开发的，用户可以在这个平台搜索和分析公共资助研究的信息，从而使研究更加公开可见并向公众开放，每个人都可以看到公共科研资金的资助情况和科研成果信息，增强了公共科研资金使用的透明度。公共科研资金的资助信息包括项目名称、人员、单位、项目摘要等。科研成果来自"Researchfish"系统，包括发表论文、报告、出版书籍等出版情况，以及参加活动、开展合作、主要发现、对政策的影响、知识产权、数据库与模型等十多种成果产出情况。

5.3 国防部科学技术战略

2020年10月19日，英国国防部长本·华莱士与首席科学顾问达梅·安格拉·麦克林教授一起发布了《国防部2020年科技战略》。

这一新战略在未来自主军事装备的背景下以及在英国丰富的科学技术基础上，专注于寻找和资助能够塑造未来的科技突破，并确保武装部队具备应对未来威胁的装备；它还将重新关注数据，包括数据获取和管理，从而能识别威胁趋势，并为下一代军事装备的研究提供基础。

该战略阐述了英国将如何在未来保持科学和技术优势：

一是通过优先考虑长期投资并采取挑战导向的方法，国防的目的是预测和塑造新技术和技术应用，并建立必要的专门知识、政策和军事概念，以便尽快利用它们。

二是国防部将在这种以挑战为主导的方法与技术追求之间寻求平衡，以追求有前途的技术或科学学科，这些技术或科学学科将具有巨大的潜力，可使它们能够在成熟时融入军事能力。国防部将寻求广泛但有效的合作，在符合英国利益的地方实现知识共享。

三是从国防研究中获取最大的价值和影响还意味着有效地管理和使用所产生的数据。适当地分享数据，发展对数据的理解，并利用数据比对手更快地为决策提供信息。

《国防部2020年科技战略》分为八部分内容各章节主要内容参见表5-2。

表 5-2 英国国防部 2020 年科技战略各章节主要内容

序号	章节	主要内容
1	摘要	描述了在科技发展的速度和广度越来越快的背景下,英国在其他国家和传统威胁、恐怖主义和非政府组织、自然环境等方面面临威胁,因此需要改变投资和发展科技的方式,将对当前和未来技术前景的理解与政策含义结合,从而识别并将新兴技术整合到未来军队装备中,建设一支综合性高科技武装部队
2	地缘政治环境	除了极端组织,英国目前的威胁还包括俄罗斯和中国,科技进步使敌对国家能够以新的、更有效的方式威胁和破坏英国;科技创新的格局发生了变化,许多领域的创新被大型、成熟的公司所掌握;自然环境的变化带来了前所未有的挑战;英国必须从把科技视为解决问题的方式转变为把科技视为战略竞争舞台;为了未来的优势,国防部需要利用其对技术机会、新的和不断演变的威胁以及对作战环境的变化的理解,在整个军队发展过程中做出正确的决策
3	了解未来	国防部将寻求振兴英国的"未来计划",并将其与战略分析能力相结合,以识别和培育对新兴技术和新型国防威胁的影响的理解,从而优先考虑有前景的技术方向、如何在未来的能力中使用和结合这些技术、它们可能带来的问题和挑战以及为发展这些技术而需要采取的科技投资和政策;对未来的理解将为国防决策提供信息,通过国防概念、国防情报、能力规划和科学技术协调活动,为国防规划未来提供统一的依据
4	做出正确决策	仅仅了解未来是不够的,重要的是要做出正确的决策。英国国防部必须对技术驱动的问题作出适当的反应,并优先考虑对研发的正确投资,同时确保整个部门将严谨的科学思想应用于我们所有更广泛的政策和项目选择当中,从而为关键的战略决策提供强有力的证据基础。国防部将通过 7 项途径实现这一目标

续表

序号	章节	主要内容
5	抓住机会	首席科学顾问将指导国防部门在业务的各个方面运用科学技术；科技研究项目组合在一个广泛的国防研发生态系统的背景下平衡短期、中期和长期的国防与安全需求；国防部将继续提供关键的科技能力；国防科技在支持国防部作为国家部门和国内外军事行动方面发挥至关重要的作用；科技成功开发（在适当的时候将增强能力的新技术交到用户手中）是科技活动的最终目标；实验是国防能力发展的重要组成部分；国防科技投资将带来繁荣效益；国防科技必须通过设计进行国内和国外合作
6	战略实施和进度监督	国防部将制定详细的战略实施计划，包括如何监督和评估国防在以下五方面的进展情况：a）五大能力挑战；b）科技投资组合所带来的效益；c）维持关键的科学技术能力；d）科学技术对部门政策和战略的影响；e）我们的科技合作和参与战略。同时，国防部制定了短期内、一年内、两年内和长期的战略实施目标
附录	附录 A—国防研发生态系统简图 附录 B—更广泛背景下的国防部科技战略	附录 A 是国防研发生态系统简图，并列出了确定需求以及资金来源和交付机制的责任 附录 B 是显示了国防部科技战略涉及的国际、英国和国防战略和政策的选择

5.3.1 摘要

在科技发展的速度和广度越来越快的背景下，英国在其他国家和传统威胁、恐怖主义和非政府组织、自然环境等方面面临威胁，因此需要通过改变投资和发展科技的方式，采取不同的行动，来迎接挑战，并追求高科技和创新的未来。同时，将对当前和未来技术前景的理解与政策含义结合，从而识别并将新兴技术整合到未来军队装备中，建设一支综合性高科技武装部队。国防部所有成员都必须朝着这个共同目标努力，每个部门都必须熟悉和精通科技，同时必须吸引、发展和保持正确的技能和方法；对员工进行投资，使他们对新技术充满信心，以便能够发挥最佳效果。

5.3.2 地缘政治环境

地缘政治环境包括五部分内容,通过敌对势力、科技创新格局、自然环境挑战、转变对科学技术的认知以及科学技术对军事力量发展的重要性。

对于敌对的对手,除了极端组织,英国目前的威胁格局还包括俄罗斯和中国,但相比于俄罗斯对英国和北约的主要战略挑战,中国构成的挑战更大,且通过破坏民主、政府机构和职能,破坏科学和技术的进步等方式,威胁和破坏英国。科技进步使敌对国家能够以新的、更有效的方式威胁和破坏英国。

科技创新的格局发生了变化,许多领域的创新被大型、成熟的公司所掌握,庞大的跨国公司收购和吸纳了多家小型企业的创新成果,以自己的方式成为地缘性强国。因此,科学技术不仅是解决问题的手段,而且它们本身也是相互依存且相互竞争的领域,并且全球范围内技术进步的收益是不平衡的。

由于自然环境的变化带来了前所未有的挑战,全球各地的极端天气越来越多且分布不均。而资源分布不均将影响地缘政治,可能加剧现有的不稳定性。与此同时,科学受到了更严格的审查,并面临着越来越大的解释压力。公众对准确的科技信息的兴趣逐渐增加,但虚假信息和骗局的风险也随之增加。因此可能造成一个持久的影响,即,公众将期望政府利用科学、技术和数据来提供更高效率和更有效果的公共服务,并推动国家的繁荣与安全。

英国必须从把科技视为解决问题的方式转变为把科技视为战略竞争舞台;我们将采用挑战主导的方法帮助国防部在新的竞争中保持领先地位,与此同时,更进一步积极利用科技系统提供国家优势。

为了未来的优势,国防部需要利用其对技术机会、新的和不断演变的威胁以及对作战环境的变化的理解,在整个军队发展过程中做出正确的决策。

5.3.3 了解未来

国防部将寻求振兴英国的"未来计划",并将其与战略分析能力相结合，以识别和培育对新兴技术和新型国防威胁的影响的理解，从而优先考虑有前景的技术方向、如何在未来的能力中使用和结合这些技术、它们可能带来的问题和挑战以及我们为发展这些技术而需要采取的科技投资和政策；

对未来的理解将为国防决策提供信息，通过国防概念、国防情报、能力规划和科学技术协调活动，为国防规划未来提供统一的证据基础。把我们对未来的预测发展成以技术为导向的概念性机会。首席科学顾问将利用这些预测来确定国防研究和发展的优先事项，使我们能够研究我们尚未确定国防需求的科学学科和技术，因此当技术成熟时，我们才可以处于领先地位。

5.3.4 做出正确决策

仅仅了解未来是不够的，重要的是要做出正确的决策。英国国防部必须对技术驱动的问题作出适当的反应，并优先考虑对研发的正确投资，同时确保整个部门将严谨的科学思想应用于我们所有更广泛的政策和项目选择，从而为关键的战略决策提供强有力的证据基础。

国防部将通过七条途径实现这一目标：根据希望实现的能力成果优先进行研发；重新聚焦首席科学顾问的科技预算；平衡能力需求和适当的科技推动；确定和理解未来的能力挑战；在将新功能引入服务之前，主动解决所需的与技术相关的政策决策；塑造国防更广泛的决策文化；调整新的国防部数据战略使国防部获得最大利益。

国防部通过上述七条途径，做出正确的决策，以实现：

1. 实现高科技和创新的未来

采用精简的科学技术和创新方法加速对现有技术的大规模采用；引领新兴技术和创新；投资新的、风险更大的活动；寻找、培养和资助下一代能力的方式，达到高科技和创新的未来这一目标，如图 5-4 所示。

2. 以挑战为主导的方法将为创新解决方案提供空间

《2025 年综合作战概念》阐述了国防部如何在持续竞争的背景下进行运作。根据该概念已经确定了国防最重要的持久能力挑战，也是针对将在未来加剧和演变的威胁提出的挑战，即：

a. 普遍性、全局性、多领域的情报、监视和侦察（ISR）

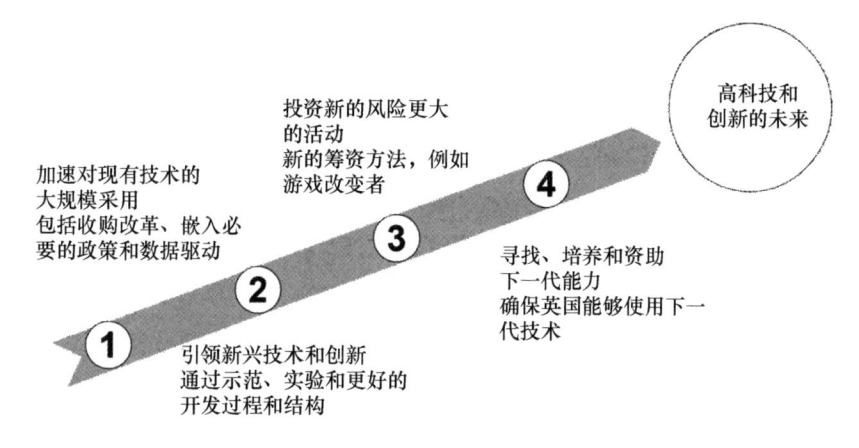

第 5 章　英国科技保密工作体制 / 195

图 5-4　国防采用精简的科学、技术和创新方法

b. 多领域指挥控制、通信和计算机（C4）

c. 确保并维持阈值下的优势

d. 不对称的硬实力

e. 通行和军事演习自由（FOAM）

这五个挑战领域被认为是部门内的科技和研发的关键驱动力。由于它们不包括防御能力的全部要求，所以该部将继续长期要求在这五个领域之外继续对科学和技术能力和方案进行投资。此外后勤和医疗等因素是确保能力在军事背景下可行的关键要求，并将在五个挑战领域中的每一个领域加以考虑。

3. 技术推动将培育特定的、有前途的技术

我们的 2019 年国防技术框架在高水平上确定了我们必须采用的优先技术系列，以确保我们的技术优势。我们将继续完善国防技术框架，同时阐明我们的能力成果并找到潜在的技术解决方案。此外，我们将承担风险，支持我们对正确技术的判断，以便在未来为能力开发更多更好的机会。

在致力于一个解决方案之前，我们必须始终在概念层面上考虑一系列潜在的解决方案，因为仅靠技术并不能解决我们所有的能力挑战。我们必须在研发的最早阶段就了解所有国防发展防线（包括训练、设备、人员、信息、概念和原则、组织、基础设施和后勤，同时考虑到互操作性和安全性）的影响，以确保避免开发永远无法部署的技术解决方案。

4. 我们对下一代的关注将使我们能够面向未来

下一代的军事能力将产生于已经出现的技术，对下一代能力至关重要的技术是现在和不久的将来开始出现的技术。我们有能力理解我们未来的环境，并因此支持那些有前景的技术，我们将确保已经准备好将它们整合到我们未来的能力中，确保国防尽可能为未来做好准备。

5. 我们未来的能力将比以往任何时候都更加环保

总体而言，我们需要能够在未来的全球环境中有效运作并且支持政府的系统方法的能力，确保国防发挥其作用，将英国工业战略核心的"清洁增长"议程与国防气候变化战略核心的"清洁能力"议程相对应，在2050年前实现净零碳排放。

6. 预期的政策制定对于成功采用新功能至关重要

在高科技世界中，运营和采用科学技术面临的挑战较为严峻。因此需要确保将科学与技术政策正确地整合到国防以及更广泛的政府政策和战略流程中，并在各级科学和政策专业知识之间建立一种更有效、定义更明确的关系，为国防部提供强大的平台，推动其自身的技术发展，同时为下一个新兴的颠覆性技术做好准备，并在技术成熟之前解决政策问题，以便能够尽快接收并有效地运作新颖的、颠覆性的能力，确保国防部在响应中处于领先地位。

7. 拥抱一个高科技的未来是整个国防的努力

目前，做出正确的科技决策空前重要。为了取得成功，国防部的每个人都必须具备做出明智的科技决定的能力，并将科技融入国防业务的各个方面。国防部的员工需理解并掌握科技所需的知识、技能和意识，明确其重要性。首席科学顾问和决策者各司其职，负责监督积极的专业发展计划，并提出可靠的独立咨询意见和建设性挑战。同时国防部支持非科学家在科学方法、科技发展和影响方面的学习和发展，建立实践社区以使科学专家能够与来自各界精英有效地建立联系，吸引和培养最优秀的人才并带来更广泛的利益。

8. 创新需要的多样性

跨国防部门制定和实施了一项多样性和包容性战略，来理解和协调相关活动。大家通过科技提高自己对"多样性和包容性科学"的技能和知识，以便提供具有多样性和包容性的科学建议——帮助国防部选择基于证据的干预措施，并通过定义和实施干预措施及监测工具，有效地了解和监测进展来解决影响多样化的关键问题。

9. 数据刺激创新

良好的决策需要基于数据的良好基础证据。数据支撑了政府和国防业务交付的各个方面。因此，需要将我们自己的数据与外部防御系统的数据无缝集成，从高质量、精心策划和互操作性的数据中获得竞争优势。因此，我们必须保护我们的数据，并开发适当的数据技术和基础设施，作为战略资产支持数据收集、保证、存储和处理的数字骨干。

国防部通过可靠的方法获取手机可靠的并适用于特定问题的文件数据集，并通过科技方法管理数据、保护数据；从而为数据管理策略提供支持。同时，鼓励从事敏感项目的科学家在安全的环境中发表所有结果，包括负面结果。国防部在可能的范围内尽可能广泛地提供丰富的数据源，以刺激创新，支持国防新功能的开发。

5.3.5 抓住机会

首席科学顾问将指导国防部门在业务的各个方面利用科学技术。

1. 国防部首席科学顾问（CSA）的作用

首席科学顾问将指导国防部门在业务的各个方面利用科学技术，并完成相关十项内容；

a. 了解当前和未来的国防科技格局；

b. 将科技知识和进步转化为英国国防可操作的战略方向；

c. 确保我们的科技选择与政府的整体科技策略和更广泛的措施相辅相成、相互支持和相互利用；

d. 确保新技术的采用得到敏感、连贯和及时的政策的支持；

e. 挑战部门如何将新技术纳入其能力规划；

f. 科技直接投资最少占国防预算的 1.2%；

g. 指导和支持国防部其他部门对研发的直接投资，将其与首席科学顾问的科技投资结合起来；

h. 制定有关该部门如何以安全、合乎道德和严格的方式进行研究和应用尖端科学的政策；

i. 确定维持国防、国家安全和复原力等关键科技能力的目标；

j. 在国防领域倡导科学技术素养，支持所有人做出及时有效的决策。

2. 研究组合将平衡多种需求

科技研究项目组合旨在满足短期、中期和长期的国防与安全需求，通过集中调试确保在国防和安全部门方面维持基本能力，并且确保国防部内开展的所有科技都是战略驱动而非需求主导的。

科技研究组合是在一个广泛的国防研发生态系统的背景下进行的。图 5-5 概述了具有复杂的利益相关者和交付代理商网络的国防研发生态系统，它列出了确定需求以及资金来源和交付机制的责任，阐明其提供需求就是通过不同的代理提供资金和交付的方式。

我们将重新平衡我们的科技投资，更多地把资金集中在科学和技术上，以更好地应对前面概述的五个能力挑战，并解决与这些挑战相一致的下一代能力，在五年内顺利过渡到一个新的投资组合，支持快速采用最有前途、最能改变游戏规则的技术进步。

与此同时，首席科学顾问提供专家支持和指导，以确保用户的科技投资合理，并与整个投资组合相一致；帮助用户找到正确的资金来源和新颖的合作，以实现国防的最佳结果。

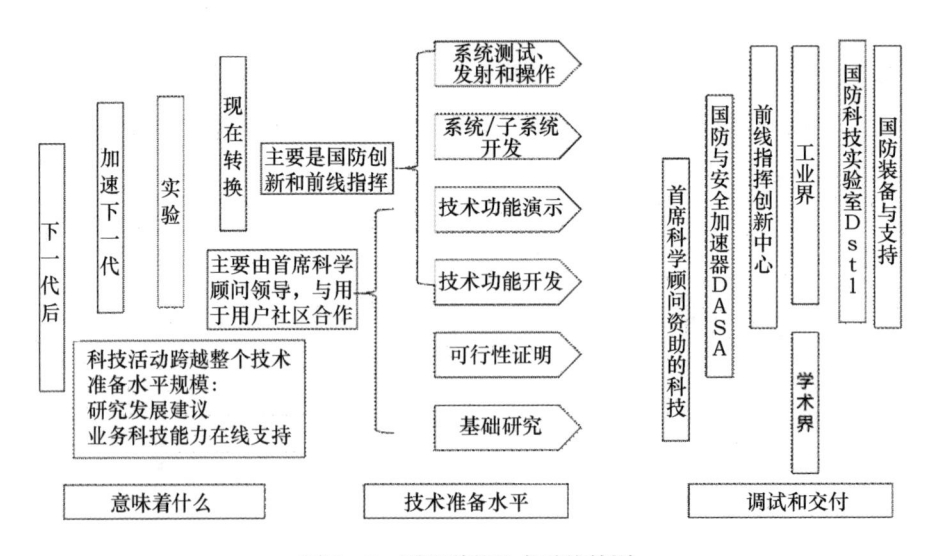

图 5-5 国防科研生态系统简图

3. 我们将继续提供关键的科技能力

首席科学顾问将继续支持包括化学、生物、网络、情报以及保护信息技术/措施等在内的、对英国国防和安全、应急准备和履行政府法律义务至关重要的科技能力；并与政府、工业和学术界的同事合作，寻找可行的长期解决方案，来确保这些能力的弹性及未来。

同时厘清部门和更广泛的政府政策和要求，并以此来更新科技能力战略，确保操作科技能力随时可用。国防部需与其他政府部门和相关方面的伙伴合作，制定连贯、有效的方法和政策来维持关键科技能力。

4. 国防科技支持国防部的运作和国防部作为国家部门

国防科技在支持国防部作为国家部门和国内外军事行动方面发挥着至关重要的作用。英国不断使用能量学方面的专业知识，并继续为武装部队和安全部门提供关键的支持。国防部继续支持其他政府部门，提供关于自制爆炸物的专家咨询意见，为政策和决策提供信息，并开发有效的安全工具和程序来处理常规遗留弹药和恐怖主义装置。

5. 科技开发成功

科学和技术活动的最终目标是完成科学和技术的成功开发，即在适当的时候将增强能力的新技术交到用户手中。在整个国防领域，我们将共同努力，加强和更有效地管理开发生态系统，以便更高效的管理科技投资组合、定位科技组合，利用相关关系，提高合作效率；将科技置于收购改革的核心；支持用户和创新者以科学严谨的方式进行实验；更紧密地与前线指挥能力规划保持一致的同时更有效地监控和评估项目。

6. 通过实验开发

实验是国防能力发展的重要组成部分。在整个国防领域，国防部借鉴专家的科技建议、指导和一致性，把科技实验的重点放在不成熟的概念和技术上，并评估开发下一代研究的可行性。在早期的原型和概念证明上进行严格的科学技术实验，并且有效地存储和整理相关假设和数据，在确保其他人可以从中受益的同时避免代价高昂的重复。与其他国防实验人员分享相关的知识，并就改进实验设计和结果传播提供建议。在国防方面，我们将努力建立一个从早期的科学技术构建模块，一直到新能力，完全掌握在前线用户手中的无缝的监管链。

7. 国防科技投资将带来繁荣效益

英国正在采取与如何开发、保护和保障技术相关的战略方针，这些技术对国家安全和繁荣至关重要。首席科学顾问将领导国防的科技投资计划，在国内和海外与政府各部门、学术界和工业界的合作伙伴密切合作。通过该战略，英国将努力认识到工业界和学术界在创新、提供和利用科技方面发挥的关键作用，以及国防支出对英国经济的溢出效益；向创新者和潜在的合作者发出明确的信息，确定可以从创新技术中受益的科技应用，同时也欢迎和鼓励国防部可能还没有考虑到的新想法和机会。

8. 设计合作——国内

通过合作，我们不仅可以获得特定科技能力，还可以促进英国的繁荣和影响力，并实现在英国范围内提高水平的政府目标。

我们了解英国在与国防和安全相关的知识、经验、技能、技术和能力方面的优势和深度，以帮助我们向潜在的合作伙伴传达我们的要约。

合作战略将围绕五个能力挑战，以及更广泛的英国繁荣和影响议程，建立与各个合作伙伴的良好关系并最大程度的进行合作。

允许学术界和工业界的专业创新者理解要解决的科学问题并不受预先判断的解决方案的限制进行创新；公布我们的部门研究兴趣领域，与其他政府部门协调以最大限度地增加研究伙伴的激励和机会；重新发布于2019年首次发布的《国防技术框架》，以阐明应对五个能力挑战的潜在途径，并强调每个家庭的优先技术，提供一个通过研发渠道解决未来国防部投资中长期优先事项的挑战的需求信号。

国防部与工业界的接触将侧重于未来成果，这五项能力挑战提供了一个帮助指导符合国防需要的工业努力的明确的意向信号；这将提高国防部获得英国世界领先的科学和工程专业知识的机会。

9. 设计合作——国外

国防部将保持广泛的国际科学技术伙伴关系，并加强战略研究、能力和工业伙伴的关系。通过制定国际方法、协调科技优先事项和目标以及确定联合工作和真正分担负担的新机会的方法来落实国际议程。

国防部将与我们的盟友和合作伙伴合作，影响使用新兴技术的标准和规范，促进英国在这一日益重要的领域中作为思想领袖的定位；确定如何利用我们的双边和多边伙伴关系实现我们的科技目标，以及增强我们的影响力和塑造有利的技术世界；在研究合作中重新审查我们的风险概况，通过严格监测和评估协作方案来显示影响，并加强我们与关键合作伙伴的负担分担。

我们与北大西洋公约组织（NATO）的关系仍然特别重要，我们将与我们的盟友密切合作，以塑造其现代化和转型，不仅注重开发将推动作战能力的技术，而且还通过解决发展和开发的障碍，并确保我们了解新技术将如何影响我们今后的运作和战斗。

5.3.6 战略实施和进度监督

国防部将制定详细的战略实施计划，包括如何监督和评估国防在以下五方面的进展情况：a. 五大能力挑战；b. 科技投资组合所带来的效益；c. 维持关键的科学技术能力；d. 科学技术对部门政策和战略的影响；e. 我们的科技合作和参与战略。

同时，国防部制定了短期内、一年内、两年内和长期的战略实施目标。

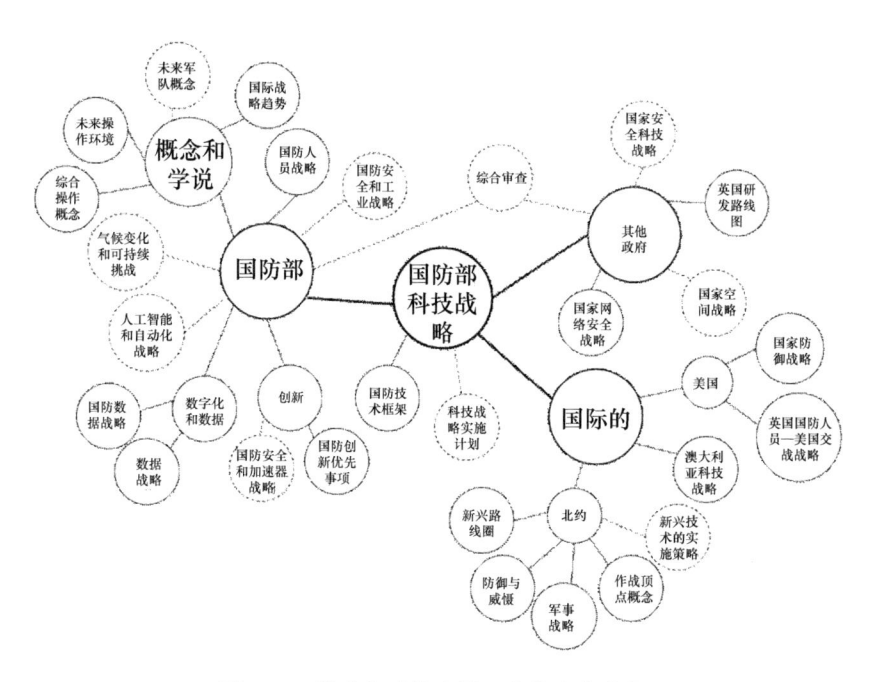

图5-6　战略和政策选择（虚线尚未公布）

5.3.7 更广泛背景下的国防部科技战略

国防部科学和技术战略是确保英国未来优势的更广泛努力的一部分，并为国防和安全解决关键战略问题。图 5-6 显示了推动这一战略发展的战略和政策的选择，并指出了实施这一战略所需的合作的广度。这不是一个完整的清单。它表明，在这个复杂的生态系统中，通过合作来实现一致性以实现我们所需要的结果是非常重要的。

5.4　X 清单制度

5.4.1 "X 清单"及"X 清单"承包商的定义

英国的"X 清单"（以下简称"清单"）一词已经存在了 70 年，相当于其他国家使用的设施安全许可（Facility Security Clearance，FSC），旨在保护英国工业界所持有的涉密材料，以保障政府合同。英国政府安全政策框架（The Her Majesty's Government Security Policy Framework，HMG SPF）中规定，清单允许承包商在自己的办公场所而不是政府的场所设施中，安全地储存、加工和制造被确定为秘密或以上等级的涉密材料。清单资格是对特定合同的明确要求，如果合同终止，清单资格终止。清单承包商，指的是被列入英国政府清单数据库的承包商或分包商，它们是在英国经营的公司，与英国政府签订要求他们持有机密信息的政府合同，并把涉密材料（秘密或以上等级）保存在自己的办公场所或者在"办公场所"从事标有秘密或以上的工作。

5.4.2 "X 清单"资格获取

在以下情况下需要清单资格：一是秘密或以上级别的合同；二是要求承包商在办公场所进行工作或在办公场所保存带有保护性标记的资料。需要注意的是，清单的评估并不包括信息系统的认证，信息系统的认证应由订约当局的委派机构，即国防部的国防保障和信息安全部门（Defence Assurance & Information Security for MOD）启动。如果承包商与国防部签订了政府合同，那么信息系统需要符合网络安全模型（Cyber Security Model，CSM）的要求——这是自 2017 年 4 月以来所有与国防部有业务往来的承包商的先决条件。

清单不能通过申请获得，而是必须由一个意图向他们传递机密信息的订约当局授予（Contracting Authority，CA），同时该公司还需要有符合英国政府安全政策框架的要求。清单资格授予过程见图 5-7。另外，政府部门和机构不应优先考虑现有的清单而不考虑非清单承包商。除了在特殊情况下，清单资格并不是国防部合同投标的先决条件。一旦政府合同达成一致，或者明确政府合同将被授予承包商，清单流程就完成了。订约当局在合同期限内授予清单资格，一旦要求保留涉密材料的政府合同失效，同时清单就会失效。但是如果在一年内完成此许可并且公司结构或物理基础设施没有任何实质性变化，则可以重新激活该许可。订约当局可以是以下机构：

a. 国防部（Ministry of Defence，Mod）：国防部广泛地，但不是一成不变地，以一个综合项目团队（Project Team，PT）的形式存在。国防部授予了约 85% 的 X 清单资格。

b. 另一个政府部门：许多英国政府部门，包括内政部（The Home Office）、外交部（The Foreign & Commonwealth Office）和政府通信总部（Government Communications Headquarters，GCHQ），也可能授予 X 清单级别的设施。

c. 现有的 X 清单公司：具有现有政府合同的企业可以充当一个或多个第三方分包商的承包机构，这些第三方分包商可能承担持有机密资产的责任。任命分包商的任何举动必须得到原订约当局的批准。

d. 北大西洋公约组织（North Atlantic Treaty Organization，NATO）：如果合同要求英国企业在其设施中持有北约的机密（或以上）信息，订约当局将要求国防设备和支持首席安全顾问办公室（Defence Equipment and Support Principal Security Advisor's Office，DE & S PSyA's office）保证该设施使用于 X 清单。

e. 海外政府及其承包商：如果海外承包机构要求英国企业获得设施安全许可（FSC），英国政府会代表他们完成这项工作。

招标邀请书（Invitation to Tender，ITT）或包含 DEFCON 659A 的合同中的"秘密事项"必须以书面形式向承包商定义。只有当国防部以书面形式发出通知，确定招标邀请书或合同的哪些方面应作为可报告的官方、

204 / 创新中的安全

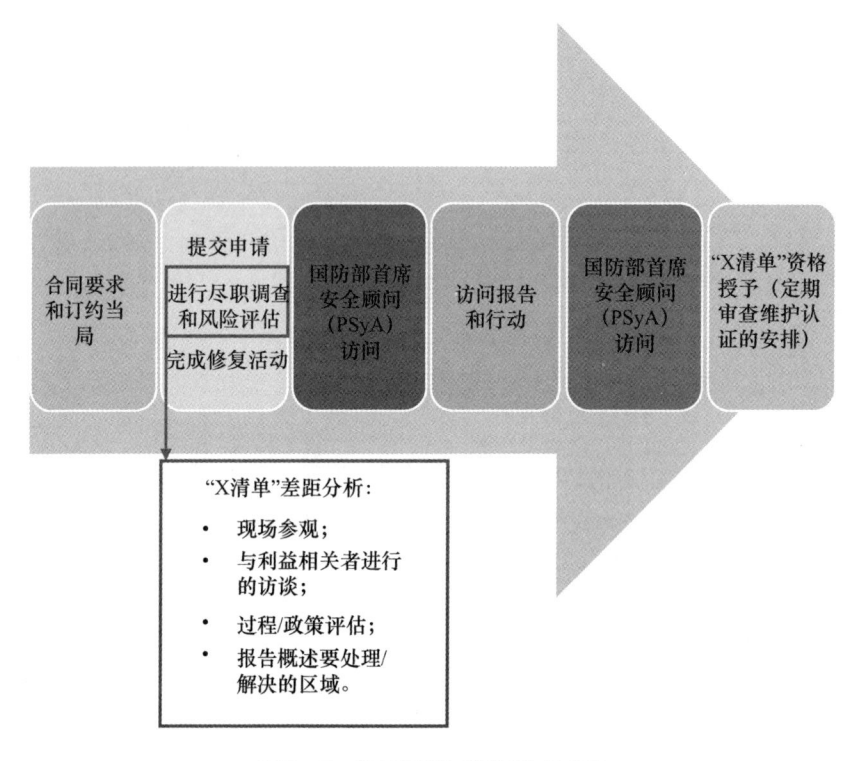

图 5-7 "X 清单"资格授予过程

官方敏感、秘密和绝密被加以标记和保护时，承包商所承担的特殊义务才具有法律效力。这是通过订约当局撰写的安全方面信件（Security Aspects Letter，SAL）或在招标邀请书或合同中加入安全方面条款来实现。如果是英国合同，英国政府订约当局的合同中将会做出要求，并附带一份关于安全方面信件（SAL），它们详细说明了需要保存的信息类型及其相关的敏感性细节。如果是外国合同，那么保密要求可能只是在合同安全性要求中，另外，订约当局有责任做出适当保证，以确保承包商是否适合持有保密资产。必须将安全方面信件与招标邀请书或合同文件一起签发给承包商。如果无法做到，必须提前通知国防设备和支持首席安全顾问办公室。承包商必须以书面形式确认，他理解并将实施安全方面的条款或条款。

5.4.3 网络安全模型（CSM）

国防网络保护伙伴关系（The Defence Cyber Protection Partnership，

DCPP）成立于 2012 年，由国防部代表、13 个主要供应商和国防工业贸易机构组成，旨在提高社会的网络安全成熟度。国防网络保护伙伴关系认为，网络基本（Cyber Essentials，CE）计划不能代表足够广泛的安全程度，因为它只涵盖五个主要的技术安全控制，不包括治理和风险管理等更广泛的方面。因此，在网络基本计划的基础上开发了网络安全模型（CSM）作为自己的供应商网络安全标准，但同时增加了一些控制要求。网络安全模型将使政府采购方能够要求承包商制定相应的网络安全标准，以满足特定合同的要求。

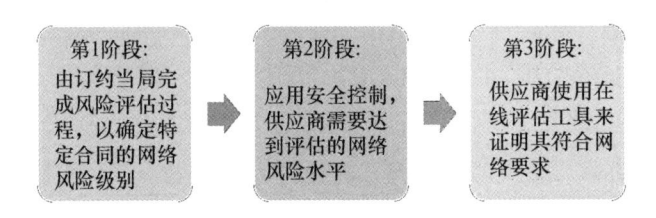

图 5-8 网络安全模型（CSM）三个阶段

网络安全模型过程分为三个阶段，如图 5-8 所示：

第 1 阶段，订约当局以问卷为基础完成风险评估。问卷的输出使用五个网络风险等级来确定项目的风险和复杂性水平：不适用、低、中、高、非常高。虽然每个网络风险级别都有威胁声明，但它们与政府安全分类方案之间没有特定的关联。

第 2 阶段，订约当局决定特定合同的网络风险级别，并且供应商按照下表实施适当的网络风险配置文件，如表 5-3 所示。在 2015 年 5 月 29 日的国防标准 05-138 第 1 期的文档的网络风险配置文件中，可以看到每个级别所需的额外措施清单。网络风险配置文件中的控制是最低要求。在某些情况下，可能需要实施其他控制措施；在这种情况下，MOD 委托机构将与利益相关方合作。

第 3 阶段，承包商提交证据，并由订约当局进行审查和接受（或以其他方式）。目前正在开发一种在线工具，允许公司输入其证据，以便对其进行评估和认证。该工具还将自动化第 1 阶段的流程并映射供应链的合同。

表 5-3　　　　　　　　　　　网络风险配置情况

网络风险等级	网络风险概况
不适用	网络基本计划（Cyber Essentials scheme）基本水平建议但不是强制要求
低	网络基本计划基本水平
中	网络基本计划附加水平（Cyber Essentials scheme Plus）和 16 个额外的控制
高	网络基本计划附加水平和 32 个额外的控制
非常高	网络基本计划附加水平和 48 个额外的控制

5.4.4 "X 清单"承包商的安全要求

《"X 清单"承包商的安全要求》（Security Requirements for List X Contractors）是由英国内阁部（The Cabinet Office）、国家安全和情报部门（National Security and Intelligence）和政府安全专业部门（Government Security Profession）在 2014 年 3 月 1 日修订并公布的。《"X 清单"承包商的安全要求》列出了 9 个大项、近 50 个小项的规定，包括承包商管理人员的作用、具有法定进入权的来访官员、海外访客、准备和应急计划、联合国化学武器公约宣传、海外推广销售或发布国防设备或技术、美国出口管制和家庭办公等九章规定，内容涵盖强制性监督要求、董事会职责、安全控制器的职责、公司安全说明、所有权变更通知和承包商的控制或关闭、访客进入 X 处所、访客的类型、订约当局和其他 X 名单承包商的来访者、会议的安全控制措施、具有法定进入权的官员、卫生和安全检查员、地方当局检查员、海外访客、在国防部是订约当局的情况下参观设施的情况、来自特殊安全国家的游客、住宿要求等方方面面，对参与涉密科研项目的承包商做出较为全面的规范。

案例 5—1

英国国防承包商使用照相记忆分享英国国家机密

英国国防承包商 BAE Systems 前雇员西蒙·芬奇（Simon Finch）声称，他向外国政府传递了绝密军事信息，并根据《官方保密法》受到指控。

BAE Systems，通常被称为英国宇航系统公司，是一家总部设在英国伦敦的跨国军火工业与航空太空设备公司。主要业务涵盖军用飞机、民用飞机、导弹、卫星、电子设备、仪表与测试设备等及有关武器系统的研制与生产，几乎垄断了全英国军用飞机、航天器和战术导弹的研制与生产。

西蒙·芬奇职业生涯初期曾在国防部工作，后在 BAE Systems 公司工作，声称自己是"在机密系统上工作的人"，并补充说他是"有点自闭症且具有近乎摄影的记忆力"。他在国防行业工作了 20 年，并且可以访问秘密和绝密信息。他说，直到 2018 年 10 月，他花了十个月的时间来记录自己一直在使用的机密信息和系统。他声称自己是在与英国警察发生争执后，通过将涉密信息分发给"一些敌对的外国政府"，对英国当局进行了报复。

西蒙·芬奇已被指控非法披露国防信息罪，并被指控破坏性地披露国防机密。1988 年《官方保密法》定义了破坏性地披露——损害英国武装部队的能力，导致部队成员的生命损失或伤害，导致这些部队的设备或设施严重损坏，或损害英国在国外的利益。

2018 年 10 月底，伦敦警察厅反恐指挥中心与国防部一起对这起犯罪事件展开了调查。经查，西蒙·芬奇的电子邮件中包含一份文件，文件中的信息被列为"机密"和"绝密"，涉及西蒙·芬奇以前曾使用过的防御系统的信息。

除被判处四年半监禁外，西蒙·芬奇在获释后还将受到五年严重犯罪预防令的约束。

1. 承包商管理人员的作用

在承包商场所持有的政府资产的安全责任由承包商董事会承担。虽然合同条款中要求的一些安全控制措施可能看起来不方便，但《"X 清单"承包商的安全要求》中讨论的基线控制措施旨在为敏感的政府资产（无论其位于何处）灵活提供适当水平的保护。它们还可以用来保护承包商自己的资产、技术和专业知识，这能够支持公司持续安全。

高级经理应强调，安全是直线管理的一个不可或缺的功能，只有经过适当的规划、实施和监督，安全控制措施才会有效。他们应坚持按照合同规定执行适当的安全水平，并应被视为充分支持参与实现和维持这一目标的部门管理人员和安全人员。满足安全控制要求的安排由承包商决定，但必须始终充分满足《"X清单"承包商的安全要求》和其他安全政策框架中讨论的基线控制要求。部门安全官（The Departmental Security Officer，DSO）或相关订约当局的安全官员可就所实施的安全控制措施的充分性提供建议。

在决定这种安排时，承包者应铭记，订约当局可能会将任何导致机密资产受损的重大担保失误视为严重事故。违反合同条件而未能履行担保义务可能导致合同处罚、合同终止和承包商从"X清单"中除名。

（1）强制性监管要求

承包商需要做出以下任命，以满足适当安全方面的强制性监管要求：

a. 董事会级联系人（Board Level Contact）——董事会成员必须是英国国民，全面负责安全。

b. 安全总监（Security Controller）——必须是英国国民，向董事会级联系人负责，负责设施内的日常安全问题——大型承包商或有大量合同义务的承包商，将有一名全职安全总监，由一名或多名安全人员支持——拥有多个不同地点的承包商可能需要任命本地安全联系人，他们向（集团）安全总监报告。

承包商的规模或其合同义务因公司而异。一些承包商决定任命常务董事为董事会级联系人。而对于较小的公司来说，董事会级联系人和安全总监可以是同一个人。如果董事会级联系人或安全总监要变更，必须事先通知相关订约当局的部门安全官（The Departmental Security Officer，DSO）或安全官员。

c. 许可联系人（Clearance Contact）负责协调与合同所涉及的员工的人员安全许可的适当安排——大型承包商可能希望指定一个人作为许可联系人来支持安全总监——小型承包商可能指定安全总监作为许可联系人。

d. 信息技术安装安全官（IT Installation Security Officer）——信息技术安装和网络特别容易受到危害，需要全面和持续的安全管理。

e. 原子能联络官（Atomic Liaison Officer，ALO）——此人要全权负责所有原子能信息的安全，仅当承包商需要访问原子能信息时——安全总监也可以被任命为原子能联络官——原子能联络官的任命必须代表所有订约当局通知国防部原子能协调办公室（The Atomic Coordination Office）

批准。

f. 密码管理员（Crypto Custodian）——仅当承包商被要求持有政府加密材料或设备时——此人负责承包商现场所有加密材料的安全处理，即接收、存储、分发和处置——另外还必须任命一名替代的密码管理员，作为密码管理员的副手——部门安全官相关或订约当局的安全官员将通知承包商任命和注册密码管理员的程序。

g. 副安全总监（Deputy Security Controller）——虽然不是强制性的，但公司可能希望在安全控制员不在的情况下，确定一个人担任安全总监的副手。副安全总监亦可是上述 c－f 条官员之一。

（2）董事会级联系人的职责：

a. 实施政策控制；

b. 给予安全总监适当的授权和有效的支持；

c. 批准公司安全指令；

d. 通知部门安全官或有关订约当局的安全官员公司状态的变化，即所有权、控制权、关闭等。

（3）安全总监的职责

值得注意的是，虽然安全总监在董事会级联系人下的职责是执行，但总的合同责任仍由董事会承担。安全总监具体负责说明、实施和监测安全控制，以适当保护承包商现场持有的政府机密资产。

a. 负责公司内部的联络，以及公司与部门安全官或相关订约当局的安全官员之间的联络；

b. 就合同安全控制的说明和实施、立法安全控制向管理层提供咨询建议；

c. 准备并执行公司安全指令、风险管理和认证文件集（RMADS），并所有适当的员工都可以使用和了解这些文件，并且在必要时进行更新；

d. 随时为承包商的管理人员和雇员提供咨询和安全建议；

e. 为处理、储存或生产机密资产的新合同或建筑物的改建，协调适当的安全控制计划；

f. 安排适当的安全教育意识培训，特别是针对新员工、年轻员工或没有经验的员工，以确保他们了解威胁的规模、性质和所需的保护性安全控制措施；

g. 确保任何违反安全的行为立即报告给相应的订约当局，如果适当的话，还应报告给地区警察，并确保对情况进行充分调查，将结果记录在公司违反登记册中，并将完整的报告和影响分析提交给订约当局；

h. 确保任何涉及政府涉密资料的安全事件均向订约当局报告。涉及国防部拥有、处理或产生的资料的安全事件，须立即向联合安全协调中心（The Joint Security Co-ordination Centre，JSyCC）的国防部国防工业警告、建议及报告处（The MOD Defence Industry Warning, Advice and Reporting Point，WARP）报告；

i. 这将使联合安全协调中心能够协调一个正式的信息安全报告程序去评估任何相关风险、进展事件的影响，协调适当的安全查询，并向国防部首席信息官（Chief Information Officer，CIO）、部门安全官（DSO）以及酌情向安全总监、董事会级联系人和其他公司高级主管提供具体的信息安全建议，介绍国防部国防工业信息保障（Information Assurance，IA）和数据完整性的演变情况。它还将协助"X清单"承包商保持其业务产出和合同义务，同时遵守国防部信息保障安全程序，在其业务流程建立弹性，并向各自的管理委员会主管提供信息保障事件和风险缓解报告。

在考虑新合同或需要几个部门合作的建筑物改建的安全控制时，安全总监必须在公司内部进行广泛咨询。如果未能提前讨论此类控制的要求，可能会导致匆忙而昂贵的补救控制。当包含安全措施（如DEFCON 659）或其他适用的安全措施的每份合同完成时，或当"X清单"承包商不再承担包含此类安全措施的合同时，安全总监必须尽快通知订约当局。如果订约当局与"X清单"承包商的顾问签订了单独的合同，并且这项工作将在订约当局场所以外的地方进行，则"X清单"承包商的安全总监负责确保安全控制是适当的，以保护涉密资产不受损害。

（4）公司安全指令

重要的是，所有参与处理涉密资产的员工都应承担并理解安全方面的责任，无论他们在公司中的角色或职位如何。这将有助于避免可能导致涉密资产泄露，给承包商或订约当局造成尴尬；违反合同条件，可能导致合同违约金、提前终止合同和将承包商从"X清单"中删除。为履行合同义务，承包商必须以公司安全指令的形式对员工进行指导。这些说明应该：

a. 在早期由安全总监编制，并在必要时更新；

b. 被董事会级联系人和订约当局批准；

c. 由总经理授权并签字签发；

d. 被分类的级别不高于官方（Official）级别，以帮助确保所有相关员工的充分流动和可用性；

e. 公布安全总监及其副手的任命、详细信息和可用性，并明确他们可以就任何安全方面进行咨询和提供建议。

(5)"X清单"承包商的所有权、控制权或关闭的变更通知

承包商必须将公司情况的任何变化通知其订约当局，这些变化可能会影响其安全状况及其执行机密合同的能力。特别是，以下情况必须立即报告，并在可能的情况下提前报告：

a. 拟议的所有权和控制权的变化，包括任何外国收购，这将任何外资持有的股份提高到公司股份总数的5%或以上；

b. 董事会的任何变动；

c. 任命一名非英国正式公民或拥有双重国籍的人员在公司中担任某一职位，该人员可能会影响公司中从事涉密工作或需要访问涉密资产的员工的任命；

d. 非英国公民购买足够的公司股份，使其能够任命或影响任命一个人担任涉及机密资产或安全区域的职位。

如果"X清单"承包商的所有权发生变更，则不应假设任何现有的政府合同将自动转至新所有者名下。在这类变更发生之前，订约当局需要确保新所有者满足某些条件，其中包括需要满足涉密资产将继续得到所需标准的保护。如果涉及秘密或以上级别的资产，新公司必须继续满足"X清单"承包商的标准。任何关闭"X清单"承包商公司或将机密工作从一个"X清单"场所转移到另一个"X清单"场所的意图，必须尽早引起部门安全官或相关订约当局的安全官员的注意，以便订约当局为处置机密资产和完成必要的安保程序作出适当安排。

(6)"X清单"场所的访客管制

访客不得进入任何机密资产或区域，除非安全总监确信此类人员"需要知道"并持有适当的安全许可，且已获得事先放行批准。如果承包商的场所只有一部分用于保密工作，则必须将未经安全许可或不需要知道

的访客限制在用于非机密工作的区域。在"X清单"的场所中进行涉密工作或持有资产的区域,承包商必须确保访客不能进入他们无权进入的区域去访问信息。因此,承包商必须为识别和控制访客作出有效安排。可能需要不同的安全措施,例如出入控制系统、门、锁或陪同人员。

访客类型:可能需要进入进行分类工作或持有资产的场所的访客类型包括:

a. 订约当局担保的官员;

b. 国防部国防设备和支持安全副主管和首席安全顾问组织(The MOD Defence Equipment & Support-Deputy Head Security & Principal Security Adviser Organisation,MOD DE & S DHSY/PSYA)的官员;

c. 与政府项目/合同有关的其他"X清单"承包商雇员;

d. 分包商员工;

e. 拥有法定进入权的官员,例如健康和安全检查员;

f. 海外游客;

g. 系统和硬件工程师。

其他访客可能包括客户、潜在客户、维护承包商、选区议员,或学生和记者等,他们希望检查工作条件或作业过程。在这种情况下,如果可能涉及机密资产的披露,安全总监应事先征求部门安全官或相关订约当局安全官员的批准。

订约当局和来自其他"X清单"承包商的访客:国防部国防设备和支持安全副主管和首席安全顾问组织的安全顾问和由订约当局赞助的访客,或者另一个"X清单"承包商,应该不会有什么困难,因为它们对承包商来说是众所周知的。但如果对他们的身份、他们的"需要知道"或安全许可等有任何疑问,就必须向订约当局或适当的"X清单"承包商的安全总监确认。

商务会议和学术会议的安全控制:如果访客在承包商的场所或承包商安排的场所参加商务会议或学术会议,在活动之前、其间和之后采取适当的安全控制措施以保护涉及的机密资产是很重要的。为此,公司安全指示应包括对所有员工的适当指导,说明在组织此类活动时对安全的影响,包括以下内容:

a. 参加活动的个人应负责安全控制,即使承包商可能不雇用主席和其他与会人员；

b. 应编制一份与会人员名单，由安全总监确认他们的"需要知道"和安全许可状态，并将其传递给负责活动安全的人员；

c. 会议室不应容易被忽视或窃听——根据会议地点和机密讨论的级别，可能有必要考虑进行技术扫描；

d. 在会议前、会议期间以及休息期间，应保持对会场场所或会议室的出入控制；

e. 在商务会议或学术会议开始时，主席须说明任何特别的保安安排，例如带走文件、在休息时保管文件、关闭移动电话等；

f. 休息期间，机密资产应得到适当的保护，或将房间上锁并看守；

g. 会议结束后，应制定安全安排，处置所涉及的机密资产，并将这些资产移交给与会者，以便转运。

2. 具有法定进入权的来访官员

只有检查员不能访问秘密及以上级别资产就不能履行职责，并且需从雇佣检查员的机构处获得保证，该人员持有适当的安全许可或基本人员安全标准的情况下，才允许检查员访问机密及以上级别的资产。各政府部门和地方当局的官员，如卫生和安全检查员、海关官员、消防检查员等，根据规章制度有权进入工厂、实验室和工作环境进行检查。在出示由雇佣他们的当局签发的证件后，必须给予这些人履行法定职责所需的准入和便利。官员要求进入存放机密资产的区域的问题，通常可以通过护送这类访客以确保他们不能直接进入或暂时保护或掩盖涉及的资产来解决。

（1）健康和安全监察员

根据《1974年健康与安全及工作法》，健康与安全管理局（The Health and Safety Executive，HSE）或地方当局雇佣的健康与安全检查员可要求进入"X清单"承包商的场所，这是一项法定权利。根据该法典赋予检查员进入场所的权利，并不能成为他们不遵守承包商控制访客的安全措施的借口，如证明自己的身份和在来访者登记簿上签字。如果检查员希望拍摄照片，这些照片可能会泄露秘密或以上级别的资产，承包商的安全总监在告知检查员这一事实后，应同意对胶片进行安全处理的安排，并在分发前对照片进行检查和正确定密。所有健康与安全检查员都需携带证书，证明他们是健康与安全管理局的官员，并被认证/批准为基线标准水平，其中一些被认证为安全检查（Security Check，SC）和开发审查（Developed Vetting，DV）级别，以允许访问最高级别的机密资产。如果安全总监评估此类检查引起特定的安全问题，应咨询部门安全官或相关订约当局的安全官员，并在征得同意的情况下，通知部门安全官、健康与安全监察员。如有必要，应向部门安全官或健康与安全管理局确认卫生与安全监察员所持有的安全许可级别。

（2）地方政府检查员

地方当局检查员可能要求进入某些"X清单"承包商的场所。检查员通常不通过安全检查，但确需携带证件，这种证件的设计因不同的机构而有所不同。未经事先安排，不得允许这些检查员进入存放机密资产的区域。当检查人员进入遇到困难时，安全总监应联系部门安全官或相关订约当局的安全官员。

3. 海外访客

除非已同意特殊安排并告知公司，否则未经订约当局事先批准，不得允许来自海外国家的访客接触任何机密资产。根据英国和外国政府之间的各种协议/安排，访客有责任通过其英国大使馆或高级委员会做出适当的安排，访问涉及机密资产的"X清单"承包商场所，如果是国际防卫组织（International Defence Organisation，IDO），如北约，则通过国际防卫组织安全官员做出安排。如果国防部不是订约当局，关于外国公民访问"X清单"承包商和批准发布与订约当局合同/计划相关的机密信息的要求指南，必须从订约当局的部门安全官或他们的安全官员处获取。

（1）对订约当局是国防部的机构访问

国防部国防设备和支持安全副主管和首席安全顾问组织国际访问控制办公室（The MOD Defence Equipment & Support-Deputy Head Security & Principal Security Adviser Organisation, DE & S DHSY/PSYA IVCO），《"X清单"承包商指南》提供从事国防合同/项目的"X清单"承包商"内部访问和外部访问"的指南。除特别约定情况（见下文），国防部国防设备和支持安全副主管和首席安全顾问组织国际访问控制办公室负责协调所有要求接触与承包商持有的国防计划和合同相关的机密资产的外国公民的访问，或在某一地点内进行此类活动的受保护地区。然而，来自北约成员国——奥地利、澳大利亚、芬兰、瑞典、瑞士和新西兰的访客，访问官方敏感（Official-Sensitive）及以下的涉密资产，并且在每次访问中访问该场所的时间不会超过 21 个工作日，访问"X 清单"场所不需要申请，然而，在向这些访客发布任何官方信息之前，必须获得国防部订约当局的批准。所有其他国家的访客都需要提出访问请求。在适当的情况下，安全总监必须确保这些访客在场所时始终有人陪同。

对于与国防项目或合同有关的秘密及以上级别的访问，任何未先向国防部国防设备和支持安全副主管和首席安全顾问组织国际访问控制办公室提交请求就到达承包商场所的访客，除非根据意向书框架协议进行访问，否则不允许访问机密资产。英国东道主有责任确保此次访问获得国防部国防设备和支持安全副主管和首席安全顾问组织国际访问控制办公室的批准。框架协议各方（法国、德国、意大利、西班牙、瑞典和英国）已同意单独的国际访问程序，访客可以要求访问已预先确定为可共享的秘密级别的国防机密资产。对此，国防部国防设备和支持安全副主管和首席安全顾问组织国际访问控制办公室的《"X 清单"承包商指南》有详细的规定。

（2）来自具有特殊安全利益的国家的游客

"X 清单"承包商的正常商业活动，可能包括来自具有"特殊安全利益"的国家的国民访问。有特殊安全利益的国家将另行通知安全总监。安全总监应与可能参与安排或接待"特殊安全利益"国家的国民访问的管理人员保持联系，因为此类访问可能被用作获取先进技术细节或支持情报活动的机会。在涉及"特殊安全利益"的国家的国民进行任何访问之前，应尽可能向国防部国防设备和支持安全副主管和首席安全顾问组织国际访问控制办公室提供以下详细信息：

a. 完整姓名

b. 出生日期

c. 护照号码

d. 来访者代表谁

访客在现场时必须有人陪同，并且不得间接接触机密资产。应提醒参与讨论或演示的所有员工要注意防止机密资产受损的必要性。如果相关订约当局要求，在完成访问后，安全控制员应发送一份访问报告给部门安全官或国防部国防设备和支持安全副主管和首席安全顾问组织国际访问控制办公室（如适用）。对于具有特殊安全利益的国家的国民对"X清单"承包商进行的访问，访问报告的要求并非旨在监控或限制合法的业务行为。这些报告通常是访问发生的唯一迹象，也是研究敌对情报活动的重要信息来源。国防部国防设备和支持安全副主管和首席安全顾问组织国际访问控制办公室的《"X清单"承包商指导说明》，提供了与国防计划和合同相关的"X清单"承包商场所的"内部访问"要求的全部细节。

（3）未经许可的访客区域（Un-cleared Visitor Areas, UVAs）

为了促进业务的有效开展并减轻"X清单"设施的管理负担，国防部作为订约当局的"X清单"场所的安全总监，可以要求其安全顾问同意其场所的区域适合未通过国防部国防设备和支持安全副主管和首席安全顾问组织国际访问控制办公室批准程序的海外访客使用。这些区域被指定为未经许可的访客区域。为了获得安全顾问的同意，这些区域必须至少满足以下标准：

a. "X清单"设施将包括存放机密材料或进行此类工作的区域，这些区域与紫外线防护区实施物理隔离，通常通过自动进入控制或因为它位于单独的建筑中，并且不可能意外查看或在上方查看机密敏感信息或对话；

b. 从第一次接待访客的地点到达未经许可的访客区域不需要经过安全区域；

c. 当访客使用公共区域（如员工餐厅或临时区域）时，护送安排足以防止意外听到关于敏感事项的谈话；

d. 已从国防部项目小组或相关机构获得向访问者发布国防部信息的事先批准；

e. 已作出安排，在每次访问前后检查未经许可的访客区域，以确保任何官方机密材料或个人数据得到保护，并且在访问后，访问者已带着他们的所有个人财产离开；

f. 向被允许进入长波紫外线的外国访客提供指示，设定明确的参数，并警告不遵守将导致访客离开该设施；

g. 向员工提供书面说明，解释管理未经许可的访客区域及其使用的规则，强调在任何情况下都不得将机密或以上的材料纳入未经许可的访客区域，并且不得在该级别进行讨论；

第 5 章 英国科技保密工作体制 / 217

  h. 安全控制员必须保存所有外国访客的记录，这些记录必须根据要求提供给安全顾问和国防部国防设备和支持安全副主管和首席安全顾问组织国际访问控制办公室的成员。

  不反对将未经许可的访客区域用于其他会议或访问（例如内部或英国国民的访问），前提是讨论仅限于官方层面。一旦安全顾问同意一个地点有一个或多个合适的联合作战飞机，"X 清单"数据库将被修改，以向国防部国防设备和支持安全副主管和首席安全顾问组织国际访问控制办公室表明这样的安排是有效的。只有在海外访问涉及秘密或以上讨论和/或公司希望带访问者到弗吉尼亚大学以外的工作区域时，才需要提交访问请求以获得国防部国防设备和支持安全副主管和首席安全顾问组织国际访问控制办公室的许可。

  需要注意的是，国防部国防设备和支持安全副主管和首席安全顾问组织国际访问控制办公室不允许"X 清单"承包商场所根据适用于使用美国弗吉尼亚大学的规定接纳海外访客，然后将访客"转换"到更高的级别。这种情况不算紧急访问，适用于外国访客的正常规则也适用。如果对此次访问的分类有任何疑问，应在规定的时间范围内以正常方式向国防部国防设备和支持安全副主管和首席安全顾问组织国际访问控制办公室寻求许可。关于附件的规则保持不变。任何在现场停留连续 21 天或更长时间的外国访客仍然需要访问请求，即使所需的访问级别是官方的。如果公司对外国公民的任何访问有所顾虑，或者他们被告知这些国家是适用特殊法规的国家，那么安全控制人员有责任将相关人员的详细信息告知国防部国防设备和支持安全副主管和首席安全顾问组织国际访问控制办公室。国际访问控制办公室将在必要时联系相关部门，并向安全管理员提供指导。

  公司没有义务为他们的设施建立一个未经许可的访客区域，然而，如果他们这样做了，他们将被要求自己监督弗吉尼亚大学的管理。一个站点滥用这些安排可能导致国防设备和支持撤回其与联合军事观察员的协议，并随后回复到正在进行的完全的国防部国防设备和支持安全副主管和首席安全顾问组织国际访问控制办公室访问安排。如果一个许可的国防部"X 清单"承包商希望使用未经许可的访客区域程序，应该考虑是否有一个合适的设施。如果是，安全主计长应向安全顾问提交请求，以批准现有安排。呈件应附上所有相关计划、给来访者的指示草案和给工作人员的指示草案。除非接待区/门卫室紧邻拟建的未经许可的访客区域，否则还应详细说明访客将如何以及通过何种路线在两者之间被护送。在做出批准决定之前，安全顾问可要求修改或要求访问现场。期望获得批准。如果一个场所希望有一个未经许可的访客区域，但这将涉及现有场所的调整，应在早期阶段咨询安全顾问，以确保任何更改都符合要求的标准。一旦完成任何必要的工作，安全顾问将根据上述标准评估适应情况。

（4）"X清单"承包商雇员的海外访问

"X清单"的承包商可能承担政府工作，要求其员工访问海外，包括访问英国机密资产，或属于外国政府或国际防务组织（如北约）的"机密"资产。有各种允许交换分类资产的国际协议/安排。根据这些协议/安排，在进行这种访问之前，英国有义务保证有关个人持有适当级别的安全许可，并确认已被告知他们的安全责任。对于与国防方案和合同有关的此类访问，国防部国防设备和支持安全副主管和首席安全顾问组织国际访问控制办公室负责提供此类保证，但对《框架协定》缔约方的访问除外，此类访问涉及适用单独程序的可共享信息。在国防部不是订约当局的情况下，关于"X清单"承包商雇员海外访问要求的指导由订约当局负责，向东道国提供这种保证的责任也由订约当局负责。

虽然不涉及任何机密资产的海外访问可能不需要订约当局的批准，但如果访问与潜在出口有关，英国驻被访问国的外交代表通常可以提供相当大的帮助。因此，商务人士可能希望将任何此类访问通知相关的英国大使馆/高级专员公署，以确定是否可以提供任何援助。可从国防部国防设备和支持安全副主管和首席安全顾问组织国际访问控制办公室获得用于此目的的表格。与一组政府或军事人员一起为国防目的旅行的"X清单"承包商的雇员，负责向国防部国防设备和支持安全副主管和首席安全顾问组织国际访问控制办公室提交他们自己的访问申请。他们不能作为政府或军事人员被列入同一访问请求。

（5）保护英国海外机密资产

如果"X清单"承包商的员工作为一方或代表团成员出国旅行，组织访问的英国政府部门或订约当局负责适当的安全安排。在"X清单"承包商的员工进行海外访问之前，安全总监应：

a. 向相关人员简要介绍他们可能遇到的威胁以及要求他们遵守的安

全控制措施。

b. 如果个人有必要在海外访问期间披露英国机密资产，确保获得订约当局的书面批准。

c. 安排通过经批准的外交渠道发送任何机密资产，以等待收集。如果个人携带机密资产，应遵循临时快递员的程序。

在访问期间，个人应注意妥善保护其保管的任何机密资产。除非他们为了工作的目的需要随身携带这些资产，否则他们应该安排安全地存放这些资产的地方。经订约当局批准，这可以在被访问的组织或经批准的承包商代理的场所进行。机密资产绝不能无人看管地放在酒店房间或酒店保险箱内。如果不能保证适当的保护级别，机密资产应由最近的英国大使馆、高级专员公署或使团保管。

（6）访问期间收到的外国机密资产保护

被访问的东道主交给来访人员的机密及以上机密材料，只有在当天有可能交给最近的英国大使馆、领事馆或高级专员办事处正式转交给英国的情况下，才应予以接受。如果无法做到这一点，应根据当地的国家安全法规，要求东道主通过外交渠道发送资产。在非常紧急的情况下，访问者可能有必要将机密或以上与国防合同/项目有关的材料随身携带到英国，必须获得国防部国防设备和支持安全副主管和首席安全顾问组织国际访问控制办公室的批准。

（7）《欧洲常规部队条约》——"X 清单"承包商的挑战检查指南

根据《欧洲常规部队（CFE）条约》（Conventional Forces in Europe Treaty），前华沙条约组织（Warsaw Treaty Organisation）检查组可以对英国工业基地进行挑战性检查，以确保条约限制的装备（Treaty Limited Equipment，TLE）没有储存在那里。条约限制的装备包括主战坦克、装甲步兵战斗车辆、大于 100 毫米口径的大炮、固定翼永久陆基战斗飞机和永久陆基战斗直升机。

4. 准备和应急计划

"X 清单"承包商需要准备应急计划，在其办公场所被选定接受检查时，如何保护机密资产。

(1) 检查

承包商将在 5—8 小时内收到联合军备控制执行小组（Joint Arms Control Implementation Group，JACIG）发出的质疑检查通知，该小组将派遣一个前沿小分队就任何相关问题提出建议和进行讨论。检查通常是在正常工作时间内进行的，最长可达 8 小时，并可在一年中的任何一天进行，但并非总是如此。

(2) 住宿要求

参加检查的视察人员总数最多可达 35 人，即视察员、联合军备控制执行小组的前沿小分队和护送人员、当地警察和军区的代表、司机、翻译人员等。承包商应为检查小组和联合军备控制执行小组提供一个现场办公室或房间，并为其他视察人员提供住宿。所有视察人员可能需要食物，但必须向承包商支付费用。

(3) 保护敏感资产

在大多数场所，承包商应该能够通过"管理访问"技术来保护敏感资产，即：

a. 遮盖机密的机械和设备——伪装说明凸起和形状；

b. 实施桌面清理政策；

c. 关闭电脑屏幕；

d. 提供有利的位置，让检查员可以确信建筑物中没有存放任何条约限制的装备，而不给他们探索的机会。

检查小组无权进入入口小于 2 米宽的房间或建筑物，除非这些房间或建筑物包含受条约限制的设备。

如果"管理访问"不能充分保护机密资产，可以将房间或建筑物指定为场所内的敏感点（Sensitive Points Within a Site，SPWS）。当联合军被控制执行小组护送检查小组到达现场时，必须告知现场内的任何敏感点以及指定这些敏感点的理由。当可使用其他保护方法时，承包商不得声称有场所内的敏感点，也不得纯粹出于商业敏感性的原因指定场所内的敏感点。

在访问之前，承包商应考虑以下控制措施：

a. 如有需要，应提供开口超过 2 米宽的上锁的建筑物、房间或柜子的钥匙；

b. 应充分了解所有承包商指南，并完全熟悉承包商的场所和产品，以及应接受检查的建筑物、房间和柜子的位置；

c. 从分配给检查员使用的办公室或房间中移除所有可能泄露承包商或员工任何信息的信息，包括通知、海报、电话簿等。

（4）检查组

应当确定每个检查组（Inspection Team，IT）将至少包括一名情报官员，以便在国防、商业和技术领域收集与检查无关的信息。也有可能有一名检查员是熟悉承包商或同等产品的研发专家。

检查组被授权在检查期间使用下列设备：a. 望远镜；b. 静态照相机；c. 笔记本电脑；d. 被动式夜视设备；e. 录音机；f. 手电筒；g. 摄像机；h. 磁罗盘；i. 卷尺。

在承包商的介绍性简报中，检查小组只能得到其有权知道或为检查目的所需要的信息，例如：a. 公司简介；b. 场地的布局，并附有场地平面图；c. 储存在现场的任何条约限制的装备的说明和位置。在介绍性简报中不应提及因其研发或制造地位而免于条约限制的设备。

在检查时，承包商员工应知悉检查人员：

a. 是否事先研究过承包商及其产品，并确切知道他们在寻找什么；

b. 可能试图通过改变承包商及其员工的到达时间，或在他们离开现场后返回（检查时间不超过规定的 8 小时），让他们措手不及；

c. 可能会假装听不懂英语，或者理解得比他们承认的要多，以便他们可以窃听对话或内部无线电通信；

d. 会试图偷拍照片或录像；

e. 拜访后会与任何员工交谈并交换意见，所以所有员工都应该对棘手的问题有所预料，对此他们应该礼貌地回答，同时不要主动提供更多不必要的信息。

5. 联合国化学武器公约——对"X 清单"承包商的挑战检查的指导方针

《联合国武器公约》（United Nations Weapons Convention，以下简称《公约》）禁止制造或拥有有毒化学品，并对一系列化学品实施管制。根据该公约，英国的每一栋建筑都可能在短时间内接受另一个签约国发起的挑战检查。挑战检查的目的是检查英国是否遵守公约，由禁止化学武器组织的国际检查员进行。

(1) 准备和应急计划

对工业场所的挑战检查是最不可能的，但不能排除。尽管《公约》承认国家有权保护本国安全和商业机密，但检查将非常地深入和详细。一些检查员和观察员可能会试图利用检查员来收集情报。

能源和气候变化部（The Department of Energy and Climate Change, DECC）是英国协调应对《公约》的国家机构。它为所有的公司提供建议，无论是否在"X清单"上，如果进行挑战检查，它将提供帮助。这类建议可从以下机构获得：《禁止化学武器公约》国家主管部门、国家核不扩散和发展管理局、能源和气候变化部。

"X清单"承包商需要制订应急计划，详细说明在发生挑战检查时如何保护机密资产。他们可能还希望在计划中包括如何保护敏感的公司资产。在大多数场所，机密资产可以通过"管理访问"技术加以保护，类似于处理欧洲常规部队挑战检查时所采用的技术。根据《化学武器公约》，入口小于2米宽的建筑物和房间都不被排除在检查之外。

对于《公约》下的挑战检查，国防部没有做出任何特殊安排来支持"X清单"承包商，并且将假定场所和联系方式与欧洲常规部队相同，除非国防部国防设备和支持安全副主管和首席安全顾问组织国际访问控制办公室另有通知。

(2) 私营企业与国防有关的项目和技术

私营企业（Private Venture, PV）资助的（即非国防部资助的）国防相关项目和技术属于以下三类之一：

a. 变体。正在研究、开发或生产的标准防御设备的变体，例如飞机、军用车辆或船舶等。提供非标准设备或装备，以满足特殊客户要求，或避免与英国武装部队在役项目销售相关的安全或商业困难。

b. 衍生品。不是基于标准服务设计，而是依赖于在国防合同过程中获得的专业知识或技术的军用或民用设备。

c. 自行研制。不以从国防合同中获得的信息为基础的重要国防装备。

承包商必须确保任何属于上述类别之一的私营企业活动已经被正式的安全定密，请参阅以下网站上的私营企业定密指南：https://www.gov.uk/government/uploads/system/uploads/attachment_data/file/27647/pv_grading_flyer_v5. pdf。

国防部国防安全科学技术/工业部门（MOD Defence Security Science and Technology/Industrial，MOD DefSy S & T/Ind）是国防部内唯一可以为私营企业项目和技术提供正式安全等级的部门。关于私营企业安全等级的申请必须提交给国防部安全科学技术/工业部门，包括以下内容：

a. 您的姓名和地址以及您工作所在地的安全总监的地址。

b. 一份明确的声明，要求对私人企业进行评级，并详细说明先前所收到的相关评级，并解释从那时到现在的变化。

c. 用于划分安全等级目的的最终技术文件（包括数据表），使我们能够确定：该技术将提供的能力；其与英国武装部队或英国政府在役设备的技术等效性水平，以及该技术的发布将揭示其在役设备的任何潜在漏洞。

d. 如果该技术是国防部资助项目的变体或衍生产品，则必须申报在私营企业资助下所做的改变的细节。

e. 您可能从国防部利益相关者那里收到的任何安全建议及其联系方式。如果有的话，请在申请中附上该建议的副本。

f. 您认为世界其他地方可能发生的任何其他证据或例子可能有助于我们的评估。

注：a. 国防部国防安全科学技术/工业部门不接受通过电子邮件申请私营企业安全等级划分。这是因为您的应用程序可能包含不可通过互联网发布的信息。

b. 我们不能对海外资助和开发的技术划分安全等级。但是，我们可以对在英国私营企业资助下修改/增强的海外技术、在英国利用海外资助开发的技术以及在海外利用英国私营企业资助开发的技术划分安全等级或提供建议。

c. 这与获得展览许可不同，展览许可由下文详细说明的一个单独程序来处理。

（3）展览及宣传资料

承包商希望发布宣传材料、发表文章、以任何音频或视频形式发表演讲或在展览会上展示宣传材料或硬件，必须事先获得相关机构的批准，如果宣传材料或硬件来源于或涉及：a. 任何直接或间接的政府合同；b. 一个与国防相关的私营企业项目——其某些方面可能需要在国家利益方面得到保护。

在此背景下，发布宣传材料包括：

a. 公开发布承包商的宣传材料；

b. 通过媒体；

c. 在展览会上，即公众参加的任何展览会，即使是由军事单位、国防部的分支机构或其他订约当局组织或赞助的；

d. 作为演讲的主题或一部分；

e. 在向公共机构或个人提供的科技论文中；

f. 专题讨论会；

g. 公众人士可查阅有关资料的任何其他场合。

硬件设备的展示及宣传资料的发布应该向负责信息/设备项目的有关当局申请批准。对于与合同活动有关的国防部信息，应与国防设备和支持项目小组（Project Team，PT）联系以获得许可。当国防相关活动的信息涉及多个项目团队或私营企业信息没有定义的项目团队时，承包商应与国防部国防安全科学和技术/工业部门联系，以获得硬件和相关宣传材料展览的许可。如果它涉及以下定义的国防相关材料，请参阅此网站（https://www.gov.uk/government/uploads/system/uploads/attachment _ data/file/27648/exhibition_clearance_flyer_v1.pdf）上的国防部展览传单：

国防相关材料的定义是装备、信息或技术，包括战术、技术和程序。其中包括：

a. 以下所有内容：军事能力；科学或技术内容；揭示操作或性能特征的能力（例如信号、频率、波形、范围、速度、最大值、高度/深度等）。

或 b. 能够揭示任何英国武装力量潜在的限制或弱点，或潜在的无力对抗技术能力的能力；

或 c. 已被英国国防部列为安全等级，并被视为涉密（官方敏感或以上级别）。

注：以下是不被视为上述国防相关材料的货物示例：口粮盒、个人管理包、靴子、紧固件、螺栓、沐浴用品等。

承包商应尽可能多地发出此要求的通知，以便评估任何安全影响并给出建议。为此，提请承包商负责产品营销的员工了解本节中提供的指导非常重要。批准发布宣传材料的申请时，应考虑到所涉及的材料不得带有任何安全分类或其他形式的保护性标记或处理限制。如果提案中讨论的材料或硬件的任何部分，例如照片、图形等，先前已被批准包含在宣传材料中，则应说明这一点并给出参考：

a. 哪些与之密切相关的材料先前已被批准包含在宣传材料中；b. 如果是提交给英国政府订约当局批准的书面文件，应在提交时附上一份全文和说明性图片的副本——任何照片都应是真实的照片，而不是复印件，每张都标有识别号——提交时应附上一份电影或视频的副本；c. 文件应说明需要批准的日期。

从收到申请之日起，批准可能需要 6 周的时间，但在特殊情况下，例如，紧急新闻稿，必须在提交文件中明确说明提前批准的日期，并尽一切努力在更早的截止日期前完成。如果提案中包含大量材料，可以通过提前向订约当局发出警告来节省时间。总承包商通常应负责提出合同各方面的建议，但如果分包商要独立行动，总承包商必须确保他们的行动符合这些指示。公关公司根据分包合同准备的宣传材料也应由主承包商提交，总承包商负责确保为特定项目或合同制定的任何安全分类或宣传政策指南适用。

要发布受禁止令（专利法）约束的专利申请中包含的信息，应首先向专利局提出申请。

如果承包商对所涉及的资产的安全分类水平有任何疑问，应首先向相关当局寻求建议，包括国防部国防设备和支持安全副主管和首席安全顾问组织/或国防部商业弹性理事会（Directorate of Business Resilience，DBR）—国防安全（科学技术/工业）部门。

①展览品

重要的是，负责筹备展览的供应商员工应受到严格的监督，以确保没有未经相关当局批准的材料或设备被意外地包含在内。公司应意识到，展览不时会受到监控，以防机密信息和设备泄露。因此，负责展览的供应商员工应至少能够获得许可参考，以便解决政府工作人员在进行此类监控时提出的任何疑问。在国外展览和演示中展示的货物可能需要出口许可证，尽管用于展览的模型可能不需要许可证，除非包含可获许可的技术的实际组件。然而，获得许可证可以避免因英国税务海关总署或英国边境署查询而导致的装运延误，应根据具体情况向商业、创新和技能部寻求建议。如申请出口许可证，必须在申请出口许可证之前或同时向有关当局提交展览清关手续。提供这些展品的主承包商承担展品的安全保护责任。

②涉密设备

如果在特殊情况下授权展示涉密设备（包括官方敏感），则需要采取特殊预防措施。在尽可能的情况下，标记为"官方敏感"或以上的特征或组件应从展示的材料中移除。如果不可能，展品的外部特征必须被遮盖或伪装。如果展品的外部特征未被标记为官方敏感或以上级别，则无法移除该展品的内部分类特征，则必须按照展览分类的最高级别对展品整体进行物理保护。

展品在运输过程中必须按照涉密硬件的传输规则和订约当局可能发布的任何补充通知加以保护。在展览对公众开放期间，公司必须配备足够的人员来保护展品。虽然展览的组织者通常会在其他时间提供一般警卫，但根据组织者的身份和有关当局可能发布的任何特别指示，可能有必要使用公司工作人员或经批准的合同警卫来补充这种保护。

在非营业时间，可能还需要其他特殊的物理安全预防措施。在尺寸允许的情况下，物品应锁在安全容器中，容器本身可能需要固定在展台或地板上。如果无法做到这一点，展品通常应固定在支架或地板上，并应安装某种形式的锁盖开关和密封装置。封面或封条应每天早上检查，任何篡改证据都应立即报告给展览组织者和相关订约当局。在任何展览之前，负责公司安排的工作人员和负责展品的工作人员应仔细了解有关设备的保护性标记，以及所需的安全控制措施。

6. 宣传

任何广告，包括招聘工作人员的广告，都不应引起对涉密项目的不当关注。如有必要，可参考已获准公开出版的材料，否则应在出版前咨询有关当局。在任何广告、公司宣传或展览材料中，不得提及"X 清单"的存在或成员资格，也不得提及公司或其员工的安全状况。

（1）问卷调查和媒体询问

承包商从与编制或出版目录、注册、营销或商业调查有关的组织或从媒体处收到要求或调查问卷以寻求其业务信息时，应仔细考虑披露的影响，如有必要，在提供细节或讨论保密工作或先进技术方面之前，咨询其相关当局或国防部国防设备和支持安全副主管和首席安全顾问组织。本指南的目的不是阻止与媒体接触,而是保护敏感信息或技术,披露这些信息或技术可能会损害国家安全。如果公司安全总监对某一特定方法有任何疑问,他们应酌情咨询相关当局或国防部国防设备和支持安全副主管和首席安全顾问组织。

(2)企业女王奖

企业女王奖是英国对企业和个人最高的荣誉。企业女王奖在三个方面表彰英国企业的杰出成就:国际贸易、创新和可持续发展。获胜者将获得一系列好处,包括获得全球认可和广泛的新闻报道。每个奖项的有效期为5年。奖项办公室每年邀请英国"工业单位"提出申请,根据以下技术成就标准考虑授予。虽然我们无意禁止具有"X清单"资格的公司申请奖项,但任何涉及或可能涉及安全联系的申请,均应经有关当局批准。

(3)设备和技术的海外推广和销售

出口管制。政府出于以下几个原因对某些军用和两用物品的销售实行战略出口管制:a. 国家安全;b. 国际安全政策和目标;c. 国际条约义务和承诺;d. 对恐怖主义蔓延、区域不稳定或使用内部镇压的关切;e. 对发展大规模毁灭性武器及其运载系统的关切。

战略出口管制是根据《2002年出口管制法》(《2002年法令》)通过二级立法实施的。最新的立法《2008年出口管制法》(《2008年法令》)合并了以前根据《2002年法令》发布的主要命令,因此关于战略出口管制的国内立法(与特定制裁或禁运有关的立法除外)现在已经生效。二级立法现在列出了一系列受出口管制和可能需要向大多数目的地提供出口许可证的军用和两用货物,以及受贸易管制的货物。另见 https://www.gov.uk/ukstrategic-export-control-lists-the-consolidated-list-of-strategic-military-and-dual-use-items 网址查阅。

如果承包商不清楚是否需要出口许可证,应咨询商务、创新和技能部出口管制组织热线(电话:020 7215 8070/4594)。

关于战略出口管制的更多细节和商务、创新和技能部—出口管制组织的信息,可在 https://www.gov.uk/about-the-export-control-organisation 网址查阅。

7. 海外推广销售或发布国防设备或技术

未经国防部事先批准,承包商不得向外国实体推广或出售保密的国防设备、信息或技术，国防部的批准是通过军备控制和反扩散政策部门（The Arms Control & Counter-Proliferation Policy，ACP）获得的。

（1）国防部680表格程序

国防部680表格（F680）旨在防止未经授权的信息披露或设备演示。承包商在进行任何有针对性的推广或演示，或签订任何涉及向外国实体销售或发布标为"官方敏感"或以上级别的国防设备、信息或技术的合同承诺之前，承包商必须通过680表格获得批准。这包括为满足英国国防部要求而开发的标为"官方敏感"或以上级别的设备，以及由相关订约当局签发的"安全方面信件"或由英国国防部安全部门（科学技术/工业部门）发布的"私营企业"安全等级。

应注意的是，当承包商希望对标为"官方敏感"或以上级别的设备或技术进行有针对性的推广或演示时，即使是在官方层面进行推广或演示，也需要填写680表格。对于国防部安全评级为"官方"（或被确定为与英国政府工作无关，因此不按照政府安全等级（Government Security Classifications，GSC）定密的设备有针对性地发布，680表格不是必需的，除非其发布需要发布相关标记为官方敏感或以上级别的信息（例如，战术、训练、教义等）。

（2）与国防展览的关系

承包商可以在展览会上展示和推广标有"官方敏感"或以上级别的产品而无须获得680表格，前提是其事先已从相关订约当局或国防部国防安全部门（科学技术/工业部门）获得该产品的展览许可（见宣传材料部分）。这包括在展览会的物理边界内与展览参与者交谈，前提是讨论范围仅限于适当的展览许可。但是，如果承包商希望与特定客户在展览许可范围之外或"官方敏感"或以上级别与进行交谈，必须获得国防部680表格的批准。

（3）与出口许可证的关系

680表格程序控制标记为官方敏感或以上级别的信息、设备和技术的发布。这与出口许可证是分开的，因此公司可能同时需要680表格批准（用于放行标有官方敏感或以上级别标志的设备或技术）和出口许可证（用于出口受管制的货物或技术）。承包商必须遵守与他们正在进行的特定活动相关的安全要求（680表格、分包或合作机密工作的申请、展览许可），无论他们使用何种类型的出口许可证。向外国实体发布标记为"官方敏感"或以上级别的信息、设备和技术可能需要 680 表格批准，即使这不是特定出口许可证的具体要求。当使用开放通用出口许可证（Open General Export Licence，OGEL）时，相关的安全要求同样适用。例如，应该指出的是，开放通用出口许可证对支持出口客户的出口有 680 表格的要求，但对伙伴国家没有。

（4）原产于外国的保密物品的再出口

您必须考虑原产国应用于任何外国内容的任何安全分类。如果您要发布源自另一个国家或由另一个国家拥有的安全机密项目，您必须通过 680 表格申请提供该国发布的安全机密信息/技术或再出口货物的书面协议。这是因为英国政府与许多国家签订了双边安全协议/安排（见国际保护性安全政策一章的附件 B），这些协议/安排规定，未经对方事先书面批准，不得发布从对方国家收到的安全机密信息/材料。如果信息/设备由另一个国家提供或包含外国组件，您必须考虑到您或英国政府向相关外国政府做出的任何承诺，即未经所有者/原产国批准不得出口，包括外国内容受特殊控制的情况。

（5）处理时间

处理 680 表格申请的目标是在 30 个工作日内完成 60%。不过，申请人应尽可能提前通知处理申请，因为有些情况可能需要更长时间，特殊情况根据申请的复杂程度而定。

（6）提交申请

国防部 680 表格申请应该通过 SPIRE 门户网站提交。

8. 家庭办公

近年来，在家办公的情况显著增加，"X 清单"公司允许选定的员工在家不同程度地从事机密材料（包括海外政府或国际组织拥有的机密信息）工作，这将变得越来越普遍。如果有适当的安全措施，个人设施的安全总监可以批准家庭办公，但必须完全满足以下要求。这些规定适用于个人需要在家中处理和/或存储机密信息的情况。它不涉及关于机密材料的手工运输的规则（例如，当在远离"X 清单"场所的地方参加会议时），这些规则没有改变。

（1）安全总监的责任

未经安全总监同意，不得在家中处理或储存机密材料。在允许家庭办公之前，安全总监必须：

  a. 确定需求，必要时咨询直线经理；

  b. 建立并向员工确认被批准在家中储存的材料的最高级别；

  c. 检查该人员的审查许可是否良好，以及主管经理是否认为该人员是可靠的（过去的安全违规记录或一般的粗心记录可能表明此人不适合家庭办公）；

  d. 安排安保人员前往存放机密材料的住所，以检查是否有合适的工作区域，而该工作区域不会被临时访客忽视（最好是空房间）；

  e. 进行风险评估，并确定需要哪些安全增强措施（如果有），应使房屋达到所需标准。在允许家庭办公之前，安排实施任何更改；

  f. 为个人和他的直线经理安排关于家庭办公规则的简报，并为记录机密信息的去向和报告任何违规/安全事件建立明确的指导方针；

  g. 为机密级别的材料提供经批准的安全容器。如果仅涉及官方材料，验证其是否可以储存在合适的可锁容器中。

  请注意，资源不允许政府订约当局安全顾问访问家庭办公员工的家作为例行公事。然而，安全总监在做出家庭办公的决定之前应该毫不犹豫地咨询他们的安全顾问，如果涉及机密级别的材料必须始终这样做。涉及秘密或以上安全级别的家庭办公很少被允许，并且只有在事先得到安全顾问的书面同意后才会被允许。

（2）家庭办公员工的责任

  家庭办公员工对他们负责的机密材料负有个人责任，并且必须能够在任何时候解释它。在被允许家庭办公之前，必须向他们详细说明这一责任，并要求他们签署一份承诺书。如果家庭办公员工不能接受家庭办公的规则或不愿意允许如上所述的家庭访问，他们就不可能以这种方式处理机密材料。

  机密材料在不使用的时候必须锁在合适的容器里。只有在被忽视或无法进行其他未经授权的访问时才能对这些材料进行处理。如果家庭办公员工预计离开家超过一个星期，机密材料（如果批准）必须归还到"X清单"承包商的场所进行妥善保管。家庭办公员工在任何情况下都应该记录机密材料进出他们家的所有活动，并每月对其持有的物品进行抽查/清点。所有导致机密材料泄露或可能泄露的事件（如入室盗窃）必须立即报告给安全总监,安全总监随后必须通知订约当局。对于国防部,这个过程必须符合 2011—07 行业安全公告。

(3) 信息技术安全

如果家庭办公涉及使用信息技术设备,则需要特别考虑。安装在家中的计算机需要与基础设施系统相同的适当认证。由于私人住宅通常不如"X 清单"承包商场所安全,可能需要额外的预防措施来防止未经授权的篡改(如果有疑问,请咨询您的安全顾问)。家庭办公员工应该被告知不要把机密材料放在他们私人拥有的信息技术设备上,也不要允许未经授权的软件在他们官方提供的机器上使用。除非经认证的系统安全政策(System Security Policy, SSP)/风险管理和认证文件集(Risk Management & Accreditation Document Set, RMADS)特别授权,否则不允许登入任何外部链接。安全总监应确保家庭办公员工有一份安全操作程序的副本,并了解不遵守程度的严重后果。

(4) 监督和善后处理

监督家庭办公员工的总体责任由安全总监承担,但应要求直线经理监督家庭办公员工并报告任何安全问题。如果家庭办公员工在另一个"X 清单"承包商场所工作(例如,作为顾问),母公司的安全总监通常应该监督家庭办公,但在适当情况下,经双方同意,责任可移交给接收公司的安全总监。家庭办公安排应定期审查,至少每年一次,如果需要停止或有理由怀疑相关人员的可靠性,则撤销该设施。审查应始终包括公司安全人员的家庭访问。同时,应书面提醒家庭办公员工们的安全责任,并要求他们归还已签署的承诺书。

当家庭办公员工停止一个项目的工作时,他们应该被指示归还所有相关的机密材料,并签署一份他们已经这样做的承诺书。应调查任何未能说明存放在家中的机密材料的情况,如果找不到该材料,则向订约当局的安全顾问报告为违反安全规定。安全总监应准备好在安全顾问定期访问时,或在单独要求此类信息的情况下,对其现场发生的家庭办公进行说明。强烈建议他们以易于获取的形式记录家庭办公员工及其持有的机密财产。安全顾问可能会特别要求会见某个家庭办公员工或对他的家进行访问,但这通常只有在有一些担心的原因时才是必要的。

本章小结

自 20 世纪 90 年代开始，英国政府开始重视科技政策和战略规划对国家科学研究与创新的积极作用，从 1993 年的《实现我们的潜能：科学、工程和技术战略》到 2020 年的《英国研发路线图》和《国防部 2020 年科技战略》，英国科技计划极大地推动了英国走在全球科学探索和新兴技术的进程。英国建立了科学完善的科技计划管理体系，通过制定、实施、评估环节对科学计划进行全过程管理。

英国研究与创新局是英国最大的研究与创新公共资助机构，也是英国科技项目的主要管理机构。英国研究与创新局下属的英国创新局、英国研究局和 7 个研究理事会具体负责英国竞争性科技研究项目的审批、资助和管理工作。英国对科技项目实行全过程管理，包含审批、报告、预算监管、评估和发布等环节。

2020 年 10 月 19 日，英国国防部发布了《国防部 2020 年科技战略》。该战略将在英国丰富的科学技术基础上，专注于寻找和资助能够塑造未来的科技突破，并确保武装部队具备应对未来威胁的装备；它还将重新关注数据，包括数据获取和管理，从而为识别威胁趋势并提供下一代军事装备的研究提供基础。该战略阐述了英国将如何在未来保持科学和技术优势。

英国科技保密工作在很大程度上是由商业公司、研究机构、大学、慈善机构等交付伙伴、服务提供者和第三方供应商，通过签订政府合同承担的，而且这一比例正不断增加。英国的"X 清单"制度旨在保护英国工业界所持有的涉密材料，以保障政府合同。《"X 清单"承包商的安全要求》列出了 9 个大项、近 50 个小项的规定，对承包商参与涉密科研项目进行了具体全面的规范。

关键词

英国科技计划　英国科技项目　全过程管理　国防部科学技术战略　"X 清单"制度

第 6 章

俄罗斯科技保密工作体制

章首开篇语

虽然俄罗斯因内外部风险因素使得其发展面临很大挑战，但俄罗斯的环境能源、军事科技等科技方向的发展仍位居世界前列，俄罗斯的科技发展仍然有鲜明的特点。同时俄罗斯也被认为是当今世界上最大的军事强国之一，拥有雄厚的现代化军事能力、独特的装备制造体系和扎实的科学技术基础，俄罗斯已经逐步建立起从战略规划设计到具体执行的全方位融合发展模式，正稳步创新前进。为了保障俄罗斯在军事领域的领先地位，俄罗斯政府需要不断发展军事领域的先进科学技术，促进武器装备的更新换代。

在进入新一轮的转型期之初，俄罗斯的科技发展和安全状况没有受到应有的长期关注和高度重视，国家科技安全形势越发严峻，在诸多内外部威胁包括经济危机、他国制裁等的影响下，科技保密迫在眉睫。俄罗斯所规定的科学技术领域的保密重点包括：对国家科学技术和社会经济发展最重要的、具有探索和应用价值的科学研究成果；丢失会损害俄罗斯利益和声誉的信息；科技发明以及尚未获得专利的技术、有效模型和试制设备等；复杂研究设备的控制系统。

本章重点问题

- 俄罗斯科技项目管理模式的内涵与构成
- 俄罗斯科技成果转化服务模式
- 俄罗斯的国家科技安全

● 俄罗斯军事科技保密体制

6.1 俄罗斯科技项目管理模式

6.1.1 俄罗斯科技管理体制

国家进行科技活动的管理组织体系和相关规章制度统称为国家科技管理体制。科技管理组织体系是国家科技管理体制的重要组成部分，主要由国家行政机关、立法机关和司法机关内部的相关机构协同构成，为国家的科技政策制定实施和其他科技发展等工作提供支撑和保障，同时在国家科技能力和水平的培养和提高上也发挥着重要作用。

现阶段的俄罗斯科技管理组织体系，根据其职能可以划分为国家科技政策制定机构、科技决策管理主体和科技管理机构三部分，如图6-1所示。

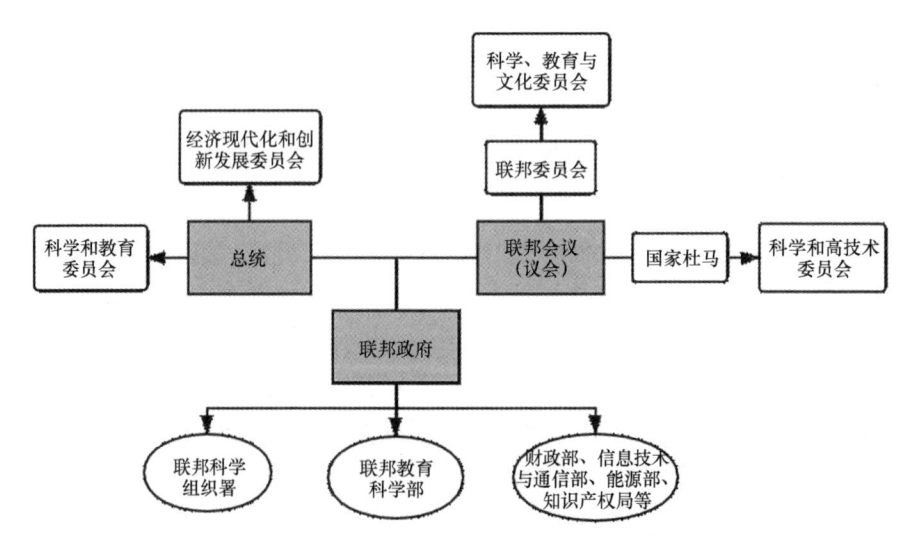

图6-1 俄罗斯科技管理组织体系

1. 科技政策制定机构

俄罗斯科技政策制定和审议机构的主要职能是针对国家的重大科技问题和实践向决策主体（总统及联邦议会）提出咨询，给出建议，参与有关科技政策的立法提议，并协调各管理机构间的工作。在俄罗斯，科技政策制定机构包括对总统负责的相关委员会和联邦议会下所设的相关委员会。

"科学与教育委员会"和"经济现代化和创新发展委员会"均直接向总统负责。前者的主要职能包括参与国家科技创新政策的讨论和制定，并同相关专家对已有创新政策进行讨论，提出可能存在的问题与改进方向。后者是俄罗斯在经济现代化领域中的一个咨询服务机构，该委员会以"短期内全面推进国家的经济现代化进程"为主要目的，对俄罗斯科学技术发展和相关政策的制定提出意见。

俄罗斯联邦会议被划分为上院"联邦委员会"和下院"国家杜马"，两院下各自设有一个与科技相关的委员会，分别为"科学、教育与文化委员会"和"科学与高技术委员会"，二者都参与了俄罗斯科技和创新活动领域的政策制定和审议。前者的主要职能还包括：调控和分配对相关科技机构和科技活动进行支持的国家基金等。后者负责对国家高科技领域的知识产权保护进行立法完善，解决相关法律支持问题以及基础科学和应用科学、教育和高科技制造业一体化进程的发展问题。

2. 科技决策主体

俄罗斯科技决策的主体即为决策机构，总统和联邦会议属于主体中的最高决策机构，其职能是决定俄罗斯在科技领域中的重大方针政策，是俄罗斯国家科技管理体系的领导核心。联邦政府作为下级机构，也可以对俄罗斯的科技活动进行决策，具有一定的决策权。

3. 科技管理机构

俄罗斯科技管理机构的主要职能是监督决策主体所发布的科技政策得到正确贯彻和有效实施，各科技管理机构均隶属于俄罗斯联邦政府。其中联邦教育科学部和联邦科学组织署为主要的科技管理机构。

联邦教育科学部是俄罗斯的行政机关之一，其主要职能是制定俄罗斯在教育、科学、科技创新、知识产权等领域的公共政策和法律条文。联邦科学组织署的主要职能是对相关的法律政策进行调整并对其管辖范围内，即科学、教育和卫生领域的活动组织机构提供政府协助。

除上述机构外，俄罗斯联邦政府的其他行政机构在自己的职权范围内也负责科技领域相关的工作。例如，俄罗斯联邦知识产权局负责修订俄罗斯民法中有关知识产权转让的相关内容；俄罗斯联邦财政部在修订有关实验室设备和材料等与使用科技资金的联邦法律中扮演重要角色等。

6.1.2 俄罗斯科技项目的资金资助来源——基金会

俄罗斯国家基金会一直是俄罗斯资助科研项目的重要力量，在推动俄罗斯科学发展中起到了愈发重要的作用，国家基金会主要影响俄罗斯财政预算中科研经费的优化和合理再分配。目前俄罗斯预算外的科技研发扶持基金数目共计29个，其中16个由俄罗斯行政机关组建，其余由社会中的商业机构组建。目前，俄罗斯大部分的国家研发预算在竞争的基础上通过三个基金会进行分配：俄罗斯科学基金会（Russian Science Foundation，RSF）、俄罗斯基础研究基金会（Russian Foundation for Basic Research，RFBR）、俄罗斯促进科技型小企业发展基金会（Foundation for Assistance to Small Innovation Enterprises in Science and Technology，FASIE）这三大基金会的管理模式和对科技资助的侧重点是不同的，各有其倾向和选择。

1. 俄罗斯三大基金会

（1）俄罗斯科学基金会

2013年11月4日俄罗斯科学基金会在普京总统的见证下正式成立。该基金会为非营利性基金会，因此其主要的资金是由俄罗斯财政预算的补贴拨款提供。俄罗斯科学基金会主要向俄罗斯优秀的科学家、科教技术人员个人或团体组织提供资助，帮助其开展基础研究或科技创新。但寻求资助的人员需要进行公开竞争，获得该机会。该基金会还在科研单位和高等教育机构中投资设立世界一流的高等科学技术实验室和教研室，培养在特定的技术领域内始终处于世界领先技术地位的高等科学技术研究专业人才和技术团队，研发各种高新技术产品，开展广泛的国际学术合作，并积极参与国家科学技术和高等教育发展相关政策的制定。作为通过立法保障来确立的基金会，俄罗斯科学基金会的自主权和独立性得到了充分的法律保护，但从目前俄罗斯的国家战略布局的角度出发，平衡各地区及各方的利益关系仍然是该基金会的重要战略使命。

（2）俄罗斯基础研究基金会

1992年俄罗斯基础研究基金会正式成立，开始对俄罗斯科研活动的发展进行财政支持。俄罗斯基础研究基金会的分配方式与科学基金会大致相同，科研资金分配严格地建立在项目独立评估结果的竞争基础之上。基础研究基金会通过赠款的形式对基础研究领域的中小型项目进行支持，并且该基金会的预算也在政府相关预算中占有固定份额。基础研究基金会在初期需要完成相关上级部门安排的指标与任务，因此基金会的自主性较差，运作模式当时更像是一个行政机构。但经过两次重大改革后，基础研究基金会已经具有独立性，可以自主进行选择和决定，淡化了基金会的政府色彩。该基金会的主要特点是：项目的甄选是基于"自下而上"的原则，而非指定或选择类别进行筛选；基金资助的对象是具体的科技项目而非某一位科学家或某一机构，项目结束则资助结束，无法通过机构实现顺延或重新分配；要求项目需要按时报告工作进度和资金使用情况，如果发现有滥用或其他未完成项目目标的情况则会重新考虑资金的分配。俄罗斯基础研究基金会的资金来源除了政府的财政预算以外，还接受社会组织和机构、企业以及公民的捐款。

俄罗斯基础研究基金会也与国外研究机构和基金会保持着紧密积极的联系，共同资助科研项目。这一行为的主要目的是促进俄罗斯科学家可以通过国际合作研究在基础科学领域有更高深的造诣，同时学习外国基金会的先进经验，进行更科学的管理。

(3) 俄罗斯促进科技型小企业发展基金会

1994年，俄罗斯政府正式成立促进科技型小企业发展基金会。该基金会属于非营利性的公共机构，主要职责是执行国家对科技型中小企业进行支持和促进发展的政策；为创新型小企业提供资金资助、信息服务支撑和其他援助，使其可以推进研发已有知识产权的高科技产品；同时该基金会也建设了支持创新型小企业生存和发展的基本配套设施。与前两个基金会的选拔竞争方式相比，发展基金会的项目筛选工作需要以政府安排的工作任务为基础，因此该基金会与政府之间存在密切的联系。发展基金会将大部分的资金投入资助俄罗斯的科技研发计划中，剩下约15%的资金用于建设俄罗斯创新技术中心的扩张网络、为创新型企业招聘吸引高校毕业生和青年科学家等。

通过以上所述可知，俄罗斯科学基金会、基础研究基金会和促进科技型小企业发展基金会作为俄罗斯国家事业单位，即体制内基金会，与国家相关科技政策制定及财政资金再分配关系密切，各有其特点，但又具有一些共性。

2. 三大基金会的异同之处

（1）共同特征

三大主要基金会均通过项目竞标的方式进行资助对象的选择和财政预算资金的再分配，在俄罗斯科学界营造积极的竞争氛围，激发科技工作者的创造性；同时十分注重青年科学家的培养，通过专项计划等多种方式给予资金和政策上的支持，为国家科技人才储备提供可靠的保障；三大基金会也坚持走国际化发展道路，在项目遴选和评审环节邀请国外的专家参与，同时与他国基金会积极开展合作和交流，汲取先进经验；三大基金会领导直接向总统负责，对内有利于将国家重大发展战略付诸实践、平衡各地区利益分配，对外有利于实施"科学外交"战略，提升国际影响力和国家软实力。

（2）不同之处

俄罗斯科学基金会成立时间最短，其年轻化让该基金会更注重市场运作和宣传，善于利用网络平台和工具展示自己。同时该基金会在遴选项目时会着重强调和突出科技发达地区与不发达地区的协同合作，避免资助资金过于集中，也希望培养不同区域各自的优势学科领域，促进国家科学和经济协同发展。俄罗斯基础研究基金会在特定的八个领域进行主要的选择，并且多次对基础研究领域的项目进行资助。推动科技型小企业发展基金会是典型的创新基金，在资助科技项目时以市场和创新价值为主要衡量标准，侧重于直接资助某一学科领域内某一具体研究方向中具有发展潜力的专业项目。

然而，由于目前俄罗斯的宏观经济不容乐观，科研经费预算总额将继续缩紧，三大基金会可能选择保证重点应用领域（如化学、医学、信息技术）的资金支持供给，而人文社科研究领域的资助力度可能会缩紧。

3. 其他基金会

2012年，俄罗斯国家领导层决定成立先期研究基金会，整合俄罗斯现有相关资源以促进俄罗斯国家安全和军事领域的科学研究。随后，2012年10月16日生效的第174-FZ号联邦法律文件，对俄罗斯先期研究基金会的法律地位、活动目标和主要职能作出了规划。

先期研究基金会的成立是对俄罗斯目前面临的不断增加的风险威胁和

挑战的回应措施。先期研究基金会的活动与在军事技术和社会经济领域的高风险科研项目相关，需要取得全新可应用促发展的落地成果，需要为俄罗斯联邦的军事武装力量实现现代化进行服务。

先期研究基金会的任务是实施三个综合项目——"未来武器"、"未来保卫者"和"未来网络武器"。这些项目的目标是寻找将在20—30年后决定国家武器装备和信息系统的发展和安全的科技问题的解决办法。先期研究基金会董事长安德列·格里高里耶夫说，基金会需要对目前不符合俄罗斯联邦要求的科研工作运行体制进行改革，并要充当先进科技和管理制度的试验场——进行使组织具有现代化水准的科学研究和试验设计工作："从对国家安全所面临的未来威胁的分析出发，我们打算开发能够防止、消除这些威胁或给予不对称回应的技术手段和其他手段。"

案例 6—1

俄罗斯基金会建立与探索

"先期基金会的开发项目在新一代武器、新型军事及特种技术和装备的关键要素发展方面发挥着决定性作用，它应该成为2025—2030年间，无论是陆军、空军和海军任何军种，及其他生产部门和权力机构的军事武器系统发展的基础。"

——俄联邦总统　弗拉基米尔·普京

俄罗斯先期研究基金会经过八年的快速发展，协调领导俄罗斯的国防科研体系完成了在"核心技术领域"技术储备的原始积累。基金会的目标是为保障俄罗斯国防和国民安全而建立"未来科技"。在此基础上，先期研究基金会完成预定目标、实现自身价值的同时，任务定位逐渐发生了变化，开始负担起更沉重和远大的责任，领导俄罗斯的科研体系进行更深刻的改变和进步。

目前基金会拥有71个实验室和50多个工作团体，500多名高素质人才在此工作。基金会每年会举行多次有关未来科技和国防安全理念的竞赛，俄罗斯几乎所有的科研所、大学和高科技企业都参与其中。

思考：

俄罗斯的政治、经济、社会环境条件对俄罗斯政府设立基金会有怎样的影响？

6.2 俄罗斯科技成果转化服务模式

科技创新对于促进国家经济结构调整、保证社会经济长期活力具有重要作用。而俄罗斯长期计划经济环境下发展形成的科研和生产"两张皮"现象使得其强大的科研能力无法转换为社会经济的生产力。根据世界经济论坛发布的《全球竞争力报告》，2008年国际金融危机爆发后，俄罗斯的全球竞争力排名水平有较大幅度的下滑，从2008年的第51位降至2012年的第67位。而在2014年后，也就是俄罗斯不断采取措施进行科技成果转化为生产力促进经济和社会发展后，俄罗斯的全球竞争力迅速提升，2016年时已升至第43位，随后趋于平稳，但仍有小幅波动。

值得关注的是，俄罗斯2008—2014年采取的科技成果转化和创新体系的发展措施。2008年世界金融危机之后，俄罗斯充分认识到需要改变经济发展模式来提高国家国际竞争力、加速社会发展的重要性以及需要构建以企业为主体、市场需求为导向的产学研协同发展的技术创新体系的迫切性。俄罗斯在吸收西方典型的创新型国家经验的基础上，经过试验和探索，最终选择采用在俄罗斯政府主导下进行的市场与科研相结合的管理模式。俄罗斯政府当局大力推进国家创新体系的建设，主要包括产学研相结合发展与保障科技创新的法律制度的推进，以及创新成果归属与利益共享等建设方面。俄罗斯在一系列相关措施的推进落地下创新指数不断提高，其全球竞争力也在随之不断变化，2010年起创新指数全球排名不断升高，2017—2019年全球创新指数一直保持排在第45名左右，创新竞争力明显增强。

6.2.1 俄罗斯科技创新政策

1. 创新政策

创新这个概念直到20世纪末期才正式出现在俄罗斯媒体中。俄罗斯科学研究与统计中心参照相应的国际标准将创新活动定义为：将科学技术研究成果转化为新型或改良后的产品或服务,并将其投入市场,在实际应用中使用新的或改善的工艺流程或者服务进行加工和升级的生产方式。

创新政策是俄罗斯针对当前经济转型期,为升级过渡需要而提出的具有市场经济特色的新政策。其主要内容包括:从信息、组织、技术和财政等方面对各类科技创新创业活动的积极开展和有效推广采取激励措施,促进科技活动主体寻找提升其创新项目绩效的有效途径,激励主体、参与者和研究员积极追求和获得经济利润。

在国家创新政策的积极推动下,俄罗斯出现了一个全新的多级网状式创新组织:小型技术创新企业—孵化器—技术园—科学城—科学院大学—创新开发区—国家创新系统。其中,科学城是俄罗斯特有的创新结构,包括俄罗斯联邦国家科学中心、技术创新中心等。该网状式创新组织结构几乎涵盖了俄罗斯所有的权威科研机构、科技企业和高等学府,是俄罗斯创新体系的中坚力量。2003年1月,俄罗斯政府正式拟定在国家科学中心的规划基础上,在较为偏远的俄罗斯远东等地建立4个国家重点科技创新开发区。这些开发区被统一纳入俄罗斯国家创新系统,用于带动科学城自身的发展和改组,推动俄罗斯的科研单位走上自主创新、自我发展的道路。

2. 创新政策下的重点组织

(1)俄罗斯科学院。科学院是俄罗斯基础研究的领导者和主力军,在2013年9月国家级科学院改组之前,俄罗斯科学院下设数学、物理、纳米技术与信息技术等9大学部,还有西伯利亚、乌拉尔和远东三个分院,圣彼得堡、萨马拉、喀山等15个地方科学中心,421个研究所,拥有近5.5万名研究人员。经过重新编组调整后的俄罗斯科学院增加了医学和农业两个领域的研究,推进重点课题的联合研究,使其研究活动内容几乎涵盖了整个自然科学和社会科学的领域。

(2)国家科学中心。科学中心主要负责俄罗斯的重大应用科学的课题研究。苏联解体后,俄罗斯政府严格挑选出一批骨干科研院所,授予其国家科学中心的称号,国家特殊优惠政策会对其进行资源和资金的倾斜,扶持其进行科学研究。目前,俄罗斯国家科学中心约有48家。根据俄罗斯历任总统规划和确定的国家科技与关键工艺的优先发展方向,国家科学中心主要致力于进行航空、核能、光电子、冶金、农业等与国民经济发展和国家安全保护息息相关领域的应用型科学技术研发。

（3）重点高校。俄罗斯的高等院校是俄罗斯除研究所等科研机构以外另一个重要科研基地。俄罗斯政府长期以来实行"科教一体化"政策，并且在2008年，俄罗斯政府决定重点支持一批具有世界水平的研究型大学，再次推动和激励了俄罗斯高校科研水平的提高。目前，莫斯科大学、圣彼得堡大学、莫斯科工程物理学院等29所大学被俄罗斯政府授予"国家研究型大学"的称号，这些高等院校是俄罗斯高校科研实力的代表，也是俄罗斯高水平科技人才培养的基地，对俄罗斯科技人才储备非常重要。

（4）科学城。俄罗斯科学城的历史可以追溯至苏联大兴军工技术研发的时代。在1999年，《俄罗斯联邦科学城地位法》的颁布使得一批具有发展高科技潜力和城市规模的科研生产综合体被赋予"科学城"的地位，享有国家特殊的财政支持和社会服务。由于科学城的挑选标准非常严格，目前俄罗斯境内获得科学城地位的城镇只有14个，他们分别代表了某一特定的优势科研领域，比如克罗廖夫被称为"航天城"、杜布纳被称为"物理城"等。

（5）俄罗斯国家创新系统。2002年3月30日，普京总统批准了《俄罗斯联邦2010年以前及更长时期科技发展政策原则》（以下简称《政策原则》），其内容更深入，措施更具体，代表了俄罗斯科技政策的新理念。《政策原则》明确规定："科技发展要与国家社会经济发展任务相适应，并且要以提高俄罗斯的综合国力为先。"《政策原则》同时也规定了俄罗斯科技界的近期任务：促使科技联合体向市场经济模式转化；建立起隶属于国家的科学创新技术与企业或私人资本之间的联系，促进科技成果转化；合理配置政府调节与市场机制比重，激发企业家或资本市场对科技投入的兴趣。《政策原则》也说明了俄罗斯科技体系的远期目标是要尽量缩小甚至彻底摆脱目前俄罗斯科技发展和产品生产与西方发达国家之间的差距，通过技术转移和市场需求进行高科技产品的研发与生产，改变俄罗斯目前大量的科研成果及生产工艺在国际市场上缺乏核心竞争力的状况。

俄罗斯政府充分认识到，重新振兴俄罗斯经济、促进科技成果转化的关键措施之一是建立可以立足于国情的国家创新系统。因此《政策原则》规定："建立国家创新系统是最重要的国家任务，是国家经济政策中不可分割的部分。"而根据规定，俄罗斯国家创新系统必须具备以下特质：良好的社会经济和法制基础；完善的科技创新结构；可以做支撑的国家科技成果转化应用的机制。国家创新系统要确保国家管理机构与各科研单位和经济企业紧密结合，提升科技成果转化的速度，为提高居民生活质量、巩固国民经济发展做保障。

建立一个完整的可实施的国家创新系统，主要有以下几点需要列为重点关注和执行事项：

一是建立健全科技创新相关机制，密切联系各个创新过程参与者（主要包括国家科研机构、高等院校、科研生产单位及市场生产厂商、企业等），建立战略合作伙伴关系，在新技术研发投产等方面达成共识，综合各机构优势进行协同发展；二是对创新过程参与者下达相关经济性的扶持政策，通过预算外的其他财政支持进行奖励，吸引更多科研人员进行科技创新、吸引相关企业进行风险投资；三是积极巩固中小型科技创新企业、高科技产品专业生产商和科技服务之间的联系，建立以创新机构和创新活动为主体的服务网络，加快发展新经济，推动科技转移为市场成品。

6.2.2 俄罗斯科技成果转化服务模式

1. 建立科技成果转化运行机制

为了不断加强俄罗斯的技术创新体系和运营管理体系的综合建设，鼓励产、学、研协同合作，俄罗斯政府已经着手研究和开始构建一种名为"创新发展机构"的创新运行机制，参与该机制的机构都已经是在市场上具有较强大的竞争力和投融资管理能力的专业机构，联合这些机构可以对俄罗斯的科技成果转化有更多市场导向的推动作用。"创新机构"主要由俄罗斯相关政府机构包括对外经济银行、风险投资公司等及相关的基金会共8家机构组成（俄罗斯非商业性机构项目研究推进和战略规划署、国家对外贸易经济合作银行、俄罗斯风险投资公司、俄罗斯纳米科技公司、莫斯科国际证券交易所、俄罗斯技术开发基金、高新技术开发及商业化基金、促进科技型中小企业持续发展创新基金）。这种科技转化的运行机制，也可以被看作俄罗斯为克服"市场失灵"的情况而提供的市场机制无法解决的政府支持方案，是保证俄罗斯创新体系建设稳步发展、产学研深度协同的国家政策工具。

从"创新发展机构"的主要参与组织可以看出,该机构的主要运作方式是国家机构下达特殊政策将国家财政与民间资本进行有效的联合,从国家和市场两方面推进科技创新,建立基金会为科技项目提供投融资扶持和基础设施建设服务,民营资本的参与也降低了科技成果转化、生产应用和投入市场的难度,更好地引导中小企业和科研机构基于实际需求进行科技创新;而国家的宏观调控和资金再分配可以保障国家创新战略的顺利推进,从而推动俄罗斯的经济朝多样化和现代化发展,顺利完成科技成果转化为生产成果的转型。

为了确保创新项目从孵化到成熟的各个阶段能通过创新发展机构的服务实现顺利发展,该机构承担的主要职责有:寻找潜力大的创新项目,提交申请并进行审核;为科技创新项目发展的每个阶段提供资金支持;加大宣传以吸引私人投资,从而合作开发技术创新项目;制定对科技成果项目进行甄别、立项和执行的统一评级方案。

2. 搭建产学研合作平台

俄罗斯为了将产学研各行各业的独特技术特点和产业优势更好地紧密结合,从而推动行业创新技术战略的深入实施和产业发展,促进俄罗斯的科技成果高效转化,采取的第一个措施是首先建立了13个主要技术领域的行业科技开发合作平台。参与该合作平台的组织或单位主要包括科技和教育领域的机构如国家科学院、联邦研究型大学等,以及工商界的俄罗斯纳米技术公司等相关专业领域的公有或私有性质的企业,国家机构与市场单位组织的协作是深入推进产学研联合发展的基础与关键,同时俄罗斯产学研界各个组织的代表会通过该公共合作平台来商讨和确定各自领域的未来合作发展战略和目标,确保战略可行性和统一性,推动科技成果快速转化。同时每个研究领域都通过专家探讨来确定2—4个重要主攻的研究发展方向,13个领域目前总共有34个研究方向。而为了激励产学研合作平台所指定方向的创新项目立项与进度推进,俄联邦政府会根据每个项目的研究方向、发展潜力、可实现程度等指标给出综合评价,根据评价结果来给予各个项目不同强度的资金援助。这笔资金也来源于上文所提到过的"创新发展机构",即通过基金会对项目进行资金援助。

其次,在促进产学研结合在一起俄罗斯所采取的第二个措施是建立区域创新集群。俄罗斯13个技术领域的开发合作平台是按照专业领域研究方向将产学研相互联系在一起，发挥有优势的国家学科的资源优势；而俄罗斯投资设立的 25 个国家区域科技创新集群，则是形成一个充分利用地方创新行业本身所具有的既有优势来凝聚产学研综合力量的交流合作平台。这两种给促进产学研协同合作的基本共性和主要特点是将同一产业链上相关联的技术企业、研发机构和服务组织及其他相关机构在某些特定产业区域进行聚集，通过加强分工合作和协同创新，来形成一种具有跨行业跨区域的战略带动作用和国际竞争力的综合产业组织形态。同时，俄罗斯联邦和地方政府会给予 25 个国家科技创新集群以政策、资金、人员、基础设施等各方面的倾斜，目前也取得了较为显著的成果。

6.2.3 俄罗斯科技成果转化服务模式的保障措施

1. 解除科研院所和高等院校创办企业的资格束缚

高等院校和科研机构是进行产学研合作的基础，也是科技创新的源头和科技人才的培养基地，长期以来对科研院所和高等院校的研究人员进行的不得创办个人企业、进行科技成果市场化的资格限定，是为了防止个人通过取巧手段谋取公有利益，但随着社会快速发展与科技进步，该规定不仅削弱了科研人员的激情，也束缚了科研成果的转化。因此，在 2009 年 8 月，俄罗斯总统批准了《俄罗斯联邦科研与教育机构进行科技成果转化经济化法律修正案》，该法案允许国家科研机构和高等院校利用自有研发成果自主创办企业，开展科技成果转化和创新活动，甚至投入市场生产。该法案的具体重点内容包括：由国家进行资金资助的科研机构和高等院校不需要国家批准就可以设立公司，从事由本单位自主研发的科技成果的产业化、市场化活动，科技成果可以作为固定资本进行投入和股权折算，但不能将所有权转让给第三方。与此同时，俄罗斯还取消了《有限责任公司法》和《发展中小企业法》中涉及国家拨款进行资金扶持的科研机构和高等院校成立企业的有关限制条款，进行同步更新，表明国家对科技成果转化的支持态度。

上述法律的出台与实施也解除了国家各级科研机构和高等院校开展技术创新活动的束缚，为推进科技成果产业化、市场化和科研人员在企业内从事商业活动提供了更坚实可靠的法律基础，使得高等院校和科研机构的活动与市场在生产经营各个环节的联系更加紧密。根据初步数据统计，

2011—2013年俄罗斯政府投入了约2.2亿美元用于科技创新发展等相关领域的基础设施建设，成立了120个科学技术成果转化中心，还赋予29所大学以"国家研究型大学"的称号，以上措施的目的之一是打造一个成为具有国际水准的教育科研综合体。

2. 建立产学研知识产权分享制度

据统计，俄罗斯70%的研究经费来自国家财政预算，由此产生的大量专利也为国家所有，这严重妨碍了创新产品快速进入市场，转变为现实生产力的进程。2008年12月，俄罗斯发布了《俄联邦技术转让法》，对涉及财政投入获得的研究成果产权，给予技术研发者和使用方更多权利和保护。2011年，俄罗斯对《联邦民法》的第四部分做了修改，增加了知识产权转让和许可使用相关方面的权利。2013年，俄罗斯联邦政府正式颁布第458号令，条令规定从2013年10月1日起，国家作为经费支持方不再是知识产权的唯一所有者，部分知识产权将出让于成果创造者和投资方。同时，条令规定，如果知识产权的创造者在6个月内不出让研究成果的所有权，国家作为科技成果的订货方可以向俄罗斯经济实体提供无偿非独家特许权，并协助相关科技成果的转化；并且在36个月后经济实体将有权提出签订该成果的独家代理权合同。此外，法令还规定3年内未确定所有者的研究成果将对社会开放无偿使用权。

3. 实施督促科研机构创新的监督制度

实施统一的考核标准来鞭策和督促各类民用科研单位及其他技术开发类机构的发展是俄罗斯政府促进科技转化的有效手段之一。2013年，俄罗斯正式颁布并实施《民用科学研究、试验设计及技术开发类的科研机构绩效评估与监察办法》，该办法参照了发达国家科研机构进行绩效评估工作的经验，将所有民用科研机构根据机构的组织形态、研究方向及专业任务等角度通过相似程度来划分为不同的参照组，每5年进行一次同类对比评估，其中最低值指标的机构可能会被取消资金的扶持并减少专项政策的倾斜。同时还增加了每年进行一次的监察报告制度来动态跟踪和掌握各项绩效目标的完成情况，检察署会对科研机构的绩效完成情况进行抽查和评估，并将绩效评估和监察结果公示在俄罗斯联邦教科部监察署的门户网站，接受全社会的监督。

4. 营造有利于企业创新的政策环境

俄罗斯政府除了在促进科技成果转化的制度方面放宽权限、给予支持以外，也在尽力营造科技创新的外部环境。在社会方面提出建设"友好创新"的环境，其建设目标包括：消除企业创新活力向前发展的障碍，推广先进的应用科学和技术；鼓励企业通过自身研发新产品和使用高新技术来提高竞争力；为建立高技术企业及培育新产品（服务）的市场创造有利条件，鼓励创新。

在政策方面俄罗斯政府也在营造一个有利于企业自主创新的政策环境。其重点措施包括：加大对产品或服务市场的监管力度，确保了先进技术的引入与应用，打击侵害知识产权的市场行为；加强政府、科研机构和企业三方之间在创新管理上的协作，确保企业创新结果可以得到较好反馈；定期评估在经济领域具有关键实际应用作用的科技成果的影响和效果，并为此制定相应的后续改进计划。

6.2.4 俄罗斯技术转移中心

2003年在俄罗斯工业科技部的提议和指导下，6个联邦大区相继成立了首批6个技术转移中心，分别是国家科学中心光学研究所建立的西北技术转移中心（圣彼得堡市）、国立大学建立的伏尔加河沿岸技术转移中心（下诺夫哥罗德市）、国立大学建立的南方技术转移中心（克拉斯诺达尔斯克市）、俄罗斯科学院西伯利亚分院建立的西伯利亚技术转移中心（新西伯利亚市）、乌拉尔冶金研究所建立的乌拉尔技术转移中心（叶卡捷林堡市）和在俄罗斯科学院切尔诺戈罗夫卡科学中心建立的中央技术转移中心（切尔诺戈罗夫卡市）。2004年年底，俄罗斯教育科学部对第二批的10家技术转移中心进行了筛选。

1. 中心的定位和宗旨

每一个技术转移中心，都是作为国家技术转移体系的重要组成部分，是独立的法人单位。由于各技术转移中心都是由数个发起单位共同出资建立的，独立的法人单位可以保证中心工作的独立性。中心有两种存在形式：第一种是中心与每个发起单位之间保持非商业性伙伴关系，但其工作并不只局限在发起单位内部，它们可以同其他任何单位和组织进行合作；第二种是中心在商业活动中作为一个管理公司来运作，发现有潜力的创意、技术后将其商业化，并对该项目进行管理。中心致力于在各行业研究机构、科学院研究所和高校获取的科研成果的基础上建立新型商务，并成为连接科学和商务的桥梁。每一个中心的宗旨虽然各有侧重，但归纳起来主要有：

（1）通过对中心创新项目的财务、技术、人力等资源进行整合实施达到对知识产权的有效管理。

（2）增设有效渠道将有潜力的创新项目转变为能灵活应对市场需求的成熟产品。

（3）为实现智力成果商业化计划提供组织、法律、财经、信息咨询等方面的配套服务。

2. 中心的战略目标和任务

（1）目标

通过提供透明的、可靠的商务信息服务来评估投资者和合作伙伴在项目上的商务风险，提高自由资金市场资本使用效率；克服科学研究结果数量与得到实际商务应用的智力成果项目数量之间脱节的现象，通过成果的商业化打造出有优势的产品。

（2）任务

制定创新计划并推行其实施；靠提供服务和参与实施计划获利；制定具体的监督机制；建立创新管理人才培训中心；推动全社会对创新思想认识的深化。

（3）具体工作

挑选和评估有商业价值的项目；市场营销研究及建立数据库；为扩大创新产品的影响和壮大创新发展体系建立信息通道；保护不同类型的知识产权和技术秘密；寻找有兴趣参与具体项目的工业企业；对智力成果进行评估；制定商务计划；寻找投资者；拟定各类协议文本及法律文件；对中心参与的所有项目计划进行管理；当企业遇到侵权和非正当竞争时给予法律协助。

（4）国家支持

俄罗斯政府成立技术转移中心的目标是促进科研成果的商务发展。俄促进中小企业发展基金会设立了"START"专项，为创新项目的最初发展阶段提供启动资金，而原先这一基金会只投资于已经成立了的公司。另外，俄罗斯政府准备向成果研究单位出让国家预算资金支持的智力成果中属于国家的那一部分权利，但目前由于政府机构调整而暂时中止实施。此外俄罗斯政府已通过新的税法，将旧税法中关于对以智力成果作为资金投入部分进行征税的条款已经被删除。

3. 对外合作

在最近几年的对外合作项目中，"中俄科技创新年"的启动是2020年俄罗斯科技政策的重要亮点之一。2020年8月，在"中俄科技创新年"开幕式上，普京总统致信祝贺并向与会者表示，科技创新是当前中俄两国最具有发展前景的合作领域之一，决定着两国国民经济和社会共同发展的未来，影响着中俄两国人民整体生活水平和幸福指数的提高。"科技创新年"框架下的活动计划内容非常丰富、涉及领域广泛，包含了科研、学术交流等一系列合作项目，目前进展顺利，不断有成果产出。特别是在新冠肺炎疫情蔓延期间，中俄两国政府、医疗卫生与科研部门就如何有效防范和应对疫情开展密切的交流与合作，也取得一系列重要的科研成果，产生了广泛的社会影响。

案例 6—2

莫斯科与圣彼得堡推动科技成果转化的措施

相比俄罗斯其他的市州，莫斯科属于科技成果比较集中的区域，莫斯科目前科技成果转化成效居全省前列。近年来，莫斯科从促进科技型企业发展、激励科研人员进行研发、探索构建辅助体系等方面大力推进科学成果转化，高新技术产业发展水平得到了大幅度的提升，产业总值呈现逐年递增的良好趋势，重大科技成果转化调研课题组有明显增长。成效显著。

现阶段，在推动科技成果转化上，莫斯科主要实施了以下措施：①促进科技型企业发展，为科技型企业搭建综合性服务平台；②为中小微型科技企业提供政策补助；③通过多种形式，为企业提供科技创新方面的指导和帮助；④为高新技术企业提供信用贷款服务；⑤为中小型科技企业的股权持有者或领导人提供税收优惠政策；⑥为科研相关的单位及个人提供政策扶持，并对符合条件的人员实施相应的税务政策；⑦建立科技成果转化对接平台，加快信息化发展，并为科技成果的实际运用者搭建与专家进行沟通和交流的平台，提高他们对高新技术的应用。

圣彼得堡在推动科技成果转化上付出了很多的努力，目的就是为了早日实现科技成果转化为经济效益和社会效益的最终目标。据统计，近几年，圣彼得堡的新产品产值的比重有了明显的增加，占比超过了18%，高新产业增加值在国内生产总值中所占的比例也提升到了近18%，科学技术贡献率也超过了40%，这些数据都是对圣彼得堡付出的最好回报。从比较分析的结果可以看出，对比莫斯科的方式与策略，圣彼得堡所实施的措施相对缺乏可操作性，该市主要在企业、科研中心等方面制定推进措施，具体的措施包括以下几点：①重视对科研人才的培养，重视挖掘潜在科研人才；②重用现有科研人才，极大地发挥他们的价值；③改善科研人员相关的激励机制，通过一些必要的手段和方法提高他们促进科学技术发展的主动性，同时还以市场为导向进行正确的引导；④对各类科研人才聚集地增加投入，为科学研究提供较为充足的经费保障，并建立相应的经费管理制度，等等。

思考：

　　1. 圣彼得堡和莫斯科采取的措施并不完全相同，为什么？是什么导致取得的成果存在差异？

　　2. 俄罗斯科技成果转化路径存在哪些问题，长期来看，该如何解决？

6.3　俄罗斯的国家科技安全

科技安全包括科技自身安全和科技支持与保障相关领域安全，它涵盖了科技人才、设施设备、科技活动、科技成果、成果应用安全等多个领域，是支撑国家安全的重要力量和技术基础。而国家科技安全是指保证与国家的安全与利益具有密切关系的科技成果、科研项目和科技发展等不受威胁与侵害的客观状态，特别是保障关系到军事武装、国防安全和社会稳定的重大国家科技项目和成果的安全。例如，由国家开发和掌握的核弹技术、航空航天技术及潜艇技术等的安全。同时，保障国家科技安全的技术范围也包括所有权不在国家而在其他个人或组织、但在某些情况下会对国家的安全与利益有影响的科学技术。

国家科技安全体现在社会发展的各个阶段，国家科技安全的管理体制和运行体系随着社会进步而不断建立与完善。本文将从三个主要的方面对俄罗斯的国家科技安全问题进行探讨，分别是：科技创新能力、科技法规制度和科技环境。

6.3.1 科技安全的基础保障——科技创新能力

提升国家核心竞争力的首要条件就是科技创新。只有通过科技创新实现国家科技水平的提升，才能防止国家机密信息因技术落后等原因被泄露，从而真正做到保障国家的安全与利益。而科技创新能力实际上是一种综合实力，可以通过多个维度来综合判断国家科技创新能力的水平与发展状况，比如科技人才队伍、科研机构、科研设备、研发经验和经济实力等要素。

1. 科技人才队伍

20世纪90年代初至末，俄罗斯的科技人才总数锐减，根据有关政策文件和统计数据显示，共计100余万名科技人才在此期间流失，达俄罗斯科研人员总数的半数以上，俄罗斯多家国家附属的科研机构单位难以维持生存；且科研人员的科研素质不断退化，导致俄罗斯科技创新人才短缺，国家科技安全缺乏先进科学技术的支撑，危机四伏。

俄罗斯科研人员流失的原因主要有两个方面，一方面是俄罗斯科研人员选择移民其他国家或将技术进行转移的向境外流失现象；另一方面是科研人员选择离开国家科研机构而进入其他民营企业等的本土流失现象。对外流失中，根据俄罗斯的科学统计中心的资料显示，从1990年开始移民出国的科研人员有不断年轻化的特点。很多年轻的高等院校毕业生和科研人员受各种因素影响选择走入国际或移民，带走了俄罗斯的科研中坚力量、科技成果，削弱了人才积累。这些流失的科研人员大多数所学的是决定社会发展和进步的、科技含量程度高的专业基础学科，比如数学、信息技术、物理、生物化学等对科技创新意义重大的学科。而对于本土流失的分析，主要体现在民营企业的研发创新中心招揽了许多原俄罗斯科研机构的科技人才。在俄罗斯境内投资的外国公司以优越的待遇雇佣了大批俄罗斯的科技人才为其工作，研发新产品。根据有关调查资料显示，韩国三星公司在莫斯科的科技开发中心雇佣了 80 余名俄罗斯的工程师和科学家，仅在 2003 年就为该公司获得了 50 项国际专利，为公司创造了巨大的收益，但这并不属于俄罗斯国家所具有的科研成果，对国家的科技创新与科研发展无益。

直到 2000 年，俄罗斯的政治、经济和社会等各个方面都趋向稳定后，俄罗斯政府开始重视科研工作，强调科研成果转化对社会经济的促进作用，着力改善科研人员的工作与生活环境，提高科研人员的福利待遇和社会地位，增加国家财政预算中对科技领域的投入，保护知识产权和科研成果的安全，促进科研成果向市场产品的转化，加快国家科技创新步伐，提高国家创新能力和综合国力。在实施这样的举措下，俄罗斯的科研人员重新燃起对科研工作的热情，升起为国家奉献、为理想拼搏的信念，由此吸引了大批科研人员重返国家科研岗位，同时大批年轻人更加迫切地积极投身于科研工作中。国家有关科研机构和高等院校也因此培养了一大批优秀的高层次科技后备人才，根据俄罗斯数据中心的统计，目前全俄罗斯每年理工技术学科的应届高等院校本科毕业生近 20 万人，为俄罗斯的科技发展提供了充足的人才供给。同时在国外学业有成的俄罗斯年轻学者开始"回流"，用所学的先进科学技术为国家科技创新做贡献，立志实现人生理想。

2. 科研机构

科研机构数量的多少也是衡量国家科技实力强弱的重要参数之一，虽然数量的多少不代表质量的好坏，但在一定程度上代表着国家科技环境的发展情况。在叶利钦执政时期，俄罗斯分布在科学院、工业设计研究院、高等院校科研院和工程院这"四大系统"的科研机构从 1992 年到 1999 年不断减少，甚至部分学科领域的研究所遭到毁灭性打击，如勘探设计研究所的数目从 1992 年的 495 所锐减至 1999 年的 97 所，这样的打击令俄罗斯的军事科技发展元气大伤。同时，负责科研生产和试验等实践过程的科研单位也随之大量减少。俄罗斯科研机构的减少造成的直接后果就是俄罗斯科研成果的大量减少，缺少了前沿高新技术的更新换代，同时由于科研人员在当时并未得到妥善安排，不受重视，其研究积极性减弱，故科研机构的科技成果质量也在逐年下降，严重动摇了俄罗斯科技强国的地位。

而在俄罗斯逐步恢复稳定后，政府给予了科研机构最大力度的扶持和政策支持，目前在联邦预算财政资金及社会资金的支持下，俄罗斯在本土

24个地区已经建立了50余个技术创新中心和70多个技术园区，并且目前仍在快速推进科研机构的建设和发展中。

6.3.2 科技安全的法制保障——科技法规制度

科技法规制度体系是俄罗斯科技管理制度和俄罗斯科技政策所构成的总体，管理制度方面涵盖与科技发展密切相关的各类管理制度、运行规则和组织架构等方面的内容，科技政策方面包括了科技创新政策、科研成果转化政策等促进科技发展的应用型政策。

俄罗斯的科技管理制度在维护科技安全的各个方面都具有非常重要的作用，合理健全的组织架构使得工作责任制得以落实，切实保障国家科技安全。俄罗斯联邦政府在这一方面不断出台《俄罗斯科学发展学说》《俄罗斯联邦科技发展政策原则》等一系列的法律条文，通过分析这些文件，可以深入了解俄罗斯联邦科技管理制度的内容，理解在科技安全方面各个组织机构所需要承担的责任和落实的措施。

俄罗斯国家总体的科技政策主要用于协调科学技术与国家经济、社会的关系，聚焦于科技成果转化为社会生产力的可实现性。1996年颁布的《关于科学和国家科学技术政策联邦法》是苏联解体后俄罗斯第一部有关科技政策的联邦法律，是其科技政策的总纲领。俄罗斯总体国家科技政策的基本目标和根本宗旨是："要合理开发、布局并有效利用科学技术潜力，扩大科学技术对国民经济发展的影响，确保其对物质生产结构转变的推动作用，提高社会产品的竞争力并且保护好国家信息资源，巩固军事国防建设，切实有效地维护个人、社会和国家安全，加强科教协同作用。"而总体科技政策之下的各个部分具体的政策，如创新政策、科技成果转化与商业化政策、科学领域中的私有化政策等是转型期以来出现的新科技政策，目前正处于不断推进和探索之中。

6.3.3 科技安全的环境保障——科技环境安全

一个国家的科技安全和该国正面临的科技环境存在直接的相互影响关系。国家科技环境包括内部和外部科技环境，其中内部科技环境指的是科学技术研究和工作所处的环境，主要是物理环境方面的内容；而外部科技环境指的是国家为了推进本国科学技术发展而提供的客观环境，也包括目前的国际科技形势等国际环境。通常科技发展内部环境主要因素是良好的科学研究硬件设施设备和充足的科研资金供给；科技发展的外部环境主要包括良好的国内和国际科技交流方式和平台，完善可靠的知识产权保护机制，科学合理的环境可以为科技成果研发和推广提供支持的市场运作模式以及政府在相关福利政策上给予科技发展的支持和资源倾斜。

1. 内部环境

20世纪90年代初，即苏联解体之际，俄罗斯经济发展受到冲击，国家预算锐减，财政支持主要用于稳定民生，而对科技的投入只能逐年减少，甚至在1996年俄罗斯的科技领域的财政预算仅占国内生产总值的0.6%。直到1998年，俄罗斯政府强调增加科研经费，规定对民用科研和试验开发工作的拨款应不低于预算开支的4%，同时实行多渠道筹集科技经费，俄罗斯的科技发展才得以重新开展，停滞和中断的科研项目重启，科技安全因此有了充足的资金供给和必要的设备仪器而获得保障。根据相关数据显示，俄罗斯在不断提高科研预算，以俄罗斯科学院为例，该院科研机构获得的基础性研究投入不断增长，总投入从2005年的344.27亿卢布增加到2008年的650.31亿卢布，接近翻倍的科研投入，体现了俄罗斯政府为俄罗斯科技安全提供的物质保障在不断加强，科技安全的内部环境趋于稳定。

2. 外部环境

（1）营造科技创新的社会氛围

为营造积极向上、促进创新的社会氛围，俄罗斯政府采取了一系列激励措施来开展社会宣传。俄罗斯政府从2011年开始投资开展影视产品的创意竞赛活动，营造科技创新的社会氛围，要求参赛作品以科技产品创新和成功的科技创新先驱的事迹宣传普及题材来达到所需要的效果。同时俄罗斯政府要求国有电视台开设创新科普栏目频道，宣传俄罗斯的科学成就和研究先驱人士，引导国民树立正确的科技创新价值观。同时，自2012年起，权威机构和商业组织在政府组织下共同设立了国家创新奖，奖项包括创新消费产品奖、技术突破奖、改善生活质量奖和开拓海外市场奖，鼓励实现科技成果转化为市场产品、实现科技创新与社会发展相结合，广泛宣传企业家在创新领域的成就，体现国家对该行为的认可与鼓励。

俄罗斯政府还在全国各地建立科技创新主题博物馆，对新颖的科技成果和研究进行展览和讲解，提高公众对科技与创新的兴趣与关注度。而在推广活动中，尤其关注对青少年的科技创新培养，令高等院校和国家科技研究所共建教学实验室，学生可以自主实践，实现科教结合，培养科学素质；对全国各地的博物馆进行改造和扩建，突出展示高新科技与自然科学的研究成果，设置前沿技术体验馆，潜移默化地对人民观念进行影响；俄罗斯政府也对出版青少年读物的项目和单位实行补助，从政策上给予倾斜，鼓励出版科技创新主题书籍，拓宽青少年接触科技发展、现代科技成就的途径，培养青少年对科学的兴趣，鼓励他们树立成为科研人员的理想与信念。

（2）通过法律鼓励企业进行科技创新

俄罗斯不断颁布的新的政令也打破了国家对科研工作和科研技术与成果的垄断，开始吸纳民营企业的资金，促进科技成果的市场化和产业化。颁布法律法规，俄罗斯通过服务和改善俄罗斯科技环境：

第一，形成公平竞争环境，增强企业创新动力。俄罗斯政府建立规章制度来预防部分企业集团干涉创新活动，因抢占市场而进行恶意竞争，同时立法增强反垄断机关应对恶意垄断行为的能力；明确特惠企业的标准，为进行科技创新相关活动的企业进行减负，减少对竞争环境和创新动力构成消极影响的因素；实施竞争性的企业扶持制度，减少对低效低产企业的扶持力度，给具有较大社会意义的科技活动的企业以更大力度的支持；国有自然垄断企业的投资项目和发展计划需要经过政府的鉴定方可实施，避免其他企业的科技创新活动受到不必要的限制。

第二，加强产品与服务市场的监管，确保在先进技术的推广与应用的同时知识产权得到保障。首先，俄罗斯政府组织行业协会和投资者对科技成果转型的产品进行评估，确认其市场价值，根据评估管理结果提出改进方法，调整后投入市场，对其后续发展进行关注与评估改善。其次，制定法律推进政府、企业与科研机构在科技创新管理上的协同合作，在科技研发到投入市场的整个过程进行全程管理与支持，构建完整可实现的转化体系与流程。最后，俄罗斯政府投资建立了知识产权交易平台，以保障科研成果应用的安全性和合法性，防止科研成果或技术被非法利用。

第三，加快改进对企业创新有阻碍作用的旧的法律法规。首先，优化新产品进入市场的流程，并在符合规定的情况下，简化制造商产品出口认证流程；其次，颁布政策要求企业规范经营，还鼓励开展研发活动，对使用特定技术方案的产品或企业实行特惠政策。最后，通过法律法规改善企业为技术进步支付的税赋环境，对科技创新项目进行税率削减，降低中小创新型企业及高新技术企业的竞争压力，鼓励其进行产品升级换代。

第四，改善投资环境，减少行政权力对经济的干预，在推进私有化的进程中，加快引进拥有技术优势的战略投资者；同时提高外资管理的透明度，对俄罗斯与国外合资设立高新技术企业给予特殊的优惠待遇。

6.3.4 俄罗斯现有科技成果与科技成果对国家安全的重要性

1. 俄罗斯现有科技成果现状

科技是保障经济持续发展的一个关键因素，科研成果能够使经济快速发展，促进所生产的商品和所提供的服务竞争能力的提高，因而科技成果安全处于国家科技安全的核心地位。在俄罗斯，科技成果安全，一方面表现为科技成果总量的锐减；另一方面表现在科技成果的外流。由于经费短缺，有些科研机构不得不与国外合作，接受国外的资助从事科学研究，这样就导致相当一部分科研成果外流。

申请专利和颁发专利证书的数量是科技水平的重要指标。自 1991 年苏联解体开始，俄罗斯政府收到的专利申请连年递减，1993 年共收到申请 32216 份，而到 2007 年已经骤减至 507 份。科技成果的锐减也使得俄罗斯在国际科技领域逐渐落后于西方发达国家，为了改变这一局面，增强综合国力，普京执政期间的俄罗斯政府对科技领域进行了一系列改革和调整，从法律制度、福利政策和落地措施等方面积极引导科技创新，因此俄罗斯也取得了一些重大的科技成果。比如在航天技术方面，俄罗斯的遥感、导航、运载火箭空间基础研究和测控等领域取得了飞速进展；2002 年，俄罗斯政府批准了《2002—2010 年电子俄罗斯》联邦专项计划，极大地推动了俄罗斯信息技术基础设施的建设更新和服务市场规模的扩大。同时俄罗斯计算机技术水平获得整体提高，在高速芯片、巨型计算机的自主研制和开发以及计算机的应用水平等方面有了大幅提升；军事科技方面俄罗斯也毫不松懈，潜艇和战斗机技术研究仍居世界前列，占据着世界军事强国的地位。

2. 俄罗斯科技成果对国家安全的重要性

为了确保国家实力在面对竞争时处于优势地位，俄罗斯在军事科技的发展方面，优先发展对国家安全和未来战争进程具有重大战略意义的武器装备技术。优化和提升战略核力量便是其中的一个重要方面，在俄罗斯的国家安全战略中，核武器的重要性不容小觑。从 20 世纪 90 年代中期开始，俄罗斯就强调核威慑力量，是保障国家安全及落实军事实力发展战略的关键因素。而在普京批准《俄罗斯联邦新军事学说》后，核武器的地位得到了进一步的提高，俄罗斯的核遏制战略进一步清晰，该学说强调俄罗斯应该继续保持核大国地位，而遏制他国对俄罗斯及其盟国的侵略是军事建设的重要任务。

按照新建立的俄罗斯核威慑思想，如果国家遇到了常规的传统武器无法消除的、严重的安全威胁时，俄罗斯就有权使用核武器，即使所面临的威胁并不是由他国的核武器或者核技术带来，而是由非核技术带来的。在此思想方针的指导下，俄罗斯将具有突破导弹防御系统能力的新一代战略核武器作为核力量建设的重点，以核力量作为保护国家安全的重要军事科技因素。

案例 6—3

中俄科技创新年

2020 年 7 月 23 日，中信改革发展研究基金会与俄罗斯瓦尔代国际辩论俱乐部，联合举办"后疫情时代中俄经济领域战略协作"专家视频对话会，会议就后疫情时期中俄经济领域战略协作的问题和举措展开探讨。

中俄战略协作中心主任孔丹表示，从经济发展角度看，中俄作为世界新兴大国，都面临艰巨的发展任务。两国应尽快形成全面务实合作新格局，建议重点开展以下合作：

联手抢占科技、金融等经济制高点。科技和金融实力是赢得国际分工体系高端地位的关键。中俄两国应借助中俄科技创新年开局之年的契机，推动科技研发机构的合作再上新台阶。

（资料来源："后疫情时代中俄经济领域战略协作"专家视频对话会）

思考：

中俄创新经济合作模式对俄罗斯科技安全有哪些影响？

6.4 俄罗斯军事科技保密体制

军事科技是现代科学技术在军事领域的扩展性延伸，它也是国家科技水平的集中体现和突出标志，很大程度上代表着国家安全的技术水平，也代表着世界科学技术在应用中最前沿和最重要的发展方向。在信息化战争条件下，无论是人还是武器装备，或是二者的结合，都被深深打上军事科技的烙印。科学技术已经逐渐渗透国家战斗力的各种要素之中，影响越来越大，已成为战斗力的特殊要素和重要内核，同时贯穿国家军事战斗力生成和运用的全过程。随着军事武器装备信息化和智能化的水平逐步提升，军事科技在未来面对信息化战争时的作用会更加凸显。军事科技不仅直接决定着一个国家的装备质量和水平，还对一个国家的作战能力有非常深刻的影响，甚至日益决定着战略战术的策划。如果国家能够在军事科技领域抢占先机，就意味着抢占了未来发展的战略制高点，就能在激烈的国际竞争中掌握战略主动权。

俄罗斯外交部出版的《国际关系中的军事力量》，阐述了俄罗斯政府对于军事科技的重视程度，他们将"破坏军事和科技发展潜力并因此削弱国家武装力量的威胁"，作为"对俄罗斯国家利益的主要威胁"的第二位。同时，俄罗斯政府认为军事科研力量是国家军事力量的重要组成部分，国家军事科研力量的强弱决定着该国在国际关系体系中话语权的大小。

在与市场经济接轨改革过程中，俄罗斯军事科技安全的新的法律保障机制逐渐建立起来，先后修订并通过了《国家安全构想》和《国家军事学说》等纲领性文件。俄罗斯希望在对军事科技进行保密的同时尽量将国防工业进行私有化，推进国防产品革新并进入市场交易的进程。在俄罗斯军事领域，除了《国防法》《武器法》等有关武装力量的法律，还有其他专门为国防工业制定的法律、法规和法令，如《国防工业法》，形成了一套基本完整的国防工业法律体系。同时在军事科技安全与保密方面，《俄罗斯对外军事技术合作法》和《俄罗斯联邦保密法》等指导性文件为俄罗斯科研机构和军事组织提供了保密方向与措施，对俄罗斯军事安全与保密都有着重要作用。

6.4.1 俄罗斯保密工作总体概述

1. 《俄罗斯联邦国家秘密法》对俄罗斯联邦的保密工作进行了详细的规定

其中第2条，规定了俄罗斯国家秘密的信息关系的基本保密范围：军事领域、经济和科技、外交和对外经济、情报和反情报以及反恐和相关业务调查领域；第6条，规定了定密工作的基本原则：合法性、合理性和及时性，将相关信息纳入国家机密并加以分类；第5条和第7条，规定有关国家的机密信息的合法性和保密性，根据国家、社会和公民的基本利益平衡，对国家机密及其保密的有效性需要专家评估。及时将信息纳入国家机密，并将其保密，限制它们的传播。

同时也规定了定密依据：国家秘密清单制度。俄罗斯的国家秘密清单制度是指俄罗斯的有关部门按照法律规定和实施程序，根据部门或行业中存在的国家秘密信息的领域和密级不同而制定的一份信息名录，包含各领域各部门的涉密信息类别，以此为依据进行保密措施的执行，全面保障国家安全和利益。在对信息进行定密时，俄罗斯联邦政府会依照一份"有权将信息制定为国家机密"的政府官员和机构的名单，一份被认为属于国家机密的员额清单，以及一份属于国家机密的资料清单来进行。

《俄罗斯国家秘密法》第8条，规定了构成国家秘密信息的文件资料可被划分为，"绝密"、"机密"和"秘密"三个等级，这些涉密信息的载体相对应的也可以划分为三种秘密等级。所有涉密信息的清单都会被提供给俄罗斯跨部门保密委员会，该委员会负责编制整体政府清单，并确保不同的部委清单不冲突、不矛盾。分配给信息的秘密级别对应于，如果发布此类信息可能会对俄罗斯联邦安全造成损害程度，若某信息被划分为"绝密"等级就代表该信息如果被泄露对国家安全所造成的损害是最严重的。确定损害程度的程序应由部门部长批准，同时需要经过跨部门保密委员会的批准。

2. 保密组织机构

《保密法》中明确提出俄罗斯需要"加强保密管理的跨部门协调和协

作"，并将跨部门保密委员会具体定性为国家保密的最高协调与集体领导机构，由其统筹协调各级国家权力机构的保密工作。同时行政、立法、司法机关在保护国家秘密的安全上也有着不同的分工和职责。俄罗斯保密组织机构如图6-2所示。

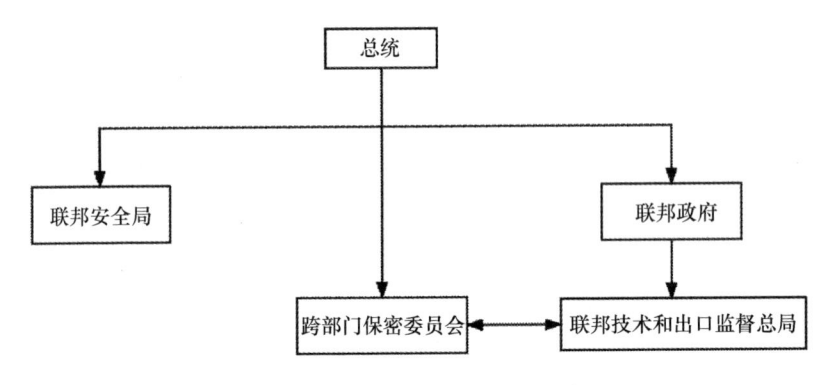

图6-2　俄罗斯保密工作组织结构图

6.4.2　俄罗斯军事科技保密工作的重点

第二次世界大战后，苏联为了与美国争夺世界霸权与之展开了大规模的军备竞赛，发展本国国防科研和军工生产。军工科研机构和企业在物资供应、财政预算和技术装备等方面都拥有优先权，因此俄罗斯逐步建立了独立于民用经济部门之外的、完整的国防高科技产业体系。同时，因为苏联军工所需的重要原料都能在俄罗斯实现自产自销，并且可以把原料生产、零部件制造和成品装配等制造设备的必需过程串联并构成完整结构体，形成一个在全国范围内都非常完整的军工设备生产体系，所以俄罗斯当时的军事工业形成了一种封闭型的管理体制，对军事科技保密非常有益，不法分子很难实现对涉密信息的窃取。

但在苏联解体后的一段时间内，俄罗斯处于内忧外患的动荡之中，政府难以顾及军队及军工企业的发展，军事科技安全保密更无从谈起，保密意识也被淡化。根据相关资料显示，美国国家安全局获取的重要情报大都来自当时俄罗斯的公开信息渠道，说明俄罗斯当时几乎未采取相关的保密措施。同时，因长期受到政治、经济和社会形势严峻变化的影响，俄罗斯的涉密信息保护受到前所未有的威胁。首先是俄罗斯安全部门难以正常维持运转，资金、设备和人才等缺口严重，致使部分被派遣到俄罗斯进行常驻的外国机构、公司等通过各种渠道和活动窃取到了大量的情报，严重威胁俄罗斯的国家安全。其次，俄罗斯因财政预算不足等原因，难以给军工科研组织足够的资金支持，使得俄罗斯国产信息技术的研究和发展相对滞后。而在这种情况下，为了跟上日新月异的国际发展形势，俄罗斯政府只能大量购置西方发达国家生产的先进信息设备来进行军事信息化的布局，但敌国在这些信息设备中经常会安装各种难以察觉的窃密装置，致使俄罗斯大量的秘密军事科技情报被泄露，俄罗斯军事强国的地位因此被动摇。

如何保障军事安全是保护俄罗斯联邦安全、维护俄罗斯联邦利益的一个重要方向。为了维护本国的军事安全，俄罗斯采取了多种具体而富有成效的措施。而对军事领域的科学技术及其成果进行保密，则是其中非常重要的一种措施，促使俄罗斯在军事领域持续处于领先地位。

近年来，在不断进行更新与查漏补缺后，俄罗斯的军事理论大体框架基本确定。而其中关于军事领域的科学技术发展与保护阐述较多的是《俄罗斯联邦军事学说》。这份文件中关于军事领域的科技发展最为关键的政策目标就是——发展国防工业综合体（军工综合体），如表6-1所示。

发展国防工业综合体的主要目标是确保其作为一个高科技多学科经济部门，能够满足武装部队和其他机构在现代武器、军事和特殊技术方面的需要，并确保俄罗斯联邦在全球高科技产品和服务市场的战略存在。

表6-1　　　　　　　　　国防和工业综合体发展的目标

维护国家地位，促进合作与交流	在大型军事科学生产项目的成立和发展基础上完善国防工业综合体
	在武器和军事科学技术设备设计、开发、生产和维护等领域完善国家间的合作机制
	保留国家对具有战略意义的国防工业综合体机构的控制
促进科技创新和发展	加快创新投资活动，使科学技术和生产工艺基础能够进行高质量的更新
	开发、实施和推广军事和民用基础的关键技术，实现技术突破或制造先进的科学工艺半成品，为能够研发崭新的、具有前所未有能力的新型武装、军事和特殊技术设备打好基础

续表

确保军事领域的优先地位	完善国防工业综合体的专项规划发展计划,以提高武装部队及其他部队和机构武器、军事和特种技术装备的效率,确保国防工业综合体的动员准备到位
	建立一系列优先技术,确保新型先进系统和武器样品、军事及特种技术的研发和制造
	按照国家武器计划的规定,确保俄罗斯联邦在生产战略和其他类型军事和特种技术领域的技术独立
	开发和生产新型武器系统和武器、军事及特种技术装备,提高军用产品的质量和市场竞争力,建立全面管理武器、军事和特种技术装备的整个生命周期的系统
	确保国防工业综合体各组织的生产和技术就绪,以所需的特定的数量和要求的质量开发和生产新型武器、军事和特种技术装备
确保产品生产与供给	完善为联邦的需要进行产品供应、工作和服务的机制
	完善武器、军事和特种技术设备生产和使用的生命周期各个阶段的物资原料的保障体系,包括国内配件和基件的供应
	执行联邦法律规定的对国家国防订货执行者给予经济刺激的措施
提供国防工业综合体企业和员工的保障	通过实施可靠有效的组织与经济机制来改善国防工业综合体的工作活动,确保其可以有效运作,实现持续健康发展
	改善人事组成,完善组织架构,提高国防工业综合体的人才潜力与人才储备,确保国防工业综合体所能享受的社会保障

6.4.3 俄罗斯进行军事科技保密工作的措施

1. 工作方针和原则

俄罗斯军事领域的科技保密强调防御性,以做到合理性、合法性和及时性为标准,保护国家军事科技秘密的安全。

2. 保密工作责任制

(1) 俄罗斯军事科研管理体制是军事科技保密工作的基础

俄罗斯军事科研管理体制主要分为国防部(军方)和联邦政府(地方政府)两个大的行政领导机构所分管的部分。俄罗斯国防部拥有武器装备发展的规划计划权、采购权等管理权利,同时由军方来提出俄罗斯军队武器装备的研究发展计划,以公开发布招标书的形式组织实施。而联邦政府主要负责制定国家武器装备及国防工业综合体的发展构想与规划,也负责宏观战略层面的军事科技发展与监督问题。同时在联邦政府内部设有政府军事工业问题委员会，专门解决军事科研从设计开发到进入市场的各个过程的问题。目前二者协同合作的管理体制正在正常运作中，为俄罗斯国防科技的发展和成果转化提供保障。

这二者也是军事科研保密的重要管理者，需遵守《俄罗斯联邦保密法》规定的保密责任，对军事科技领域的保密工作进行细化，制定军事科技过程、方法与成果等方面的保密制度，并监督其落实。俄罗斯国防部主要负责在武器装备的研发过程进行保密监督与管理，确保招标机构具有保密资质，确保国防部下的科研院所等军工混合体在研发过程的保密措施落实。而俄罗斯联邦政府主要负责宏观层面，如保密制度的修改与完善、军事科技保密制度的制定等保密工作，二者需协同合作，共同实现军事科技保密的管理体制的有效运行。

（2）军工科研生产单位、军事领域的其他涉密机构以及其他具有定密权限的组织也是军事科技保密工作的参与者

①军工科研生产单位实现保密资格管理制度是门槛

俄罗斯联邦的军用品生产许可证由俄罗斯联邦国防工业委员会进行统一负责，该委员会联合相应军用品的订购主体（如国防部、内务部等）统一发放给从事军工科研相关活动的生产经营单位。而想要成功获得国家颁布的军用品生产许可证，军工科研单位需要提前通过保密资格审查，确保其可以进行与涉密产品的设计生产活动，保障没有泄密风险。因此，具有进行涉密活动的保密资格是单位可以承接涉密武器装备相关的各项生产研发任务的前提条件。在1995年11月俄罗斯通过了《俄罗斯联邦国家国防订货法》，从该法中可以得知，军工科研单位不需要在每承担一次新的涉密武器装备设计开发时进行一次保密资格审查，只需要确保整个单位拥有相应等级的保密资格证，就可以在保密资格证的有效期内承接相同等级的涉密设备相关项目，即保密资格管理制度的确定。

实行保密资格管理制度也是俄罗斯军事科研机构向市场经济转轨过程中采取的一种管理方式，是俄罗斯国防工业经济结构调整的需要，可以将非国有企业纳入考虑范畴，消除闭环管理生态模式，拓宽国防科技成果的发展渠道。保密资格管理制度的审查对象主体是企事业单位，单位的整体情况符合相应等级的安全保密审查标准时，就能获得相应等级的安全保密

资格许可证，可以从事相应等级的涉密武器装备的设计生产工作，但并不强迫其进行任务的承担。

②从事军事科技涉密业务项目的企业进行保密管理

俄罗斯对从事涉密业务单位的管理主体的相关规定在法律上体现得非常具体且详细。《俄罗斯联邦国家秘密法》规定，企业使用国家秘密情报、从事信息保护设施建设和为涉密活动提供保密服务时，应按照联邦政府规定的程序，获取相应的保密许可证。

俄罗斯政府颁布的《保密许可证管理条例》（以下简称《条例》）规定，由跨部门保密委员会统一负责俄罗斯管理保密许可证的颁发工作，跨部门保密委员会是保密许可证管理的领导机构。同时，《条例》还授予有关部门以制定保密许可证的管理工作规则、对企业许可证的申请进行审核、组织评估和考核企业整体情况以及颁发、中止或吊销企业许可证的权利。各个授权机关每个季度都需要向跨部门保密委员会报告一次颁发和吊销许可证情况，跨部门保密委员会负责对这些授权机关的活动进行监督和检查。同时，该《条例》也对企业评估的内容进行了规定。企业评估和考核的具体审查内容是：检查企业是否一直遵守俄罗斯联邦政府颁布的保密相关法律法规，是否具有完整的保密组织架构和管理体系，是否按照规定配备了机构要求的专业人员和设备设施，是否采取了有效安全措施对国家秘密进行保护。对企业进行评审的机构也应当获得许可证。

③具有定密权限的国家原子能公司（Rosatom）和俄罗斯联邦航天局（Roscosmos）也需要承担一定保密管理责任

《关于国家原子能公司的规定（变化和补充）》和《关于俄罗斯联邦航天局的规定》中都规定了公司保护国家机密信息的权力和职能，以及其他受联邦法律限制的信息：为了实现联邦法律规定的目标，根据俄罗斯联邦的规范性法律法规，在其公司的结构和组织中组织和执行，保护受联邦法律限制的信息和其他信息，并在技术情报和技术保护方面开展工作；履行联邦执行机构在保护国家机密方面的职能，以及按照俄罗斯联邦法律确定的方式管理构成国家机密信息的权限；根据俄罗斯联邦的法律拟订一份要分类的机密资料清单；确保在其权限范围内，对被承认为国家机密的公民进行审查活动；向联邦行政当局提出建议，以改进国家机密信息保护系统。

3. 定密制度

（1）定密范围

军事领域的涉密信息包括：

表6-2　　　　　　　　　　定密范围规定

《俄罗斯联邦保密法》	①俄罗斯联邦武装力量和其他部队的建设计划；武器和军事技术的发展方向、目标方案的内容和完成成果、武器和军事技术设备现代化改造而进行的研发与试验工作 ②关于核弹药的研制、技术工艺、生产及生产规模情况、关于核弹药的组成部分存储和肥料利用等情况、防止核弹药未经批准而使用的技术手段和（或）防务措施，以及核能源和特殊的防务设施 ③关于武器和军事设备的战术性能和作战能力，以及制造新型火箭燃料或军用爆炸装置的特性、配方或技术

（2）定密权限

除法律规定的具有定密权限的机构和领导人以外，国家原子能公司和俄罗斯联邦航天局也具有定密权限。国家原子能公司由政府机构国家原子能署改制为国家企业集团，同时兼具政府职能。企业集团的权利核心包括监管委员会和总经理，均由总统任命，具体条例如表6-3。

表6-3　　　　　　　　　　定密权限规定

《关于国家原子能公司的规定（变化和补充）》（2007年12月1日）（Федеральныйзаконот1 декабря2007 г. N317－Ф3 ОГ-осударственнойкорпорациипоа-томнойэнергии "Росатом"［си-зменениямиидополнениями］）	授权的原子能管理机构——国家原子能公司，代表俄罗斯联邦进行原子能使用的状态管理 联邦核组织属于俄罗斯联邦核武器设施的联邦国家统一企业，其基本和关键技术已获得俄罗斯联邦总统批准，列入了俄罗斯联邦国家秘密清单，其主要活动是制造、运行、维护和拆卸核弹药，以及其组成的处置和（或）销毁。公司拥有代表俄罗斯联邦行使财产所有权力的军事设施。该公司是俄罗斯联邦以国有公司的组织和法律形式创建的法人

续表

《关于俄罗斯联邦航天局 Roscosmos 的规定》（2015 年 7 月 13 日）（Федеральныйзакон-от13июля2015г. N215-ФЗ Огосударственнойкорпорациипокосмическойдеятельности "Роскосмос"［сизменениямиидополнениями］）	规定了该公司是负责研究、开发和利用外层空间的管理机构，有权代表俄罗斯联邦行使空间活动的国家管理；根据俄罗斯联邦法律与有关联邦行政当局合作，向俄罗斯联邦政府提出空间活动安全措施的建议，包括制定、制造、试验、使用、利用和处理火箭空间技术的国家秘密清单，战略用途火箭技术、空间物体和空间基础设施；也规定了公司保护国家机密信息的权力和职能，以及其他受联邦法律限制的信息

4. 涉密信息系统

（1）法律及政策要求

根据《俄罗斯联邦新军事学说》，国防部已经下令增加国防预算，改善俄罗斯军队的通信状况，推进军队的通信及信息化工程建设，这对于涉密信息系统的防护也十分重要。俄罗斯在此方面采取的主要措施包括：调整通信技术设备，增加防护层，加密通信干线上传输的重要信息；加强自动化指挥系统的建设，减小知悉范围；提高计算机网络的侦察与反侦察能力，确保涉密信息系统防护到位，不会被再次追踪和攻击，必要时进行反击；加强光缆设计与装备，提高部队通信质量及防泄密能力。同时，《俄罗斯联邦国家信息安全学说》明确要求自动化管理系统、通用信息传输系统和专用信息传输系统在信息化和信息安全保障方面的发展符合国家标准，且重要的信息传输系统的管理需要实现规范化处理；优先发展国有现代化信息通信技术，完善国家信息通信网络，防止俄罗斯的涉密信息系统在他国通信技术的基础上构建而导致泄密隐患。此外，俄罗斯还进一步加大国产信息技术产品在武装力量各军兵种部队的装备比例，降低国外信息设备的含量，从设备方面杜绝信息的泄露，确保涉密信息系统的信息传输安全。

（2）俄罗斯对军事领域涉密信息系统的管理

俄罗斯由于在信息安全和网络终端上缺乏核心技术，曾对俄罗斯国家安全构成重大威胁。对此俄罗斯国防部和总参谋部在新建国家防御指挥中心时，着力加强信息安全能力建设。俄罗斯国家防御指挥中心配备了性能一流的超级计算机系统，采用国产软件处理日常信息，实施全方位物理干扰原则，确保内网与外网的隔离运行，为俄罗斯国防信息数据安全处理、模拟和传输提供了保障，加强国家防御指挥中心信息防护能力。

①俄罗斯国防部将军队所有办公电脑的操作系统改为 AstraLinux，且该操作系统将配套使用俄罗斯国产的处理器，实现信息设备国有化。这代表着俄罗斯的军队和政府所使用的电子设备都将逐步抛弃非本国产品，建立俄罗斯本土信息安全体系，消除潜在泄密点。

②俄罗斯国防部正在建设俄罗斯专属的军事互联网——"多服务通信传输网"（MTSS）。据俄罗斯报道，在多服务通信传输网成功建立并运行后，俄罗斯联邦政府会在该基础上打造国家级的"主权互联网"（SI），覆盖俄罗斯全境，确保国家在数字空间的安全，维护国家利益。多服务通信传输网将拥有自己的主题搜索引擎，可根据关键词或句子查询信息，能在全国范围内快速传输几乎无限容量的信息。网络数据库里还收录并持续更新当前机场上停泊和在天空飞行的飞机、潜艇、军舰和军用航天器的有关数据，多服务通信传输网可利用这些信息与俄军实有师旅进行互动的电子地图绘制，帮助国家防御中心评估形势。多服务通信传输网还可在战斗环境下应用，比如俄罗斯的空降兵能通过平板电脑连接多服务通信传输网，显示预定战斗行动地域图，侦察员可在保密信道上将获取的坐标数据标注在地图上，这对于俄罗斯军事实力的提升具有重要意义。

④俄罗斯国防部共计投资 3.9 亿卢布来为各大军区建成保存内部信息和秘密信息的保密"云库"，该套系统将接入多服务通信传输网，与国际互联网完全断开，确保外网无法接触这些信息。"云库"可以在数秒内传输海量信息，除了处理信息能力强外，"云库"还可以运用大数据技术和高速运算系统，将信息进行编码发送，安全传递秘密文件。根据新闻报道，目前俄罗斯西部、南部军区的集团军及驻叙利亚部队集群已经在使用该保密"云库"，而安装服务器的地方和场所受到严密保护，进行物理隔离且拥有自主电源、可靠的冷却和消防系统，成为难以逾越和进入的"网络堡垒"。

5. 人员教育管理制度

（1）俄罗斯国防部继续收紧军队人员涉密权限

按照法律条例规定，俄军官兵每次调整到新部队后，均须重新签订合同、接受保密审查,即重新办理涉密权限手续;在代理履行接触国家秘密这一职责的时间内,必须获得"临时涉密权"。而正式的许可涉密证明只有在主管机关审查完毕后才会发放,可以赋予军队人员的权限分为3级,获得最低一级证明的人员只可以接触国家秘密信息,而获得第二级证明的人员可以接触标有"绝密"级标志的文件,持有最高一级证明的人员可以对"绝密"的文件进行处理。涉密权限越高,涉密证明级别越高,军队人员所受到的限制越多(比如出国出境限制、离岗离职限制),处理文件的程序规定也愈加严格和复杂。

(2)俄罗斯保密行政区的人员管理

保密行政区的居民离开城市绝不能透露自己住在哪里,否则将受到刑事惩罚。没有特别通行证是不可能进入保密行政区的。但作为严格制度的补偿,保密城市的居民能获得相当于工资20%的补助。此外,保密行政区内的食品也比普通城市多。在商品短缺的年代,那里可以轻松买到其他地方奇缺的香肠。虽然苏联解体后俄罗斯政府对保密城市予以解密,但其中许多城市实际上仍处于封闭状态,如今俄罗斯仍有40多个城市实行保密行政区制度。

(3)涉密人员的权利与义务

表6-4　　　　　　　　　　涉密人员权利与义务

《俄罗斯联邦关于向国家秘密保护机构工作人员支付补偿性薪酬的条件、规模和程序》	第三部分——支付给被承认为涉密人员或使用密码的员工的款项规定: 第55条,支付从事情报工作,为国家机密进行保密和解密以及工作密码设置的工作人员依照规定支付每月职务工资津贴;根据这些雇员合法记录的资料信息的保密程度,每月定期发放的工资津贴:"绝密"为50%—75%;"机密"为30%—50%;"秘密"为在安全许可中进行审查的10%—15%,没有审查的,5%—10%。当确定每个月的津贴的金额增长率时,需要考虑工作人员能够访问的秘密信息的数量和保密级别的持续期限 第56条,根据主管的命令,每年根据国家机密雇员每月的工资津贴规定工资;保护国家机密的单位的工作人员,除每月工资增值率(津贴)外,还获得指定结构单位工作经验的工资增值额:1—5年为10%;5—10年为15%;10年以上为20%

续表

《俄罗斯联邦保密法》	第24条限制了涉密人员的权利。限制可能涉及：在登记公民承认国家机密时，在劳动合同（合同）规定的期限内出国旅行的权利；传播构成国家秘密的信息以及使用包含此类信息的发现和发明的权利；在清除国家机密期间进行验证活动期间的隐私权

（4）科技防范措施

为做好保密工作，严格对国家安全负责，俄军早在2017年就开始向军队人员发放一款电子卡片，该卡片由俄罗斯的"安格斯特列姆"公司研制。小小的一张卡片上记载了持有该卡人员的个人信息、进入各种许可场所的密钥、每个人独有的生物医学信息以及战斗训练成绩，国防部可掌握该人员在部队营区内的行程路线、活动情况及进出保密设施的时间等基本信息，搜集到的所有信息均被记录在统一的信息系统中，根据记录数据可以分析出每名军人的情况，这种管理模式可以提高俄罗斯军人的纪律性并确保部队营区的安全。

6. 载体管理

（1）相关法律规定

《俄罗斯联邦国家秘密法》第八条规定，"属于国家秘密的信息共分三级，并相应将其载体的密级随之划分为绝密、机密和秘密"。"构成国家秘密的信息载体包括物理场在内的可以符号、形象、信号、技术手段及其过程等形式反映属国家秘密的信息的物体。"这条规定囊括了目前客观环境下各种信息载体可以存在的表现形式。

（2）修订立法加强国防采办中的装备技术信息保密

近年来俄军事泄密事件频发，加强国防科技信息安全保密管理成为俄高层关注的重要问题之一。2021年2月，普京强调要特别注意保护涉及最新武器装备、先进军事工业技术，以及能为国家创造竞争优势的创新研发活动信息。4月，俄修订立法，要求所有涉及武器装备研发生产、升级改进和维修处置的国防订货招标必须采取非公开形式，并取消国防承包商在国家国防订货统一信息系统中发布合同信息的义务。此举一方面是为避免敌人通过公开渠道收集国防分包合同中的技术任务信息从而拼凑出项目完整技术任务书；另一方面是为了保护与被制裁军工企业有合作往来的供应商信息，使其免遭负面影响。

（3）特点

①主要使用自主开发的载体进行涉密信息的存放、处理和使用；

②加强涉密载体的加密技术研究，双重保密。

7. 会议活动

除相关保密法律规定的涉密会议的管理外，军事领域的科技秘密保护还涉及一个特殊的独有的涉密活动的保护，也就是保密行政区的监察与保护。

保密行政区是俄罗斯的一种二级特别行政单位，该单位共有43个，这些行政单位多为军工或生物武器科研城市，并不对外开放，在地图上也不标示。根据俄联邦有关保密行政区的法律，保密行政区境内是开发、生产、保存、处理大规模杀伤性武器、回收放射性等材料的工业企业，执行特殊的安全职能与国家机密保护制度的军用与其他设施，也包括特殊的公民居住条件。保密行政区内的企业享有优惠的税务制度，分别由俄罗斯联邦原子能署、航天局和国防部管辖。

苏联最早一批保密城市出现于20世纪40年代末。当时苏联根据斯大林的命令启动核武器研发项目，核反应堆、核弹部件生产厂、核能研究中心都位于保密行政区。随着时间的推移，国防部和宇宙飞船研发单位拥有了自己的保密行政区。这些城镇一般都远离繁华的都市，城镇周围都有高高的围墙和专门的警卫部队。没有特别通行证，外人根本无法进入。俄罗斯原子能署所管辖的10座保密城市均与核设施有关。俄国防部所属的30座保密城镇绝大多数为核潜艇、洲际导弹基地和航天发射场。居民除现役军人外，绝大多数为军人家属和退役军人。所有保密行政区的生存条件基本类似。警卫只允许持有通行证的人进入。

8. 对外提供和境外人员知悉

《俄罗斯联邦国家秘密信息转交其他国家的程序条例》规定了俄罗斯联邦执行权力机关和俄罗斯联邦各主体执行权力机关向其他国家转交涉及国家秘密信息的条件和规则，以及准备并向俄罗斯联邦政府呈报材料的程序。其中规定：

（1）俄罗斯联邦政府应与接收方签订国际协议，协议中明确接收方在保护被转交信息方面的责任。

（2）与信息转交有关的联邦执行权力机关，俄罗斯联邦各主体执行权力机关，企业、机关和组织向全权负责信息管理的国家权力机关领导人提交包含涉密信息转交理由的申请，其中应说明：信息转交的目的；被计划转交信息的清单、信息的密级，信息保密的决定人及保密理由（列入国家秘密保护名录）；信息转交接收方的全权职能机关清单；信息转交必要性和适宜性的依据，评估信息转交对保障俄罗斯联邦政治和经济利益的影响；在接收方未履行其承担义务情况下损失赔偿的计划程序。

（3）俄罗斯联邦政府应当对要转交的国家秘密信息进行鉴定。

9. 公开保密审查制度

俄罗斯法律规定，享有定密权的国家权力机关，必须定期修改国家秘密信息清单的内容、修改定密范围，使得一些原来属于国家秘密的信息予以解密。俄罗斯的保密管理制度对定密解密程序的监督体现为自我监督和公民异议，公民可通过行政救济和司法救济手段解决涉密争议。根据《国家保密法》第15条的规定："俄罗斯联邦公民、企业、机构、组织和国家权力机关有权向国家机关、企业、机构、组织，提出解密包括国家档案在内原属于国家秘密的信息的申请，上述单位收到申请后须在3个月内进行研究并向申请人做出实质性答复。如果上述单位无权就有关信息的解密问题做出决定，应当在收到申请人的申请1个月之内转交给有权力的国家机关或跨部门保密委员会，并同时通知递交申请的俄罗斯公民、企业、组织和国家机关。并且针对不对相应的申请进行实质性审批的有关责任人，将依据现行法律追究其行政（纪律）责任。"另外第15条还规定了如公民认为有关单位定密不准，可针对该决定向法院提起诉讼，法庭裁决认为无须对信息进行保密，则应按相关的保密规定适用解密程序。这表明俄罗斯行政机关对于申请人的申请负有行政责任，法院对国家秘密可行使审判权，对于是否属于国家秘密可进行确认。

军事领域的科技秘密一般情况下不在信息公开的范围内，但如果公民认为有关单位定密不准或提出解密包括国家档案在内原属于国家秘密的信息的申请，法庭需要进行裁决，有关的机关单位需要进行答复。

10. 严重违规和泄密责任追究制度

表 6-5　　　　　　　　　　　泄密责任追究

《俄罗斯联邦刑法》（1996年6月13日）	第283条，泄露国家机密罪：在俄罗斯联邦法律规定的服务、工作、学习或其他情况下，在没有本法典第275条（叛国罪）和第276条（间谍罪）所规定的犯罪证据的情况下，泄露国家机密的内容可处以4—6个月的监禁或4年监禁，剥夺某些职位或从事某些活动的权利，最多3年或不到3年；如果造成了严重的后果，应判处3—7年徒刑，剥夺某些职位或从事某些活动的权利，最多3年；通过绑架、欺骗、勒索、胁迫、威胁使用暴力或其他非法手段获取国家机密（没有本法典第275条和第276条规定的犯罪迹象）处以20万—50万卢布的罚款，或被判1—3年徒刑或4年监禁的其他收入；同样的窃密行为，如果它是：(1) 由一组人完成；(2) 实施暴力；(3) 带来了严重后果；(4) 使用专门和其他技术手段，用于无声获取信息；(5) 涉及国家机密信息的传播，或将这些信息的载体转移到俄罗斯联邦以外，最高可判处3—8年监禁
	第275条叛国罪，即由俄罗斯联邦公民实施的间谍活动，向外国、国际或外国组织或其代表发布构成国家机密的信息，该信息是由某人通过服务、工作、学习或在俄罗斯联邦法律规定的情况下委托给该人或向他透露的，或向外国、国际或外国组织或其机构提供财务、后勤、咨询或其他协助代表参加反对俄罗斯联邦安全的活动。适用的刑罚是剥夺自由，处以12—20年的徒刑，处以最高50万卢布的罚款，或被定罪者的工资或其他收入，最高为3年或没有刑罚的期限，并享有最长为2年的自由限制。注意事项：如果自愿迅速地通知当局或以其他方式帮助防止进一步损害俄罗斯联邦的利益并且其行动不包含其他构成，则可免除刑事责任
	第276条间谍罪：转移、收集、储存信息，目的是向外国、国际或外国组织或其代表转移构成国家机密的信息，以及在外国情报或以其利益为目的的人的指示下转移或收集用于安全的其他信息。在俄罗斯联邦的间谍活动中，如果这些行为是由外国公民或无国籍人实施的，则剥夺自由应受到10—20年的惩罚
	第284条国家机密文件丢失：接触国家秘密的人，违反既定规则来处理包含国家秘密的文件，以及涉及构成国家秘密的信息的物件，如果这会造成信息丢失和严重后果的发生，适用的刑罚是剥夺自由长达3年，或被逮捕长达4—6个月，或剥夺自由长达3年，并剥夺担任某些职务或从事某些活动的权利，最长为3年或以下没有这种权利

续表

《俄罗斯联邦保密法》	规定违反俄罗斯联邦《国家机密法》的官员和公民根据现行法律承担刑事、行政、民事或纪律责任

6.4.4 军事领域科技秘密保护的特点

1. 定密主体资格严格管控

俄罗斯非常重视军事领域的科技信息的安全与保护，军事领域的科技秘密定密和接触国家秘密的权限，除法律规定的具有定密权限的国家机关单位和领导人以外，国家原子能公司（Rosatom）和俄罗斯联邦航天局（Roscosmos）也具有定密权限。同时武器装备科研生产单位的保密资格是对单位承担涉密武器装备科研生产任务设定的前提条件。武器装备、军事技术、弹药的研究、设计、试验及生产单位需要具有保密资格才可以开展相应活动。

2. 涉密信息多重保护

军事领域采用的是军事专用的涉密信息网络和数据库，除特殊情况外均使用国产的软硬件系统，对涉密信息进行双重防护。俄罗斯还加大国产信息技术产品在武装力量各军兵种部队的装备比例，从设备方面杜绝信息的泄露，确保国防领域信息安全。比如俄罗斯国防部所有办公电脑皆将操作系统改为 AstraLinux；正在建设的专属军事互联网——"多服务通信传输网"；为各大军区建立的"超级保密云库（iCloud）"，俄罗斯不断对科技秘密可能泄露的通道进行完善，将传输流程控制在自己手中。

3. 专属军事科技保密基地

军事科技秘密特有的研发地址——保密行政区。保密行政区是俄罗斯的一种二级特别行政单位，根据俄联邦有关保密行政区的法律，保密行政区境内是开发、生产、保存、处理大规模杀伤性武器、回收放射性等材料的工业企业，执行特殊的安全职能与国家机密保护制度的军用与其他设施，也包括特殊的公民居住条件。这种划分特定区域进行军事科技的研究、实验与生产的管理制度也十分少见，但也很好地防护了涉密信息的泄露，不与国际互联网接通、人员不得随意外出、不在地图上显示、防守十分严密，从源头上控制泄密事件发生的可能性。

案例 6—4

俄罗斯发展国防科技

近年来,俄美核战略发生了复杂而深刻的变化,引发了一系列风险。特别是美国单方面退出《中导条约》事件,引发了俄罗斯对当前核威胁的战略担忧。美国退出《中导条约》极大地加剧了俄美两国在常规冲突中因升级而导致意外核战争的风险。如果俄美均终止《中导条约》,新一轮军备竞赛或许难免。有预测,俄国防科技工业信息化建设的方向,将以着重发展核战略武器、远程精确制导武器为中心,重点强化"不对称"武器装备优势。事实上,俄一直试图通过"不对称"方式发展中程导弹弥补自己力量的不足。在中导领域,俄罗斯有很强的技术储备和长期的使用经验。同时,陆基巡航导弹相比弹道导弹更难被侦测到,俄认为这是穿透美国导弹防御体系的一个利器。

可以推测,越来越多的信息化新式"撒手锏"武器将进入俄罗斯军事力量武库,这或将是对那些对俄进行制裁和围堵国家最好的震慑。俄也会继续加强国防科技工业信息化建设,坚持国防科技自主创新,依托尖端信息化军事高技术,着重研制列装以精确制导武器为代表的"不对称"撒手锏武器,不断提升武装力量信息化水平。

思考:

中俄两国在国防科技工业方面有着广泛的共同利益和相似性,俄加强国防科技工业信息化建设的手段、举措对于我国国防科技发展有哪些现实借鉴意义?

本章小结

现阶段俄罗斯科技管理组织体系按职能主要分为科技政策制定机构、科技决策主体和科技管理机构三部分。俄罗斯国家基金会作为俄罗斯资助科研项目的重要力量之一,在俄罗斯科学发展中扮演着越来越重要的角色,其主要影响着国家预算资金的再分配。

为推进俄罗斯科技成果转化，俄政府采取了一系列举措来保障其发展：建立运行科技成果转化机制，搭建合作平台，解除院所和高校创办企业的束缚，建立产学研知识产权分享制度，实施督促科研机构创新的监督制度，营造有利于企业创新的政策环境。

俄罗斯采取了一系列举措来维护国家科技安全：不断提高科技创新能力，健全科技安全政策体系，高度重视科技环境，立法保障科技评估，加大科技创新投入，建立科学评估机制。

在向市场经济转轨和国防工业私有化改革过程中，俄罗斯新的军事科技安全的法律保障机制逐渐建立起来，先后修订并通过了《国家安全构想》、《国家军事学说》以及《俄罗斯外交构想》等纲领性文件。除了《国防法》《武器法》《俄联邦国家军事订货法》等有关武装力量的法律，还有专门为国防工业制定的法律、法规和法令，如《国防工业法》《俄罗斯联邦共和国国防工业军转民法》等，形成了一套基本完整的国防工业法律体系，确保了国防工业改革和发展有法可依。在军事安全方面，《俄罗斯对外军事技术合作法》《俄罗斯联邦保密法》和《联邦技术调整法》都发挥着重要作用。

关键词

俄罗斯科技管理体系　俄罗斯科技安全　科技成果转化模式　军事科技　保密制度

第 7 章

日本科技保密工作体制

章首开篇语

由于第二次世界大战等历史影响，日本走出了一条与其他国家不同的科技发展道路。日本的科技发展更注重经济功能，与之相适应的日本的科技管理体制和科技保密机制都呈现独有的日本特色。本章所涉及的科技保密的涵盖范围主要是常规武器、核能、化学武器、生物武器、导弹、尖端材料、材料加工、电子、电子计算机、通信、传感器、导航设备、海洋相关、推进装置以及其他敏感项目。

本章重点问题

- 日本科技计划的全过程管理
- 日本科技创新模式
- 日本科技保密管理法律法规
- 日本科技保密五项原则
- 利用商业秘密保护科技信息

7.1 日本科技计划的全过程管理

7.1.1 日本科技政策的发展历程

日本在明治维新以后开始转型向现代化国家迈进，为此选择了"富国强兵"政策。为了让国家富裕起来，同时拥有抵御外敌侵略的强大军事力量，日本开始快速导入欧美各国的先进文化和科技。到昭和初期

（1930年代中期），日本凭借基础科学全面建立了重化工工业，还建立起了覆盖全国的输配电干线网络。然而，在推进"大东亚共荣圈"构想的过程中，日本的工业技术逐渐倾斜向了"军国主义"。

第二次世界大战战败后，日本的经济实力、生产实力和科技实力都遭到了毁灭性的破坏，不过日本的技术人员却在战争中幸免下来。这些被称为"技术官僚"的人员在战后第二年就汇总整理出了战后的第一项政策成果，即1946年的《日本经济重建基本问题的修订版》。这是从战后被废除的大东亚省调到外务省调查局的官员整理制定出的科技振兴政策。

为了应对全球范围的技术革新，日本积极推进科技政策，1952—1953年日本政界和学术界等纷纷呼吁设置强有力的科技行政机构。1955年5月，日本众议院下属商工委员会通过一项决议，即"为了推进核能的和平利用，实现科技的飞跃发展，希望在总理府设置科学技术厅，对包括原子能统括机构在内的所有科技行政机构进行综合调整和革新"。在国会议员和政府内部的积极推动下，日本于1956年5月成立了科学技术厅。

1959年日本成立了总理大臣的咨询机构——"科学技术会议"。该会议由8人组成，首相担任议长，此外还包括大藏大臣、文部大臣、经济企划厅长官、科学技术厅长官，以及日本学术会议会长和2名学术专家。1960年科学技术会议发布了题为"10年后的科技振兴综合基本政策"的咨询报告。报告中详细提出了"应该实现的科学目标"和"应该实现的技术目标"，并解释了制定基本法的必要性，即"要想取得划时代的发展，必须有统一的指针。为此要明确有关科学技术的基本理念，制定科学技术基本法"。

科学技术会议1965年整理的"科学技术法案纲要"中，要求政府制定"旨在奠定研究基础的长期计划"和"旨在有计划地促进研究的长期计划"，同时，为了有计划地推进各项政策，日本还把"制定基本科技计划规定为了政府的义务"。政府内部最终于1968年的例行国会上提交了"科学技术基本法案"。由于文化教育领域人士担心学术自由会受到干涉，与人文科学有关的内容和与大学研究有关的内容被排除到了法案的监管对象之外。在国会上进行讨论时，在野党和日本学术会议等各方面均提出了反对意见，讨论未能深入，法案最终于同年年底被废弃。基本法案的废弃给科学界留下了巨大的裂痕，此后制定基本法案的势头减弱，遭到了长期搁置。

在缺乏基本科技政策的情况下，相关省厅、大学和研究生院以及民营企业的研究所等分别在各自的"地盘"深入。大学和研究生院为保障"学术自由"，对于与政府和民营企业的技术合作并不太积极。即便如此，各领域仍然实现了迅猛发展，通过基础研究开发出了大量独创技术。在这一段时间内，日本经济保持高速增长，国民生活变得富裕。众多企业克服了各种障碍，实现了稳步增长。

《科学技术基本法案》被废弃二十多年后，日本再次出现制定基本法的动向。1993 年自民党科学技术部会长尾身幸次议员四方游说推进基本法的复活，不仅是自民党，当时的执政党、社会党以及先驱新党也赞同制定基本法，除了三个联合执政党外，新进党也参与了磋商，共同推进了制定基本法的讨论。最终以 4 党联合提案的形式提交国会，1995 年（平成 7 年）11 月，《科学技术基本法》在众参两院获得全票通过。

《科学技术基本法》的制定，标志着日本确立了旨在以科学技术立国的基本方针，科学技术被定位为国家最重要的方向之一。虽然日本此前已经有关于科技振兴的独立法律，但《科学技术基本法》通过后，那些法律先后变成了基本法的实施法案或者特别法案。

伴随着 1995 年《科学技术基本法》的正式通过，日本政府于 1996 年（平成 8 年）制定了 5 年一期的"科学技术基本计划"，开始实施长期、系统、连贯的科技政策。

进入 21 世纪后的 20 年来，全球的科技创新趋势发生了巨大变化。而且速度在不断加快，新一代数字化、最尖端领域的 AI 技术、生物技术及量子技术等都发展迅猛。在面对这个事实的日本，曾经引领世界的大型机电企业失去了往日的风采。在此基础上，日本积极推进技术创新和产学合作，明确了大学、研究机构与民营企业之间开展产学合作的必要性。

2020 年 3 月 10 日，日本政府在内阁会议上通过了规定日本科学技术政策基本理念和基本框架的《科学技术基本法》修正案。修订后的法案更名为《科学技术创新基本法》，目的是除之前的自然科学外，还通过追加哲学和法学等人文及社会科学以创造出新价值。此次修订法案的直接原因是，因为随着社会运行方式的改变，人工智能和基因编辑等技术的发展，关于社会伦理的讨论及立法的重要性日益增强，在此背景下，日本政府于 2019 年 10 月提出了具体修订方向，用了大约半年的时间进行讨论，最终敲定了全面修正草案。日本政府希望将其反映在 2021 年 4 月开始的第六期"科学技术基本计划"中。

7.1.2 日本科技计划的管理体系

以 1995 年《科学技术基本法》的颁布为界，日本的科技计划管理体系呈现出两种不同的特点。1995 年之前，日本政府并没有制定统一连贯的科技政策和科技计划，在缺乏基本科技政策和科技计划指导的情况下，相关省厅、大学和研究生院以及民营企业的研究所等分别在各自的"地盘"深入，但未能形成有效合作。1995 年《科学技术基本法》通过之后，日本政府开始制定 5 年一期的"科学技术基本计划"，开始实施长期、系统、连贯的科技政策。

1. 1995 年《科学技术基本法》颁布前的科技计划管理体系

第二次世界大战战败后，日本的技术院等科技决策与管理机构作为战犯组织被废止，科技实力同时也遭到了毁灭性的破坏。

日本战后的科学技术和产业技术主要分为两大谱系。一个是为了在战败后的饥饿和通货膨胀状态中让日本经济重新走上再生轨道而设置的经济安定本部下属的资源委员会。资源委员会由技术官僚和工科领域的大学教授等担任委员，讨论并提出各种经济重振建议，后来更名为资源调查会。另一个是作为科学技术的新学术体系于 1948 年成立的"日本学术会议"。当时在盟军最高司令官总司令部（GHQ）的支持下，为刷新战前的学术体制，日本成立了由各领域参加的学术体制刷新委员会，经过该委员会的讨论，成立了作为审议机构的"日本学术会议"，以及负责将学术会议的建议反映到政策中的机构"科学技术行政协议会"（由学术会议的代表和相关各省厅的事务次官组成）。

1956 年，为了应对全球范围的技术革新，积极推进科技政策，日本政府成立了科学技术厅，但在很长一段时间里，科学技术厅始终未能发挥出全面推进科技管理的主要职能。本应发挥重要作用的科学家及各学术团体担心科学技术厅是战争时代技术院的翻版，所以并没有表现出积极的合作态度。尽管科学技术厅每年都在强调科技管理的重要性，并宣传科学技术厅的存在感，但始终未能获得日本学术界的认可。在此期间，日本更倾向于直接引进国外先进技术，技术研发也容易朝着研发产品、增加收益的方向发展，因此无法避免基础研究被削弱的情况发生。

2. 1995 年《科学技术基本法》颁布后的科技计划管理体系

1995 年《科学技术基本法》通过后的日本科技计划管理体系呈现出与之前明显不同的特点。

《科学技术基本法》规定了科学技术政策的方向，具有优于其他科学技术相关法律的特性。基本法要求政府制定旨在实现科学技术创造立国的基本方针，把科学技术定位为国家最重要的课题之一。根据基本法的条文，首相就制定"基本计划"咨询了科学技术会议。科学技术会议在综合计划部门会议和基本问题分科会上进行了讨论，并在内阁会议上获得了通过。随后于 1996 年开始施行 5 年一度的"科学技术基本计划"，以及协调国家相关部门及地方的科技计划和科技创新活动。日本的科技规划主要用于指导和引领社会各界科技资源配置、科技政策管理和科研活动组织。按照制定和实施的不同主体，可将其科技规划划分为三个层次：国家层面制定的科技战略规划、国家重点科技领域的科技发展计划（一般由政府各部门制订特定领域的科技计划）和科研机构根据承担的使命制定的研究发展计划。可以看出，日本科技计划的组织和实施带有明显的"纵向延伸、层进式指导"的特点，这三层计划自上而下、有机地组成了日本的科技计划体系。

（1）国家级科技计划

首先是国家级的科技计划，自 1996 年开始施行的 5 年一度的"科学技术基本计划"是日本国家级科技计划的主要内容。日本政府通过该基本计划实施长期、系统、连贯的科技政策，并指导一段时期内日本科学技术的发展。负责制定日本"科学技术基本计划"的是隶属于内阁府的综合科学技术创新会议（CSTI）。CSTI 成立于 2014 年，是日本政府制定科技政策和计划的核心部门，承担着制定科学技术基本政策、统筹分配国家科技创新资源以及评估重大科技项目等职能。CSTI 的发展过程可以分为以下三个阶段：其前身是成立于 1959 年的科学技术会议，后来在 2001 年改革重组为综合科学技术会议，然后于 2014 年再次改革重组为现在的综合科学技术创新会议。

日本的"科学技术基本计划"的一个施行周期为 5 年，自 1996 年至今已经施行了五期。按照惯例，CSTI 的专家议会会在下一个"科学技术基本计划"正式施行的前一年向首相提议，组建由学者、产业界代表、大学负责人等各界代表组成的"基本计划专门调查会"，以负责新一期"科学技术基本计划"的讨论与制定工作。

在新一期"科学技术基本计划"制定之前，CSTI 会通过多种方式总结评价现有的科技计划和政策的实施效果，具体包括：委托日本科技政策研究所（NISTEP）和一些商业咨询机构对之前"科学技术基本计划"的实施情况进行评估；参考科技调研活动的数据和信息；参考政府机构和社会团体的调查信息和数据资料等。通过总结往期"科学技术基本计划"的实施效果，结合社会现状和实际需求，经 CSTI 的例会通过之后，"基本计划专门调查会"便会开始新一期科技基本计划的筹备和制定工作。

"科学技术基本计划"的目的，主要是指导接下来一段时间内日本科技发展的大方向，为科技发展提供系统连贯的科技政策指导。其具体实施主要由相关的行政机构及其下属科研机构负责执行。各省厅根据"科学技术基本计划"的指导，结合自身情况，制定基本计划的具体规划——也就是省厅级科技计划。在计划的具体实施过程中 CSTI 会进行系统的跟踪、监督并编写报告。

（2）省厅级科技计划

各省厅一般设立了政策审议和制订机构，这些机构根据"科学技术基本计划"的部署，制定本部门的科技计划，并邀请各方面的学者、专家组成"科技计划评价研讨会"，咨询审议本部门的科技计划。在咨询审议时，各省厅的相关机构首先会评估上一期科技计划的执行情况、取得成效和社会影响等，为新一期科技计划的制定提供借鉴和参考。此外，各省厅会在其科技、学术审议机构中设置不同领域的委员会，由其制定这些领域具体的执行政策并通过公开征募的方式来确定具体的研究项目。

对于省厅级科技计划的实施，各省通过不同方式管理所主持或是参与的规划项目。对于直接隶属于本省的项目，则由省直接组建相关的推进委员会或是技术实施机构来主持组织实施；另外一部分项目则交由研究机构自行管理。

(3) 科研机构的科技计划

科研机构的科技计划主要由科研机构下设的战略规划部门来制订，科研机构通常由理事、研究部门负责人和外部专家组成咨询委员会，负责制定本机构的科技计划。这些科研机构的咨询委员会通常参考主管省厅的中期和年度评估报告，结合自我评估报告对机构科技计划的成效、不足、影响进行综合评估，同时结合内外部专家的意见，形成科技计划的基本框架。

科研机构的评价监督实行外部评价和内部评价相结合的两层评价制度。外部评价主要由主管省的独立法人评价委员会进行评价；内部评价由各科研机构内部自己进行评价。

日本的科技计划体系会根据现实情况而进行动态的调整，这既包括对于国家级科技计划和总的中长期科技发展战略的调整，也包括对省厅级科技计划和具体科研机构科技计划的调整。在日本科技计划的管理构架和动态调整机制中，CSTI 起到了核心作用。作为日本科技创新体系的指挥塔，CSTI 总揽整个国家的科学技术发展方向，制定全面和基本的政策，并进行全面的调整和协调。

7.1.3　日本科技计划的预算组织实施机制

日本现行的科技预算管理模式是在政府行政体系下达成的集中协调型科技预算管理模式。其中 CSTI 通过顶层设计、制定预算基本方针来协调相关省厅，以确保政府科技预算的合理性，避免交叉重复。在科技预算编制方面，由 CSTI 对日本的年度科技预算进行宏观调控，各省厅根据 CSTI 提出的宏观方针政策来编制本省厅的科技预算。

日本涉及的各类计划和项目分别由各政府部门协调推动实施，国家科学技术预算和经费的管理也由其分工负责。需要注意的是，文部科学省并不直接管理日本各省厅的科技预算，其负责的主要是文部科学省系统的科技预算计划、面向各省厅下属的大学和研究所的科学技术振兴经费管理等。但自 2001 年日本省厅调整之后，文部科学省一直占据日本政府全部科技预算的绝大部分，基本保持在 64% 左右，近年来有所下降，但仍保持在 50% 左右的占比。

总结来说，在日本政府行政体系内的科技预算管理中，内阁总理大臣及其下设的 CSTI 主要负责顶层设计，对日本的年度科技预算进行宏观调控；文部科学省作为科技行政管理部门掌握日本政府超半数的科研经费，对本国科技活动的实施进行一定的调节。

依据 5 年期的"科学技术基本计划"和当年度科技发展的实际需求，日本政府科技预算的流程大致为：CSTI 于 5 月发布日本当前所面临问题的报告→7 月提出应对这些问题的行动方案供政府参考，成立"科技创新战略预算会议"制定科技预算的分配方针→9 月由各省厅向财务省上报预算要求→12 月由"科技创新战略预算会议"代表内阁协调、修改各省厅的科技预算，内阁形成预算案后提交国会→国会通过后，于次年 3 月预算生效，见图 7-1 所示。

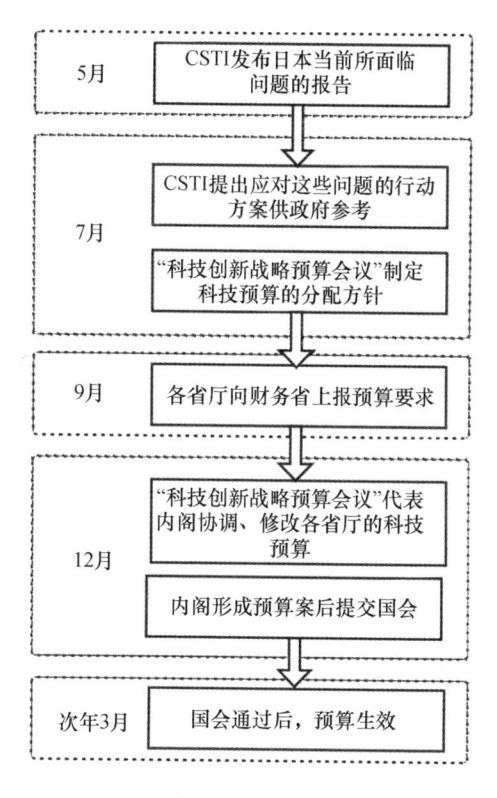

图 7-1 日本科技预算的形成流程

7.2 日本科技创新模式

7.2.1 日本科技创新模式的演变

技术创新模式是反映技术创新规律性的创新形式。其具体表现为一个国家或地区的创新主体在一段时间内所表现出来的创新行为模式和机制。战后，日本通过引进和学习西方的技术，快速推进了国家的工业化，实现了战后经济和技术的复兴。在战后技术发展的过程中，日本也形成独具特色的创新模式，日本技术创新模式的演变过程可以概括为：战后初期开始的模仿创新→20世纪50年代中期开始的引进消化吸收再创新→20世纪70年代中期开始的集成创新→20世纪80年代至今的原始创新。

1. 战后初期开始的模仿创新

第二次世界大战战败后，整个日本的经济实力、生产实力和技术实力都遭到了毁灭性打击，生产设备和研究设施被彻底摧毁。日本在当时没有能力独自实现科学技术的恢复与发展。当时全球的技术研发核心是美国，美国是战胜国，几乎没有受到战争的创伤，科技和经济实力雄厚。为了加快恢复国内的经济发展和技术创新，弥补与欧美国家之间的巨大差距，日本开始大量引进美国和欧洲等西方国家的技术。日本战后技术创新的第一个阶段就是从大规模引进国外先进的设备和技术开始。主要做法就是完全模仿欧美的设备和技术，然后根据使用过程中的实际需要，结合日本现状进行一定程度上的适应和改动。模仿创新阶段的目的主要就是通过模仿欧美先进的技术和经验，快速实现日本科技和经济的复兴。

自20世纪40年代末，日本就开始大量引进国外先进的生产设备和技术。开始主要是直接大量的系统引进国外的生产设备和技术，然后直接用于日本国内生产。之后随着日本科技和经济实力的逐渐复苏，日本开始有选择地引入国外的设备和技术，逐渐减少无目的性的大量成套引入。通过战后大规模的系统引进和学习模仿，日本快速恢复了自己的科技实力，缩短了与其他发达国家的差距。通过这种模仿创新，日本节省了自身研发所需要的大量人力、物力和财力，并快速积累了后续科技创新所需要的技术基础。

这一时期日本自身的科技实力非常薄弱，依靠自己的力量无法快速实现科技复兴和创新。于是日本选择了进行技术引进，通过大量引进欧美的先进设备和技术，为自身的科技实力恢复奠定了良好的基础，并通过这些引入的技术和设备实现了经济的快速复苏。可以说，模仿创新是当时最符合日本社会现状的技术创新模式。

2. 20 世纪 50 年代中期开始的引进消化吸收再创新

通过战后的技术引进，日本初步实现了技术恢复与经济复苏，但在这个过程中，日本也发现了单纯的技术引进和模仿创新模式的缺点，那就是你永远只能使用别人想让你使用的技术，永远落后于别人，而且直接引进的技术也不是特别契合日本的市场需求。于是日本企业开始对从欧美引进的技术进行改良，以使其更好地适应日本的需求。这一阶段日本的科技创新模式可以概括为引进消化吸收再创新。也就是先对引进的技术进行消化吸收，通过学习率先创新者的理论和方法，理解其原理，然后在此基础上根据日本国情，开发出更适合日本，更能满足日本市场需求的产品。

从 20 世纪 50 年代下半期起，日本科技创新的模式逐渐从模仿创新转变为引进消化吸收再创新。从单纯的技术引进转变为了更重视结合日本市场需求对引进的技术进行吸收和改良。这一时期的日本企业提出了"1 号机引进、2 号机国产"的口号，表现出了相较于上一时期更强烈的创新欲望。与此同时，日本政府也积极倡导企业对引进的技术和设备进行消化吸收与再创新。在这个背景下，日本企业不再满足于单纯地引进和使用技术，而是开始有意识地向上游回溯，通过对引进技术的原理和工艺进行学习，在理解的基础上对引进技术进行改进和创新。在这个过程中，日本企业充分与市场需求相结合，在吸收和消化的基础上进行再次创新，形成了这一时期日本独特的科技创新模式：引进消化吸收再创新。

日本引进消化吸收再创新的科技创新模式也是和日本当时的国情息息相关的。当时日本通过大规模引进欧美等西方国家的设备和技术，使整个国家的科技实力和经济实力都有了很大提高。此时日本提出了赶超战略，为了响应政府的号召，日本企业开始对引进的技术进行消化吸收和再创新，通过对引进技术的再创新，日本形成了比原产品质量更好和价格更优的优势，这使日本产品开始迅速占领国际市场，进一步促进了日本经济的繁荣和科技的发展。

3. 20 世纪 70 年代中期开始的集成创新

在模仿创新和引进消化吸收再创新的基础上，日本开始探索更多的科技创新模式。其中集成创新就是最具日本特色的科技创新模式。日本在集成创新方面取得了巨大的成功。

虽然经过了模仿创新和引进消化吸收再创新的技术积累，但日本的创新能力仍落后于欧美等西方国家，为了进一步缩小与欧美各国的科技创新能力差距，日本提出了"技术立国"和"知识产权立国"等科技战略，这些科技战略都强调技术集成，希望通过对现有技术能力进行集成，开发出更有竞争力的产品。

集成创新的表现形式主要有两种：纵向集成和横向集成。纵向集成表现为产学研合作，即在政府的主导下，形成企业、学校和研究机构的科技联盟，形成从基础研究到应用研究再到形成具体产品的完整链条，使大学和研究机构的研究成果可以快速应用于市场，从而产生经济价值。横向集成主要强调加强不同科技领域之间的合作，通过跨行业的合作，将不同领域的科学技术相互融合，形成具有竞争力的新技术。这方面的代表有机械与电子技术结合形成的机电一体化技术；光学技术与电子技术结合形成的光电一体化技术；光学、通信、电子、材料相结合形成的现代光纤通信技术；生物技术与信息技术结合形成的生物信息技术等。在横向集成的科技创新过程中，日本企业形成了自己独特的竞争优势。

集成创新模式也是由当时日本的国情决定的。当时的日本虽然拥有了一定的科技基础和创新成果，但本身科技实力仍然较弱，为了追赶上欧美发达国家的创新步伐，日本形成并发扬了独具特色的集成创新模式。

4. 20 世纪 80 年代开始的原始创新

通过模仿创新、引进消化吸收再创新和集成创新的技术积累，日本已经拥有了较强的科技实力，其科技水平甚至已经超越部分的西方国家，达到了世界先进水平。此时的日本已经初步具有自主创新能力，日本从 20 世纪 80 年代开始慢慢进入了原始创新的时代。

一方面，随着科技实力的增长，日本已经具备一定的自主创新能力，可以跳出欧美等国的技术框架，独自进行技术创新。另一方面，此时的日本虽然拥有了很高的技术水平，但在突破性技术方面却没有什么存在感。而且随着越来越激烈的国际竞争，日本曾引以为傲的高科技随着与欧美国家发生摩擦和发展中国家的追赶而逐渐风光不再。从 20 世纪 80 年代后半期开始，日本在成为世界上最大的工业国之前，为使欧美的基础研究成果在日本实现商品化而实施的民间投资的效率很高。但欧美等国也越来越不满日本的这种搭便车行为，开始限制日本的技术引进，并要求日本进行技术的原始创新。日本政府也认识到，如果不进行原始创新，那日本的科技水平将永远落后于欧美等国。至此，日本产业界、政界和学术界的有识之士纷纷提出"必须致力于基础研究，自主掌握技术开发能力，否则日本的未来岌岌可危"。

在此期间，日本先是在 1980 年发布了《80 年代的通商产业政策》，强调加强日本的自主研发能力，这也是日本首次以官方形式提出"科技立国"战略；之后日本在 1995 年通过了《科学技术基本法》，第一次以法律形式实施科技立国战略，将科技创新提高到一个新的高度。《科学技术基本法》强调日本要改变之前以模仿创新为主的创新模式，将科技创新重点放在"开发具有独创性的科学技术上"来，成为科技创新领先之国。与《科学技术基本法》配套实施的还有五年一期的"科学技术基本计划"，共同推进日本的自主创新。

随后，日本在 2001 年版的《科技白皮书》中强烈要求推进技术创新和产学合作。2002 年，日本政府确立了"知识产权立国"的国家发展战略。2006 年 9 月第一次上台的安倍内阁提出了"通过技术创新促进经济增长，从而实现'美丽日本'"的政策。高市早苗被任命为创新担当大臣，她立即举行了讨论 2025 年之前要实现的长期创新战略的私人恳谈会"创新 25 战略会议"。2006 年度开始的第 3 期"科学技术基本计划"（2006 年度~2010 年度）中也提出："融合发展以往的科学发现和技术发明，实现创造新社会价值和经济价值的创新"。2007 年 5 月发布了"创新 25 战略会议"最终报告。该报告与每 5 年制定一次的"科学技术基本计划"相比，展望了更加长远的在 2025 年计划实现的社会形态，同时还写入了旨在实现这种社会的政策发展蓝图。从此，冠以"创新"之名的政策目标一个接一个出台。2009 年度的补充预算和 2010 年度的预算编制中提出了实现环境和能源领域的技术创新的"绿色技术创新"，此外高市早苗还提出了旨在实现健康社会的"生活技术创新"。通过药品和医疗器械开发实现经济增长及提高医疗和健康水平的"医疗技术创新"也是其中之一。

自此决定2021年度以后日本政策方针的"科学技术基本计划"的制定工作已经进入尾声。"强化创新能力""强化作为创新源泉的研究能力"——与以往的基本计划相比，2020年12月14日的专家会议讨论的报告草案中重视创新的趋势更加明确。

这一系列的政策措施和制度安排都表明，日本旨在通过政府的直接干预和指导，推进原始创新研究，努力将日本建设成为科技强国。这也标志着日本正式步入了原始创新的阶段。

叙述了日本从第二次世界大战战败到今天的科技创新模式演变，接下来我们重点来看两个科技创新计划——颠覆性技术创新计划和"登月"型研发制度。

7.2.2 颠覆性技术创新计划（ImPACT）

在20世纪80年代泡沫经济崩溃之后，日本经历了长达20年的长期经济停滞，也被称为"失落的20年"。在此期间，由于工业结构和生活方式的巨大变化，日本公司无法改变其传统的制造策略，这导致日本工业竞争力持续下降。同时，企业领导人和日本公民本身也失去了信心。为应对激烈的国际竞争和严峻的经济社会问题，日本政府意识到需要对产业和社会未来发展状态进行重要的革新，实现开放和创新。

颠覆性技术创新计划（Impulsing Paradigm Change through Disruptive Technologies Program，ImPACT）是一个由科技政策委员会（Council for Science & Technology Policy，CSTP）于2013年通过的项目，旨在实现对产业和社会具有巨大影响力的颠覆性创新。项目将鼓励高风险、高影响的研发，并致力于实现可持续和可扩展的创新体系。

1. ImPACT的目的和特点

日本目前面临激烈的国际竞争，也面临着严重的社会经济问题。为了克服这些问题，重要的是要对日本未来的工业和社会状况做出重大改变。ImPACT构成了"一个新的系统，一旦实现，它将创造颠覆性的创新，带来社会的变革"，其目的是转变国内研究开发的固有思维模式，从创新内生发展向迎接挑战转变，从封闭创新向开放创新转变。为此，ImPACT首先要鼓励挑战，这种挑战的成功概率不一定很高（高风险），但可以预见在成功的情况下会产生重大影响（高影响力），并培育具有企业家精神的环境氛围。换句话说，目的是创造具有颠覆性的创新，如果实现这一创新，将对工业和社会状况带来重大变化，并促进高风险和高影响力的研发。

其次，ImPACT 将严格选择对 CSTP 所确定主题有前途和创新想法的项目经理（PM）。这种方法的特点是将大量权力下放给每个项目经理，然后由项目经理与杰出的研究人员一起进行创新。换句话说，项目经理担当着生产者的角色，负责吸引研究人员，并将研发设计和管理的能力与日本最高水平的研发能力结合在一起。

ImPACT 的最终目的是实现"世界上最易于创新的国家"和"一个充满企业家精神的国家"。当然，仅靠 ImPACT 是无法做到这一点的，因此，它的意义还在于借鉴 ImPACT 所产生的成功案例，并将其作为未来行动的典范，作为日本各个领域和部门追求创新的榜样。

2. ImPACT 实施的程序

（1）委员会及会议等

召开 ImPACT 促进委员会（以下简称"委员会"）和 ImPACT 专家小组（以下简称"小组"）会议，以审议和讨论项目经理的选择、评估、进展状况和其他此类事项。专家组在委员会下召开会议。委员会由科技政策大臣、科技政策高级副部长、科技政策政务次长和科技委执行委员组成。小组由科技委执行委员和外部专家组成。召集委员会的必要事项和其他此类行动由科技委主席另行决定，而召集小组的必要事项和其他此类行动由委员会主席另行决定。

（2）确定研究主题

为了指明方向，即 ImPACT 所设想的工业和社会状况的变化，研究主题是根据以下情况确定的：一是通过科学、技术和创新，通过颠覆性变革带来范式转变，从而为日本工业带来巨大的竞争优势，并为日本人民的繁荣生活做出巨大贡献；二是通过突破性的科学和技术创新来克服日本面临的严重社会问题，这些创新将颠覆传统观念。由此设定的五个研究主题分别是：

a. 摆脱资源和制造能力创新的限制（新世纪的日本式价值创造）；

b. 实现生态健康的社会和创新的节能技术，改变生活方式（与世界和谐共处）；

　　c. 实现超越信息网络社会的高级功能社会（将人与社会联系在一起的智能社区）；

　　d. 在人口出生率下降和老龄化的社会中提供世界上最舒适的生活环境（为每个人实现健康，舒适的生活）；

　　e. 控制人类无法知晓的危害和自然灾害的影响，并将其损失降到最低（实现每个日本人都能敏锐地感受到的复原力）。

（3）确定项目经理

　　内阁办公室将处理项目经理的招聘工作，并将征求有关研发计划概念的建议。小组将对招聘的候选人进行审查，选择雇用项目经理的候选人，并向委员会报告候选人的情况。考虑到小组的报告，委员会将整理出一个有组织的项目经理聘用建议，并报告给 CSTP。然后，CSTP 将考虑委员会的报告，并决定项目经理的人选。日本科学技术厅（JST）将根据 CSTP 的决定来雇用项目经理。日本科技厅将对科技委实施的项目进展管理作出肯定的回应，并将建立一个适当的结构，考虑到其作为项目雇主、项目活动的援助者和适当的资金管理者的地位。

　　项目经理将对他/她的研发计划进行全面管理，同时还将担任生产者，将研发成果转化为颠覆性的创新。通常，项目经理将是全职的。如果确实是预计能够带来产业和社会巨大变革的创新，项目经理可以不限国籍。

　　委员会将制定选择项目经理的标准和程序。在此过程中，应基于 ImPACT 的基本概念进行选择，以便确定项目经理作为生产者的适用性，而不是研究与开发内容的任何细节，应遵循以下观点：

　　第一，项目经理的资质和绩效记录。在研发、商业化和相关事务管理方面的经验，绩效记录和潜在能力；对主题的专业知识和理解以及掌握国内外需求和研发趋势的能力；能够广泛地了解技术和市场趋势并从多方面的角度将商业化概念化的能力；不仅与研究人员而且与所有有关方面都能充分沟通，实现目标的领导能力；与企业、学术界和政府领域的专家建立联系的能力，以及收集技术信息的能力；实现高影响力创新的动力；向外部人员提供易于理解的项目经理研发概念的能力。

　　第二，项目经理提出的研究计划概念。它应该带来工业和社会状况的变化（影响的大小、实际应用和商业化的可能性）；它应承担除 ImPACT

以外的其他程序无法解决的高风险、高影响力的挑战（它是否旨在颠覆性创新而不是增量式创新）；即使是高风险，也应合理解释为可行；它应具有将日本最高水平的研发能力与各种不同知识体系融合在一起的能力（概念化系统的适当性）；研发计划应适当（在费用允许的范围内适当，在允许的实施时间内预期的结果方面适当）；结果应该是可验证的。

它也包括可以同时用作工业技术和有助于日本人民安全的技术的两用技术。

（4）研发活动的实施

项目经理将选择研发机构，向小组报告，并寻求确认。在得到确认后，研发机构将在首相的管理下实施研发。当首相的附属机构或位于日本以外的机构被选为研发机构时，首相将寻求委员会对该选择的批准。如果委员会认识到，为了实现主题中设想的工业或社会状况的变化，确实有必要选择该机构，委员会将批准该选择。

通常，项目经理将根据 JST 与每个研究机构之间委托的研究合同，对研究的实施进行管理。ImPACT 所需的费用，包括用于研发，项目经理的支持，资金管理以及其他此类功能，将由 ImPACT 基金（以下简称该基金）根据委员会确定的管理政策提供资金。

项目经理将灵活地执行其研发计划所需的加速，减速，暂停，方向改变以及其他必要措施。当有可能产生高影响力的新发展前景时，即使结果与最初目标有所不同，项目经理也将能够根据自己的判断灵活地重新考虑其计划。

（5）实施评估和进度管理

作为稳定推广 ImPACT 的一种措施，专家组将大约每半年从项目经理处收集有关项目经理的计划进度状态和有关 JST 的资金管理状况进行报告。并在必要时要求项目经理和 JST 改进。然而，当需要改进时，它将牢记 ImPACT 的特点，即鼓励高风险、高影响的计划，并将权力下放给项目经理。如果专家组要求的改进没有得到执行，或者判断结果（所述主题中设想的工业和社会状况的变化）无法预料，CSTP 可在委员会审议和审查该事项后决定解雇项目经理。研发实施期结束后，CSTP 将利用外部专家从多个角度对项目经理进行评估。评估内容将包括是否取得了预期的结果，它们是否会导致未来的进一步发展，项目管理是否适当等等。评估应考虑到影响项目的特点，并扩展到诸如当不可能实现最初设想的目标时，研发计划的变更、衍生研发中取得的进展或采取的其他行动、项目管理过程的适当性，即使没有按照目标取得成果，也要吸取教训。

（6）其他

内阁办公室负责科学、技术和创新政策的总干事将根据需要管理相关事务，以顺利推进ImPACT。委员会在审议和审查与基金运作和管理有关的基本政策、基金管理状况以及影响方案的进展情况时，可要求教育、文化、体育、科学和技术部长以部长身份担任基金经理。同时将采取积极措施，在项目外宣传成果。根据《工业技术促进法》第19条的规定，已获得的知识产权通常将转让给研发机构或属于该机构的研究人员或其他此类当事方。同时，该任务的具体内容将由委员会另行确定，以提高日本的工业竞争力，促进知识产权的积极利用。影响项目管理所需的其他事项将由委员会决定。

ImPACT设立的目标，就是要直面日本面临的激烈的国际竞争压力和突出的经济社会挑战。为了实现这一目标，ImPACT突破了原有科技计划体系的既有套路，成为日本科技计划体系中一个独具特色和重要的组成部分。

7.2.3 "登月（Moonshot）型"研发制度

政府向企业难以从事的"高风险和高影响力"研发项目投资是有意义的，但在现实中，高风险的定义模棱两可，不允许出现重大失败。虽然ImPACT每项课题都投入了大量的预算，但未必都能取得预期的成果。负责ImPACT的课题之一的东京大学教授合田圭介回忆说："制度从中途开始发生变化，（研究人员）不愿意面对'瞄准金牌进行高难度挑战，但如果失败则没有任何奖牌'的风险，而是直接瞄准可以稳拿的铜牌。"很多科学家对自上而下式的国家项目的混乱产生了危机感。被视为诺贝尔化学奖候选人的中部大学教授山本尚就直言，"缺乏以长远的眼光发展（项目）的态度"。目前的项目以AI（人工智能）等现有技术为基础，"在延长线上不会产生颠覆性创新"。

作为ImPACT后继项目的"登月型"研发制度进行了改良，目标是通过传统技术所不具备的、以更为大胆的设想为基础的挑战性研发，实现能真正为产业和社会带来巨大冲击的成果。

在"登月型"研发制度的形成和实施过程中，CSTI 担任核心决策主体的角色，负责制定"登月目标"；由产业界、研究者、相关政府部门人员共同组成的战略协议会作为综合管理主体，负责推动研发战略实施、加速研究成果应用、协调推动相关政府部门和研发实施机构间的合作；文部科学省和经济产业省负责制定研发构想，确定应该推进挑战性研发的领域和范围等；国立研究开发法人科学技术振兴机构（JST）和新能源产业技术综合开发机构（NEDO）负责开展相关研发业务，其主要职责为任命合适人选作为项目主任（PD）并在与项目主任协商的基础上招聘负责各个课题的项目经理，审批和批准项目主任制定的整体项目方案，以及负责对项目主任和项目经理的工作提供管理支持。

1. "登月型"研发制度的任务与目标

"登月型"研发制度旨在创造起源于日本的颠覆性创新，并且基于不属于常规技术的大胆构想而进行的具有挑战性的研发。"登月型"制度提出的3项主要任务是：

（1）展望未来社会，以那些虽然困难，但实现的话有望带来巨大冲击的社会课题为对象，制定充满吸引力的伟大目标和构想，并在引领最尖端研究的顶级研究人员等的指挥下，通过汇聚全球研究人员的智慧来实现目标。

（2）鉴于基础研究阶段的各种知识和思想以惊人的速度应用于工业和社会，并且当今各个领域都在产生颠覆性创新，因此日本的基础研究能力将得到增强。促进具有挑战性的研究和开发，以最大限度地发挥最大作用，并在容忍失败的同时引出发现和发展创新研究成果。

（3）关于那个时候的管理方法，研究人员在时刻意识到进化的世界的研究开发动向的同时，也要从相关的研究开发整体的角度出发，灵活地重新审视体制和内容，同时构筑最先进的研究支援系统。设计好完善的开放—封闭知识产权战略（开放战略是指将那些被竞争企业看到后可以迅速模仿的技术申请专利，封闭战略是指把重要的生产过程技术、生产设备内部设计、制造技术等作为企业秘密控制在企业内部）。

为了实现人类福祉，"登月型"研发计划目前设立了7个具体目标，以解决构成目标基础的社会、环境和经济问题。这7个目标是：

（1）到2050年，我们将实现一个人类不受身体、大脑、空间和时间约束的社会；

（2）到 2050 年实现一个可以尽早预测和预防疾病的社会；

（3）到 2050 年，通过 AI 和机器人的共同进化，我们将实现能够自主学习和行动并与人共存的机器人；

（4）到 2050 年，实现可持续资源回收以实现全球环境恢复；

（5）到 2050 年，通过充分利用未利用的生物功能等，在全球范围内建立无浪费的可持续食品供应产业；

（6）到 2050 年，实现了经济、产业、安全保障飞跃性发展的高容错通用量子计算机；

（7）到 2040 年，我们将实现可持续的医疗和长期护理系统，以预防和克服主要疾病，并在 100 岁之前享受不受健康影响的生活。

2. "登月型"研发制度实施的程序

（1）总体方案的制定

"登月型"制度的总体方案制定分为 3 个层次：

第一个层次决策层，主要负责的是总体目标的设定，决策主体是 CSTI 下设的"愿景会议"，"愿景会议"由各界人士组成。该会议一方面通过公开召集的方式收集各领域研究人员的观点；另一方面组织开展顶尖研究者听证会，并以此来了解国内外相关研发动向；依据这两个方面收集的信息确定具有启发性、可信的和有想象力的"登月型"目标。

第二个层次是管理层，主要负责组织具体制定研发方案，管理层的主体是文部科学省和经济产业省。其中，文部科学省负责制定基础研究的研发方案，以及萌芽、探索性的研究构想；经济产业省负责制定与产业技术相关的具有挑战性的研发构想。

第三个层次是实施层，主要负责项目的具体实施，实施层的主体是文部科学省和经济产业省下属的专业机构，负责收集和遴选新颖而富有挑战性的技术观点。收集方式主要有公开招募和竞争两种，从大学、国立研究开发法人、企业等处收集，并最终汇集到两个政府省厅的管理法人处，经遴选后正式作为项目实施。

（2）研发项目的实施方法

整个研发计划的方案由项目主任制定，而具体研发项目的实施主要依靠项目经理。项目主任和项目经理需选聘灵活，职责划分清晰。项目主任为任命制，任期为 5 年，可连任；项目经理为外聘制，不限任期。二者均无国籍限制，只要在日本从事具体工作即可。项目主任负责相对宏观层面的组织安排，制定整体项目的计划方案，项目经理负责的主要是具体课题的推进。

研究促进机构在与项目主任协商后，公开邀请日本和国外的项目经理，并原则上采用多个项目经理。此时，为了能够从全面的角度采用项目经理，机构将建立外部专家的评估体系，并听取外部专家的意见。外部评价体系的建立应以该体系的目的为基础，即促进基于更大胆的想法的挑战性研发，而不是传统技术的延伸。项目经理的招聘要注重以下几个方面：

a. 拥有广泛的人际网络和日本及海外相关研究人员的专业知识，以促进前沿研究和发展。

b. 具备管理和领导能力，能够建立一个最佳的研发系统，并根据进展情况灵活地审查该系统。

c. 项目负责人提出的项目目标和内容应优于常规项目。项目负责人提出的项目目标和内容必须比常规项目更加大胆和具有挑战性，必须具有创新性，并有望对未来产业和社会产生重大影响。

d. 提案应能从社会实施的角度，包括技术角度和公共与私人部门的角色分工，明确解释一个合理的方案（成功的假设），以实现2050年的目标。

e. 建议书的内容应汇集国内和国际顶级的研究和开发能力、知识和理念。

f. 在项目主任的指导下，项目经理负责根据研发进展和其他因素，在自己的权限和责任范围内，以灵活的方式加快或减慢项目的各个研发任务，或改变项目的方向，包括部分研究成果的分拆上市。

（3）研发项目的评价方法

项目的基本评价要求包括两个方面：一方面，研究促进机构应建立外部专家的评估系统，并进行外部评估。原则上，外部评估应在研究开始后的第三年和第五年进行，如果决定在五年后继续研究，则在第八年和第十年进行。如果研究促进公司认为有必要根据项目的特点加快评估期限，应事先确定一个适当的期限。另一方面，研究促进机构原则上应根据每年（除进行外部评价的年份外）进行自我评价，并将评价结果报告给战略促进委员会和制定相关概念的相关部委或机构。届时，公司也应根据需要听取外部专家的意见，在这种情况下，公司也应在自我评估中报告意见的内容和反映的情况。

研究促进机构应将外部评估和自我评估的结果报告给战略促进委员会和制定相关概念的有关部委和机构。外部评价和自我评价的结果原则上应予公布。研究促进机构向战略促进委员会报告外部评价和自我评价的结果，并根据评价结果和委员会的建议，在与项目主任协商后决定项目的继续、加速、减速、修改或终止。当一个项目或项目的一部分因需要终止时，研究促进机构、项目主任和项目经理需要在战略促进委员会的支持下，提供必要的支持，以便在这之前获得的衍生研究成果能够被用于其他项目或研发项目。研究促进机构将向公众披露外部评价和自我评价的结果是如何反映在项目的继续、加速、减速、修改和终止中的内容。研究促进机构将在研发结束后的一定时间内进行跟踪评估，并对各公司采用的项目经理结果进行跟踪评估。

"登月型"研发制度是对ImPACT制度的改善与强化，目标是实现更大的成果。旨在创造来自日本的颠覆性创新，促进具有挑战性的研发，其理念是大胆的，而不是现有技术的延伸。不过，"登月型"研发制度才刚刚启动，其具体实施效果如何还有待时间的验证。

7.3 日本科技保密管理法律法规

由于第二次世界大战战败国的身份，日本的保密发展一直受到很大的阻碍。虽然保密体系不完善，但日本对于科技秘密的保护工作从未松懈，下面主要从特定科技秘密、防止不正当竞争、关键技术保护、对外经济贸易和军事防卫五个方向介绍日本的科技保密法律法规。

表 7-1　　　　　　　　日本科技保密管理法律法规体系

科技保密领域	法律法规指南
特定科技秘密	《特定秘密保护法》
防止不正当竞争	《防止不正当竞争法》 《商业秘密管理准则》 《机密信息保护手册》 《关于限定提供数据的指南》

续表

科技保密领域	法律法规指南
关键技术管理	《产业竞争力强化法》 《促进实施防止技术和其他信息泄漏措施的准则》 《防止技术以及研究、开发的结果、生产方法和其他对商业活动有用的信息泄漏的必要措施标准》 《基于产业竞争力强化法的认定技术等信息防止泄露措施认证机关的命令》
对外经济贸易	《安全贸易控制指南》 《安全保障出口管理规程》 《关于安全保障贸易的敏感技术管理指导（大学·研究机构用）》
军事防卫科技	《国防装备转让三原则》 《关于防卫省进行开发装备的外部转用和技术资料的利用等相关手续（通知）》

7.3.1 特定科技秘密

2013年12月13日《特定秘密保护法》出台，并于2014年12月10日正式实施。作为日本战后的第一部保密法，《特定秘密保护法》对于日本的保密法制建设具有里程碑式的意义。

《特定秘密保护法》的目的是为了建立适当的保护制度，对涉及日本国家安全的信息进行保密，旨在通过规定特别指定的秘密、对处理这些秘密的人的限制以及与保护这些信息有关的其他必要事项，防止未经授权披露这些信息。

《特定秘密保护法》分为总则、特定秘密的指定、提供、处理者限制、适应性评价、杂则、罚则七个部分。从国防、外交、防止特定有害活动和反恐四个方面列举属于特定秘密的事项，该事项对日本保密工作进行总体指导工作。其中涉及国家安全的特定科技秘密也可以被制定为特定秘密，从而根据《特定秘密保护法》进行相应的保护。

7.3.2 防止不正当竞争

为了防止不正当的竞争，有效保护企业中的科技秘密，日本出台了一系列的法律法规和相关指南来进行管理。其中主要包括《防止不正当竞争法》《商业秘密管理准则》《机密信息保护手册》《关于限定提供数据的指南》等。

1.《防止不正当竞争法》

《防止不正当竞争法》的目的是采取措施防止不正当竞争，并赔偿与不正当竞争有关的损害，以确保企业之间的公平竞争和与此有关的国际承诺的正确执行，从而促进国民经济的健康发展。

《防止不正当竞争法》分为总则、禁止侵犯的请求和损害赔偿、国际承诺下的禁止行为、杂则、罚则、刑事诉讼程序的特例、没收程序等特殊条款、保全程序、执行和保存没收及附加费用的国际互助程序九个部分。《防止不正当竞争法》中规定了技术秘密的使用管理，以及对商业秘密进行保护的保密令的申请和撤销。《防止不正当竞争法》禁止将他人的技术开发，产品开发结果等滥用为不正当竞争的行为。具体而言，除了盗用品牌标识、模仿形态外，非法获取，使用和披露商业秘密还受到禁令等的限制，并且被定位为侵权法的特殊规定。

2.《商业秘密管理准则》

《商业秘密管理准则》的目的是为了给公司制定加强商业秘密管理的战略计划提供参考。它指出了获得法律保护（例如根据《防止不正当竞争法》发出的禁令）所需采取的最低措施水平。

《商业秘密管理准则》分为总则、关于秘密管理性（包括秘密管理的目的，所需保密措施的程度，秘密管理措施的具体例子，在公司内部和外部共享商业秘密时的机密性管理概念）、有用性的考虑、非公开性的考虑四个部分。公司可以依托《商业秘密管理准则》提供的参考，对商业秘密进行保护和利用，这也将进一步保护商业秘密中的科技秘密。

3.《机密信息保护手册》

《机密信息保护手册》的目的是通过介绍定密的依据、防泄密措施实例以及如何处理信息泄露的情况，为企业正确管理和有效利用"信息资产"（包括公司活动中的机密信息）以及如何处理泄露风险方面提供参考，以便公司适当地管理本公司的机密信息。

《机密信息保护手册》分为目的和总体构成、掌握/评估所持有的信息和确定机密信息、机密信息的分类和信息泄露对策的选择及其规则化、管理机密信息的理想内部系统、针对与其他公司的机密信息有关纠纷的准备、泄密事件的应对六个部分。企业利用本公司拥有的各种各样的商业信息和技术信息，谋求与其他公司的差别化，并提高本公司的竞争力。此类机密信息需要通过保密来发挥其价值，一旦泄露就会造成巨大的损失。《机密信息保护手册》列举了各种防止机密信息泄露的示例，为企业保护自己的机密信息提供了参考。

4. 《关于限定提供数据的指南》

《关于限定提供数据的指南》的目的是让企业通过有限的提供数据来保护自己的技术或商业信息，并避免与"有限提供数据"有关的不正当竞争的行为。

《关于限定提供数据的指南》分为总则、关于限定提供数据、属于"不正当竞争"的行为、关于非法获取类型、关于严重违反诚信的行为、数据转移类型六个部分。它通过有限的数据提供可以有效地保护企业的商业秘密和技术信息。

7.3.3 关键技术保护

为了维持和提高产业竞争力，日本政府出台了一系列法律和指南来对关键技术进行保护，具体包括《产业竞争力强化法》《促进实施防止技术和其他信息泄漏措施的准则》《防止技术以及研究，开发的结果，生产方法和其他对商业活动有用的信息泄漏的必要措施标准》《基于产业竞争力强化法的认定技术等信息防止泄漏措施认证机关的命令》等。

1. 《产业竞争力强化法》

《产业竞争力强化法》的目的是使日本的工业摆脱中长期停滞，走上可持续发展的道路，以振兴日本经济。该法促进建立特殊的监管措施和通过这些措施进行监管改革，并响应工业活动中经济和社会状况的变化而增强工业竞争力。

《产业竞争力强化法》包括总则、制定与新业务活动有关的法规的特殊措施并促进法规改革、激活工业活动中的新陈代谢、日本投资公司等对特定商业活动的支持、振兴中小企业、杂则、罚则共七个部分。《产业竞争力强化法》中提出经营者为防止对技术及相关研发成果，生产方法和其他商业活动有用的信息泄露而采取保护措施。

2. 《促进实施防止技术和其他信息泄露措施的准则》

《促进实施防止技术和其他信息泄露措施的准则》的目的是通过发布准则，促使经营者实施适当的措施防止技术和其他信息的泄露，进而促进日本产业竞争力的强化。

《促进实施防止技术和其他信息泄露措施的准则》包括关于促进实施技术等信息泄露防止措施的基本方向、关于促进实施技术等信息泄露防止措施的基本事项、关于促进实施技术等信息泄露防止措施认证业务的实施方法及应成为认定基准的事项、关于促进中小企业实施技术等信息泄露防止措施应考虑的事项等四个部分。对企业来说技术等信息（指对技术及相关研究开发的成果、生产方法及其他事业活动有用的信息）是竞争力的源泉，《促进实施防止技术和其他信息泄露措施的准则》通过提供防止信息泄露措施应遵循的准则，来指导企业的科技保密活动。

3. 《防止技术以及研究，开发的结果，生产方法和其他对商业活动有用的信息泄露的必要措施标准》

《防止技术以及研究，开发的结果，生产方法和其他对商业活动有用的信息泄露的必要措施标准》的目的是设定一个标准，以此便于公司采取必要的措施来防止技术以及研究，开发的结果，生产方法和其他对商业活动有用的信息泄露。

该措施标准包括共同事项、对管理对象信息的人员访问限制、当要管理的信息是纸质信息时对物理访问的限制、在难以将信息存储在存储容器中的情况下对物理访问的限制、当要管理的信息是电子信息时的访问限制、将管理对象信息传递给持有该管理对象信息的经营者以外的人员时的措施、加强其他管理对象信息的措施共七个部分。它通过为具体的管理措施设置标准，并进行示例，可以使企业更好地保护科技信息。

4. 《基于产业竞争力强化法的认定技术等信息防止泄露措施认证机关的命令》

《基于产业竞争力强化法的认定技术等信息防止泄露措施认证机关的命令》的目的是推进实施一种认证制度，允许获得国家认定的机构对企业技术等信息的管理进行认证，以符合国家所展示的"保护方式"。

该命令包括术语的定义、认证申请、认证书的签发、认定相关的公布事项、更新认证的申请、认证机构继承的申报、轻微的变更、变更认定的申请、变更的申报、废止的申报、公布的方法、实施情况报告、现场检查人员的身份证、申请书等的提交方法共十四个部分。由国家认定的机构对企业进行信息保护能力认证，判断企业是否根据国家表示的"保护方法"来对关键信息进行保护，可以对企业科技信息保密能力进行测评，有助于加强对科技信息的保密。

7.3.4　对外经济贸易

为防止武器和可用于军事的货物技术被传递到可能威胁到日本和国际社会安全的国家和恐怖分子手中，日本建立了一个国际出口管制制度，从安全的角度出发进行贸易控制。其中的法律、指南包括《安全贸易控制指南》《安全保障出口管理规程》《关于安全保障贸易的敏感技术管理指导（大学・研究机构用）》等。

1. 《安全贸易控制指南》

《安全贸易控制指南》的目的是通过这些指南帮助其可能在工作过程中必须处理与安全相关的贸易管制的大学人员（包括从事研究的教职员工和文书人员）了解如何将出口管制应用于研究相关的出口。

《安全贸易控制指南》包括学术研究与安全贸易控制、研究领域（例如那些可能与大规模杀伤性武器有关的领域）有可能实施的控制、货物或技术的拟议最终用户和最终用途须事先筛选的情况、出口商在认为某物品可能受到出口管制时应采取的步骤四个部分。《安全贸易控制指南》可以帮助研究人员认识到相关研究是否受到安全贸易出口管制以及出口管制的相关程序，更好地保护大学中的科技秘密。

2. 《安全保障出口管理规程》

《安全保障出口管理规程》的目的是在考虑到大学和研究机构学术研究健康发展的同时，规定保证安全出口管理的适当实施所需的事项，以此来为维护世界和平与安全做出贡献。

《安全保障出口管理规程》包括目的、定义、适用范围、基本方针、首席执行官、出口控制主管、出口管制经理、出口管理委员会、事先确认、是非判定、用途确认、需求者确认、交易审查、许可申请、技术的提供管理、货物的出货管理、文档管理或记录介质的保存、监察、调查、指导、教育、报告、惩戒、事务主管、杂则共二十五个部分。《安全保障出口管理规程》详细规定了大学和研究机构开展的与提供所拥有技术和货物出口有关的业务管理规定，为大学和研究机构的科技保密工作提供了遵循。

3.《关于安全保障贸易的敏感技术管理指导（大学·研究机构用）》

《关于安全保障贸易的敏感技术管理指导（大学·研究机构用）》的目的是促进大学和研究机构有效的系统开发以实现法律合规性并提高敏感技术信息的管理水平和出口管制。确保对每所大学和研究机构的敏感技术得以进行全面管理。

此《关于安全保障贸易的敏感技术管理指导（大学·研究机构用）》包括目的和用途、安全保障贸易管理制度、提供受管制的技术等、技术提供和货物出口确认程序、个别情况的确认手续、组织结构的维护和运作、关于2017年对《外汇法》的部分修订、大学相关人员等提出的主要问题的例子、规程和表单的示例、咨询窗口等十个部分。《关于安全保障贸易的敏感技术管理指导（大学·研究机构用）》为大学和研究机构提供敏感技术管理的详细指导，并提供大学和研究机构技术出口的相关申请表单示例，方便大学和研究机构管理自身的敏感技术。

7.3.5　军事防卫

除了上述企业中的科技秘密管理法律、指南外，日本军事领域也制定了相关的科技保密法律和指南，主要有《国防装备转让三原则》《关于防卫省进行开发装备的外部转用和技术资料的利用等相关手续（通知）》等。

1.《国防装备转让三原则》

《国防装备转让三原则》的制定目的是慎重处理政府关于国防装备的海外转移，基于国家安全保障、国际合作需要等因素判断是否许可向海外输出武器和军用技术。

《国防装备转让三原则》的三项原则是明确禁止转让的情况，允许转让情况的限定，严格审查和信息公开、确保正确管理目的外使用和第三国转移。《国防装备转让三原则》加强了对国防科技和装备的出口管制，防止了国防科技的不当外流。

2.《关于防卫省进行开发装备的外部转用和技术资料的利用等相关手续（通知）》

该制度的目的是提供由防卫省研究、开发或根据承包合同制造的设备等的外部转用和技术资料的利用等相关手续的必要事项。

该制度包括宗旨、术语的定义、企业申请公开的相关手续、第三方申请公开的相关手续、申请外部转用的相关手续、批准企业的公开申请、签订使用协议等、与幕僚长的协商、签订外部转用合同、企业公开申请相关的批准特例、相关部门间的合作、委任规定十二个部分。该制度主要规定了防卫省进行开发装备的外部转用和技术资料利用等相关的手续，防止相关装备的不当外部转用和技术资料的泄露。

7.4 日本科技保密五项原则

妥善管理机密信息可以减少信息泄露的风险，为了防止信息的泄露，《机密信息保护手册》提出了信息保护工作中的五项基本原则，即接近控制、取出困难、确保可视性、提高对机密信息的认识、维持/增进信任。

表7-2　　　　　　　　　日本科技保密五项原则

基本原则	具体实现措施
接近控制	（1）实施基于规则的适当的访问权的授予和管理 （2）信息系统中的访问权持有人的ID注册 （3）通过分离保管限制对秘密信息的访问 （4）无纸化 （5）选择难以恢复机密信息的处置/删除方法
取出困难	（1）使文件、记录介质、物品自身等难以携带的措施 （2）使电子数据难以通过外部发送带出的措施 （3）使机密信息难以复制的措施 （4）对因访问权变更而失去访问权的人采取的措施

续表

基本原则	具体实现措施
确保可视性	（1）建立良好的职场环境 （2）创造易于发现状况的环境 （3）制造一种即使泄露了机密信息也很有可能被发现的环境
提高对机密信息的认识	（1）关于机密信息的处理方法等的规则的通知 （2）签订保密合同等（包括誓约书） （3）表明是机密信息
维持/增进信任	（1）提高员工对机密信息管理的认识 （2）树立公司归属感，提高员工工作积极性

7.4.1 有助于"接近控制"的措施

"接近控制"的目的是使不具备对机密信息的访问权（能够阅览、利用机密信息的权限）的人无法接近机密信息。具体措施有：实施基于规则的适当的访问权的授予和管理；信息系统中的访问权持有人的 ID 注册；通过分离保管限制对秘密信息的访问；无纸化；选择难以恢复机密信息的处置/删除方法。

1. 实施基于规则的适当的访问权的授予和管理

（1）在公司内部规程当中，针对每个机密信息的分类，在明确了关于访问权设定的规则（通过怎样的手续由谁来设定等）之后，根据该规则，适当地设定访问权的范围。

（2）关于访问权的范围，根据那个秘密信息的内容、性质等，实现"只有应该知道的人知道"（need to know）的状态是很重要的。如果连不需要知道那个秘密信息的人都给予访问权的话，信息泄露的风险就会不必要地提高。

（3）通过与人事部门的信息共享顺利进行等，可以迅速实施伴随着调动等的访问权的变更，也可以考虑始终正确地设定访问权者的范围。

（4）人事变动、项目结束时，适当变更访问权的范围是很重要的。另外，对于因调职等而进入其他组织工作的人，也可以暂时停止访问权等。

2. 信息系统中的访问权持有人的 ID 注册

（1）事先将信息系统上的 ID 给员工等，并设置用于验证 ID 的密码等（确认使用 ID 的人是他本人）。

（2）注册 ID，以便具有访问权的人才能访问允许使用的电子数据等。

3. 通过分离保管限制对秘密信息的访问

（1）对于记录有机密信息的文件、文件和记录介质（USB 存储器等），将保管的书架和区域（仓库、房间等）分离，关于电子数据将存储的服务器和文件夹分离后。对于没有访问权的人，将无法访问机密信息保管的领地区域（无法进入保存有机密信息的房间、无法打开保管库、无法访问服务器等）。

（2）对于所有的机密信息，因为很难都采取严格的访问限制，所以根据机密信息的密级和使用方式，选择合适的对策是很重要的。

4. 无纸化

（1）对公司内部的机密信息进行无纸化设置，以减少未经授权的人接触机密信息的机会。而且，对于电子化的机密信息，如果采取不能印刷和复制的措施，将更有助于信息保护。

（2）通过无纸化、以公司通用数据库的形式利用信息，可以促进员工之间共享每天更新的信息的最新状态。而且，通过员工交流想法等活动变得方便，同时还可以进一步提高共享知识的附加值和工作效率。

（3）即使在难以实施完全无纸化的情况下，对于电子化的机密信息，通过设置限制可打印数据的内容、可打印者、打印的目的等规则，并同时注意该打印物的废弃方法，也能够获得同样的效果。

5. 选择难以恢复机密信息的处置/删除方法

在处理记录了机密信息的文件和记录介质等的废弃、记录了机密信息的电子数据的删除时，为了使没有访问权的工作人员等无法恢复被废弃、删除的信息，应以如下方式进行废弃、删除。

（1）纸质文件的废弃方法。可以用碎纸机处理后废弃；丢弃机密信息的垃圾箱只限于废弃后无法取出的带锁垃圾箱；对于非常重要的信息，委托可靠的专业处理人员进行焚烧、溶解处理。

（2）存储机密信息的记录媒体（USB 存储器等），PC 和服务器的处理方法。在利用市售的完全消除的软件、磁记录方式的硬盘磁破坏服务等消除数据的基础上，物理破坏该记录介质等。

7.4.2 有助于"取出困难"的措施

"取出困难"的措施,是通过回收记载有机密信息的会议资料等,限制员工个人物品 USB 存储器的带入和利用等,在物理上、技术上阻止擅自复制、拿走该机密信息。具体措施有:使文件、记录介质、物品自身等难以携带的措施;使电子数据难以通过外部发送带出的措施;使机密信息难以复制的措施;对因访问权变更而失去访问权的人采取的措施。

1. 使文件、记录介质、物品自身等难以携带的措施

(1) 适当收集包含机密信息的会议材料。即使具有访问权限的员工也不允许单独拥有这些材料,并且,如果这些材料是在会议上分发的,则它们将在结束后被收回(在资料上添加序列号以确保没有遗漏)。由于允许员工等手上留有资料,所以无法将材料带出。

(2) 物理上阻止机密信息外带的措施。为了禁止笔记本电脑等带出,可以用安全线固定,在使用者不在的时候,可以将笔记本电脑等保存并锁在桌子的抽屉或储物柜里;还可以在离开办公室时采取行李检查等措施,并在离开办公室时,使用安全标签检查取出的信息。

(3) 通过加密电子数据来限制阅览等。通过加密电子数据,即使没有访问权限的员工获取了数据,他们也将无法查看数据;只允许使用具有电子数据访问权的 ID 登录的 PC 等阅览该电子数据。

(4) 使用具有远程操作消除数据功能的 PC 和电子数据。为了防止 PC 等被盗,可以使用以下商业工具:可通过远程操作清除 PC 内数据的工具;对于使用密码锁定的信息设备,当身份认证失败达到一定次数,清除重要信息的工具;如果在一定时间内没有与管理服务器进行通信,则该服务会自动删除指定的数据;让电子数据本身具备远程操作消除功能的工具。

案例 7—1

通过严格的信息管理实现全球生产体制

案例概述

1993 年,蓄光颜料制造商根本特殊化学有限公司开发了世界上第一

种蓄光颜料（Luminova），其亮度和持续时间约为传统蓄光颜料的10倍，但根本不含放射性物质。当时公司及时在各国取得了物质专利。此后，该产品广泛应用于夜光钟表的指针、表盘、避难诱导标识、安全标识等方面。董事长强调知识产权的重要性，并以董事长手下的法务、知识产权室为中心，制定了知识产权战略。虽然之后Luminova迎来了专利期限的届满，但是公司在商标的注册、技术的隐匿化等方面采取了战略措施，维持了很高的竞争力。作为核心技术的制作方法和原材料信息被当作机密信息进行管理。公司向海外的生产工厂供给调配好的原料，即使在公司内部，制作方法、原材料信息也不会明确展示，而是作为黑匣子进行管理。通过对生产现场的彻底的信息管理，公司实现了全球的生产体制和世界市场占有率第一。

根本特殊化学有限公司采取的具体措施

（1）向海外生产工厂提供复合原材料，即使在公司内部也不会透露制造方法或原材料信息；

（2）不要向业务合作伙伴或联合研发合作伙伴披露制造方法或原材料信息；

（3）限制公司内部处理机密信息的区域和处理人员；

（4）含有机密信息的电子信息通过时间戳进行管理，检测不正当的访问和复制；

（5）对于专有技术保护的提案也和取得专利一样，在公司内部进行奖励。

具体效果

（1）实现全球高效的生产系统；

（2）取得全球最大份额；

（3）增强员工积极性。

2. 使电子数据难以通过外部发送带出的措施

（1）限制向外部发送邮件和访问Web。关于电子数据，如果设定为不能附加在邮件中，或者限制邮件的发送容量，则可以防止通过邮件发送将作为机密信息的电子数据带出外部；实施内容过滤，限制对企业禁止的SNS、上传器、网站和留言板等的访问，防止通过网络访问携带机密信息。

（2）通过加密电子数据来限制阅览等（再次）。通过将电子数据加密，或者设置成只能从注册 ID 登录的 PC 上阅览，这样即使将记录有机密信息的电子数据擅自添加到邮件中发送到外部，也无法阅览。

（3）通过远程控制使用具有数据删除功能的 PC／电子数据（再次）。如果电子数据本身具有远程操作的删除功能，则可以在未经允许的情况下删除数据。

3. 使机密信息难以复制的措施

（1）利用防止复印用纸或带有复印保护装置的记录介质和电子数据等保管秘密信息。关于记载有机密信息的文件，通过使用市售的防止伪造纸张（不能复印或通过浮雕字符明确是非法拷贝等），以便只能制作不完整的复制品；关于电子化的机密信息，设定为无法印刷、复制、粘贴、拖放、USB 存储器写入的设定，或保存在带复印保护的 USB 存储器或 CD－R 等中，以此限制机密信息的复制。

（2）复印机使用限制。通过将员工 ID 卡等和复印机联动，限制每天使用同一 ID 卡打印的张数，使一次性制作资料整体的复制品变得困难。

（3）限制私人的 USB 存储器、信息设备、照相机等记录介质、摄影设备的带入和业务使用。公司内部的 PC 和 USB 存储器等记录介质的利用只限于公司出借品，限制个人物品的记录介质的带入，使机密信息不能复制到私人物品记录介质上。为了贯彻这个对策，公司可以考虑使用没有 USB 插口的或 USB 插口无效化、安装了物理性阻塞部件的 PC；同时，检查个人 USB 存储器等是否已插入或用于业务也很重要；可以考虑仅在存储重要机密信息的区域限制携带个人智能手机，特别是在应严格采取信息泄露措施的区域；关于生产线的布局，限制将诸如摄影机之类的摄影设备带到工厂，从而使通过摄影获取信息变得困难。

4. 对因访问权变更而失去访问权的人采取的措施

删除和归还机密信息。向参加项目的工作人员等展示机密信息时，在保密合同等中规定了项目结束时的秘密信息的删除、归还。据此，项目结束时，将该员工记录有机密信息的文件和记录介质等归还，并删除作为机密信息的电子数据；为了确保该措施的有效性，需要采用之前介绍的不能复制的形式共享机密信息。

7.4.3 有助于"确保可视性"的措施

"确保可视性"的目的是通过职场的布局变更、监控摄像头的设置等防止信息泄露行为创造易于发现的状况；在信息系统中记录、保存日志等防止信息泄露行为创造一种在事实发生后易于发现的状况；更重要的是，为了制造一种即使泄露了机密信息也很有可能被发现的状态。具体措施有：建立良好的职场环境；创造易于发现状况的环境；制造一种即使泄露了机密信息也很有可能被发现的环境。

1. 建立良好的职场环境的措施

（1）工作场所的整理整顿（废弃无用的文件、整理书架等）。如果不需要的文件没有被废弃，各种资料杂乱无章地堆在一起，处于没有整理的状态，会让信息泄露者联想到整个职场对信息管理不关心，不负责任，即使信息泄露也不会被发现的结果；在适当判断了文件等的必要性的基础上，将不需要的东西扔掉，同时通过整理书架、清扫职场等，让想要泄露的信息的人认识到这是一个信息管理相关的关心度高、管理周到的职场；此外，通过促进员工的整理整顿，整理自己公司的信息，可以更容易地检索信息，提高业务效率。

（2）关于机密信息管理的责任的分担。通过员工等各自分担关于机密信息管理的责任，将分担体制列表化等明确化，提高当事人对信息管理的意识。

（3）提示"禁止拍照""无关人员禁止进入"。通过在保管机密信息的档案馆或区域（仓库、房间等）的出入口贴上"禁止拍照""无关人员禁止进入"等告示，可以让对方认识到这是一个对信息管理相关的关心度高、管理周到的工作场所。

2. 创造易于发现状况的环境的措施

（1）职场的座位配置、布局设置、业务体制的构建。不让员工看到彼此之间的工作状态，安排座位以便老板可以轻松地从后面看到员工的状态，设计一种布局，使包含机密信息的书架成为员工的视野盲区；另外，关于处理机密信息的工作，要建立尽可能多人工作的体制。员工实施单独作业时，各部门的负责人等要事先确认单独作业的必要性，事后要确认作业内容。

（2）贯彻工作人员等的姓名牌佩戴。确保员工佩戴员工身份证和姓名标签，以便其他人可以确认其姓名和部门，并且如果目睹信息泄露，则可以立即识别其姓名，从而确保"查看方便"。

（3）安装监控摄像头等。在记录有机密信息的文件、电子媒体的书库、区域等机密信息不正当取得或复制现场的场所设置监控摄像头，让想要进行信息窃取行为的人认识到"被看到了"。同时，对于从该场所开往公司外部的移动线路，如果监控摄像头也能对准的话，效果会更好；该对策是在只能使用具有访问权的IC卡进入机密信息的保管区域的情况下，防止不具有访问权的人使用具有访问权者的IC卡进入房间，或防止不具有访问权的人与访问权者一起进出房间等，保证访问权人和IC卡使用者的同一性；为了提高可视性，可以将安全摄像机安装在容易看到的地方，并在其附近放置诸如"正在运行的安全摄像机"之类的告示；从威慑力的观点来看，虽然不一定需要记录全时间段的影像，但是从确保对信息泄露行为者追究责任时所需要的证据的观点来看，最好是在更多的时间段内记录影像。

（4）保存记录有机密信息的预定废弃文件等。对于记录了机密信息的预定废弃的文件等，在实际废弃之前，继续作为机密信息进行管理也很重要，废弃场所要设置在多个工作人员等能够看到的场所。

（5）检查发送到外部的电子邮件。工作人员在向外部发送邮件时，对于所有邮件或一部分邮件，有时会使用需要上司批准的系统，或自动设定为向上司等发送同样邮件，或者上司根据需要阅读员工邮件的发送接收内容等，通过使老板等知道存在一个可能掌握通过电子邮件与外界的交流的可能性，从而形成难以通过邮件进行信息泄露的状况。

（6）内部报告窗口的设置。当员工等确认某行为似乎是另一位员工的信息泄露行为时，我们将建立一个报告窗口，并告知他们该窗口已建立；为了不让内部报告成为无用的犹豫，应设置匿名的私人信箱等，以确保通报者的匿名性，在这种情况下，重要的是要注意不要给内部报告者带来不利影响；另外，为了能够向自己所属部门以外的部门报告，可以考虑在多个部门设置窗口。

3. 对因访问权变更而失去访问权的人采取的措施

（1）记录有机密信息的介质的管理等。将记录有机密信息的文件、文件、记录介质（USB 存储器等）共享保存在书库等中，同时禁止复制这些文件，并在保存的介质上加上序号进行管理。这样的话，在资料不足或损坏的情况下可以马上掌握；在出借共享保管的文档、文件、记录介质时，为了知道正在向谁出借哪个记录介质，在出借时和归还时，要记录并管理其日期、姓名、出借的资料名称等。根据资料的重要性，也可以采取许可出借制，或者设定使用期间，在经过使用期间后发出催促返还的通知。

（2）在复印机、打印机中引入使用者记录、张数管理功能等。通过使从业人员 ID 卡和复印机、打印机等联动，在设定为没有 ID 卡的认证就不能印刷的基础上，记录复印机、打印机等是谁什么时候利用的、打印了几张什么样的资料等。

（3）导入打印有印刷者姓名等"水印"的设定。印刷了记载有机密信息的电子数据时，通过强制设定印刷者的姓名和 ID 的"水印"，使印刷物的外观马上就能知道是谁印刷的。

（4）机密信息的保管区域等的进出室的记录、保存及其通知。将记录进入和离开记录有机密信息的介质分别存储的区域（分类账管理，IC 卡，生物特征认证等）的记录，并将这一事实进行通知。

（5）不自然的数据访问情况的通知。在深夜和休息日，检测访问多个领域的业务的各种数据，进行大量的下载等，检测到不自然的时间段、访问数、下载量的情况下，要向上司等通知，然后再向公司内部通知。

（6）在 PC 和网络等信息系统中记录和存储日志并进行传播。在 PC 或网络等中，谁（利用者 ID 的记录）、从哪个终端、什么时候、访问了哪个秘密信息（访问履历）、进行了怎样的操作（对 Web 页的访问履历、邮件的收发履历）等记录取得并保存。另外，关于记录、保存日志一事，事先向公司内部通知；关于日志的保存期限，与信息泄露的危害和日志保存所花费的成本有关；此外，通过定期确认日志，会掌握可能导致信息泄露的征兆。

（7）关于机密信息管理的实施状态以及是否存在信息泄漏的定期和不定期审核。在进行内部审核等时，我们将审核机密信息是否得到适当管理，并审核是否有信息泄露的迹象，例如缺少或丢失材料或可疑的信息系统日志，同时，我们会通知正在进行审核。

7.4.4 有助于"提高对机密信息的认识"的措施

"提高对机密信息的认识"的目的,是加深对员工等机密信息的对象范围和处理的认识。同时,不正当进行信息泄露的人不能以"不知道是秘密信息""没想到是不能带到公司外的信息""没想到是负有保密义务的信息"作为借口逃避责任。具体措施有:关于机密信息的处理方法等的规则的通知;签订保密合同等(包括誓约书);表明是机密信息。

案例 7—2

本公司的专有技术是财产　同时也要管理流入其他公司的技术

案例概述

JKB 有限公司从事超高精度精密金属加工业务,通过高精度设备和 IT 化的最先进冲压技术,提供金属的难加工形状品和微细加工品。20 多年前,一个业务伙伴要求我们提供制作模具的专有技术——工程样品。结果我们将工程样品交给他们后,他们中断了和我们的交易(推测业务伙伴向其他的模具制造商提供了这一专有技术,然后双方以比我们更低的价格进行交易)。此后,JKB 有限公司力求对本公司和流入其他公司的技术信息进行彻底管理,并向客户展示了这一方针。通过这样的努力,得到了客户的信赖,对公司业务也产生了积极的影响。

JKB 公司采取的具体措施

(1) 工厂入口的门是只能从内部打开的;

(2) 在允许第三方进入厂房的情况下,为了不让当事人接触到专有技术信息,将物品盖上盖子或者蒙住当事人的眼睛;

(3) 在非联网计算机上管理重要数据,例如工程图等;

(4) 在与供应商的合同中明确规定:"内部专有技术(图纸/工艺样品等)是财产,不会提供";

(5) 在有模具和冲压机的地方张贴"禁止进入"、"禁止拍照"等标识。

具体效果

（1）通过与本公司同等水平的客户信息管理，提高客户的信赖度；

（2）对公司业绩产生了积极的影响。

1. 关于机密信息的处理方法等的规则的通知

（1）有关机密信息的处理方法等的公司内部规章等如果不在公司内部周知，就无法让应该遵守的工作人员等认识其内容。因此，为了让工作人员等认识公司内部的规章等内容，持续实施培训等活动很重要。此时，不仅要介绍规章的内容，还要介绍贯彻信息管理对本公司发展做出贡献的事例，以及公司内部发生的秘密信息泄露及其结果相关的事例等具体事例，同时进行说明也是有效的。

（2）培训的内容主要有：创建包括"机密信息管理的重要性"，"机密信息的分类"和"机密信息的特定处理方法"的资料。另外，如果内部规则等发生变化，则将其包括在内。此外，"机密信息管理的实践案例"、"机密信息泄露及其结果相关事例"、"相关法令的内容和修改状况""目标型攻击邮件"虽然不是直接促进"提高机密信息的意识"，但对于理解如何处理机密信息是有用的。另外，事先制作说明资料效果会更好。

培训的方式主要有：在例行会议上分发解释性材料，在内部电子公告板上张贴，电子形式的通过电子邮件发送；在例行的上午会议和内部会议上分享有关处理机密信息的内容，并唤起对机密信息的保护意识；将其纳入定期培训的内容，例如加入公司或晋升时；由于要遵守的规则发生变化（有关法律和内部法规等的修订）而实施培训；举办有关机密信息管理的讲习班（根据信息泄露的风险和责任为每个部门或职位举办讲习班也是有效的）；为了让员工随时都可以听课，导入了电子学习，实施可确认理解度的e-培训等全体员工听课的教育程序。

（3）在实施培训之后，写上例如"已经理解了培训内容，今后的信息处理上会注意"这样的誓约书，作为进一步加深员工的认识的对策是有效的。

2. 签订保密合同等（包括誓约书）

（1）作为使工作人员等认识本公司机密信息的范围等的对策，除了公司内部的规章等之外，可以考虑与处理机密信息的工作人员等签订保密合同，或者要求工作人员等签订誓约书。

（2）保密合同是员工个人成为合同当事人，因此对该员工的机密信息的管理有更为切实的认识。

（3）作为合同内容，如果只规定了"保密"的内容，则有可能允许在离职时将公司内部资料带回自己家中不归还、向个人邮箱发送邮件等不符合规定的搪塞行为，因此"禁止带出"等处理内容也可以在保密合同中事先规定好。

（4）作为签订保密合同等的时间，可以考虑是入职时、辞职时、合同结束时、在职时（部门调动时、外派时、项目参加时、晋升时等处理的信息种类和范围发生较大变更的时机）等。虽然在入职时的合同中，作为保密义务对象的信息大多很难确定，但是在职、辞职时，对象信息的范围的确定会逐渐变得容易，所以在尽量明确对象范围的基础上，签订保密合同等。另外，关于对象范围的明确化，不仅仅是特定程度越高越好，关键在于双方的认识是否一致。

（5）另外，在熟知机密信息的处理方法等规则的基础上实施培训之后，可以从员工处取得"已经了解了研修内容，今后注意信息的处理"的誓约书。定期获得誓约书也是提高对机密信息管理意识的有效措施。

3. 表明是机密信息

（1）在记载有机密信息的介质上的标识。根据公司内部的规章，在记录了机密信息的媒体等（文件、装订文件的文档、USB存储器、电子文件本身、电子文件的文件名、电子邮件等）上进行标识，以使其知道是公司的机密信息；此外，可以考虑标识公司内部章程中规定的"秘密信息分类"的名称，此时，看到该标识的人，除了看到标识该信息是公司的机密信息之外，还能看到要求能够访问的人的范围（例如"仅限董事"等）、怎样的处理方法（例如"禁止带出"等）等使标识更有效的信息；另外，也可以考虑在保管记录有机密信息的媒体等的书库和区域（仓库、房间等）上张贴"禁止擅自带出"等告示。

（2）难以直接显示的物件等。对于工厂生产线的布局、模具等本身很难显示机密信息的物品，在保管有与本公司机密信息相符的物件的地方贴上"禁止擅自拿走""禁止拍照"等告示，并制作物品清单以通知员工。

7.4.5 有助于"维持/增进信任"的措施

通过向员工传达信息泄露事件及其对员工的后果，提高员工对机密信息管理的认识。此外，通过营造舒适的工作环境和适当的评估，将树立公司的归属感并提高工作动力。这是防止信息泄露的有效手段。具体措施有：提高员工对机密信息管理的认识；树立公司归属感，提高员工工作的积极性。

1. 提高员工对机密信息管理的认识

（1）传播管理机密信息的实例。通过举例说明在管理与机密信息有关的培训中，对机密信息进行彻底管理如何促进公司的业务发展和改进，来加深对管理机密信息重要性的理解。

（2）传播信息泄露事件。在机密信息管理等相关培训中，关于机密信息泄露会给企业带来巨大损失，准备并介绍汇集了公司内外具体泄露及结果相关事例的资料和影像等。

（3）传播信息泄露案件的内部处置。通过事先向员工说明在与机密信息管理相关的培训中公司将采取何种处置信息泄露案件的方式，可以防止员工的信息泄露行为等。与"传播信息泄露案件"一起解释将更为有效。

2. 树立公司归属感，提高员工工作积极性

（1）创造舒适的工作环境。例如，从推进工作生活平衡的观点出发，通过实施抑制长时间劳动（适当的业务分配等）、促进年休假获得的体制构建（劳动时间的适当化、各种休息方式的提案等）、充实福利等；创造一个员工可以舒适地工作并提高他们对公司归属感的工作环境；此外，创造一个上司、下属和同事之间可以轻松交流的工作环境也有助于提高公司的归属感。

（2）构建和传播高度透明和公平的人员评估系统。明确员工等的业务范围、责任，多方面评价对业务的贡献等，构建令人信服的人事评价制度，不仅提高员工的继续就业和升职欲望，也会提高员工工作的积极性；根据员工的能力和意愿做出适当的决定（例如分配）也可以提高满意度和工作积极性；对于那些通过创造力为公司做出贡献的人，例如为新产品开发和生产效率做出贡献的发明，降低业务成本的努力以及改善日常运营的人，也可以引入奖励制度以提高动力。

7.5 利用商业秘密保护科技信息

通过 7.3 和 7.4 的内容我们可以看到，日本科技秘密管理的法律、指南等多针对企业中的科技秘密。保护方式也多是通过商业秘密保护企业中的科技信息。下面就来探究一下日本利用商业秘密保护科技信息这一现象的形成原因。

7.5.1 利用商业秘密保护科技信息的科技体系原因

第二次世界大战战败后，日本的科技体系和科研能力均遭到了毁灭性的破坏。此后的很长一段时间内，日本的科技研发处于没有明确目标的状态。直到 1995 年《科学技术基本法》通过，科学技术才被定位为国家最重要的方向之一。随后，日本政府才开始通过制定 5 年一期的"科学技术基本计划"等开始系统指导国内的科技研发方向。

相较于战后政府研发体系遭受的严重破坏，企业受到的影响则要小得多。企业通过从国外直接引进技术并加以改良，便宜地制造出产品，实现了企业利润的稳步增长，也带动了日本经济的高速恢复。以民间企业为主体的技术研发体系，更注重开发研究。这虽然不利于基础研究，但却迅速提高了企业的经营效益和国际竞争力。

由于第二次世界大战后的特殊国情，在日本研究经费总投入中，民间企业一直负担着较高的比重。在 80 年代末，日本民间企业占研究经费总投入的 80%，而同一时期美国、原西德、法国、英国的民间企业所占比例分别为 52%、62.3%、47.1%、61.5%，均低于日本。日本战后至今，不仅技术研发的主体一直是民间企业，而且民间企业在科研经费中的负担比例也一直居高不下。也正是日本这种独特的科研投入结构，导致了日本的科技秘密更多地存于企业中，形成了科技保密中利用商业秘密保护科技信息的独有特色。

7.5.2 利用商业秘密保护科技信息的保密体系原因

利用商业秘密保护科技信息的另一个原因是由日本的保密体系决

定的。日本第二次世界大战战败后，与科技体系一起被破坏的还有日本的保密体系，日本当时的保密法律法规几乎全部被废除。而且战后通过的和平宪法对日本的保密工作进行了限制，阻止日本政府对信息进行保密。

与科技体系不同的是，战后的日本民间并不支持对保密体系进行重建。当时的日本国内反战情绪高涨，非常注重军国主义复辟，十分注意信息公开和反对保密。也正是因为国内民众的强烈反对，日本战后的第一部保密法直到 2013 年 12 月才正式出台，日本情报保密工作发展也才正式步入正轨。

虽然战后日本人民对政府保密抱有强烈的敌意，但对于企业商业秘密的保护态度却不一样。这是因为企业商业秘密的保护关系每个人的切身利益，并且符合社会的发展需求，因此对于商业秘密保护的反对声音不多。

综合上述两点，日本科研重心在企业，而且，针对商业秘密的保密工作更易于推展。因此，我们看到今天日本科技信息的保护工作很多是通过商业秘密进行的。

案例 7—3

通过团队协商提高想象力和意识　对其他公司的信息也进行彻底的管理

案例概述

凭借员工的自由想象力和团队力量，原田车辆设计有限公司创建了可以准确满足汽车制造商各种需求的高质量零件设计的环境。在内部严格管理客户提供的零件设计等机密信息，例如设计规格和新车开发时间表。在由各部门的成员组成的"机密管理执行委员会"下，采取统一措施以防止泄露。在全公司早会上，员工们共享自己所经历的专利案例，设置员工之间定期拿出想法，提出、讨论泄露对策的机制等，充分利用员工的想象力和团队力量，构建细致的信息管理体制的同时，也实现了意识的提高。通过这样的措施，获得了顾客的信赖。

原田车辆设计有限公司采取的具体措施

（1）设计信息仅适用于有限的项目成员；

（2）销毁记录有机密信息的文件时，需要员工在场，由专业人员进行焚烧处理；

（3）采用专用线路用于与客户交换电子数据；

（4）禁止将带摄像头的手机带入公司内部；

（5）电子邮件在发送机密信息时是加密的。在所有电子邮件中都记载了与信息处理相关的检查项目，发送时确认；

（6）通过在处理机密信息的区域的入口和出口安装监视摄像机来进行入口/出口管理；

（7）在全公司范围的早会上，每天倡导以上6项信息管理措施；

（8）员工介绍并共享自己的实际经验。员工之间分成小组实施信息泄露对策的创意竞赛等，提高了员工的意识。

具体效果

彻底管理了客户信息并获得业务合作伙伴的信任。

本章小结

由于第二次世界大战战败国的身份，日本的科技发展和保密发展受到了很大的制约。科技发展方面，战后日本科技发展虽然很迅速，但缺乏整体大方向的指导，科技研发多朝着能增加短期收益的方向进行。日本直到1995年才出台战后第一部真正意义上的科技基本法——《科学技术基本法》，并开始制定系统连贯的科技政策；保密管理方面，日本民众对于政府保密一直抱有很高的警惕，非常注重防止军国主义复辟。直到2013年才通过战后第一部系统完整的保密法——《特定秘密保护法》，日本的情报保密工作才开始正式步入正轨。日本这种特殊经历也导致了日本科技保密工作的独有特点。

一是重视企业秘密保护和通过商业秘密保护科技信息。由于第二次世界大战后日本的科技研发主要以民间为主导，日本的科研总投入中企业投入也稳定占一半以上。这就导致日本的科技秘密大量存在于企业中。因此日本的科技保密工作也就呈现出重视企业秘密保护和通过商业秘密保护科技信息的特点。

二是现有的科技保密体系以指导性文件为主，缺乏系统的科技保密法律。在战后科学技术的发展过程中，日本逐渐形成了自己的科技保密管理体系。该体系中包含大量的指导性文件，如《商业秘密保护指南》《机密信息保护手册》等，文件给出了敏感信息和技术的具体保密方针和措施。但这些以指导为主的政策文件更多地起到的是引导作用，缺乏强制力和约束力。《防止不正当竞争法》又不是专门的科技保密法律，只是在部分条款上涉及科技保密内容。因此虽然涉及非军事领域科技保密的政策规定很多，但缺乏真正的专门法律来对非军事领域的科技保密进行统一管理。

关键词

日本　科技计划　科技创新　科技保密　商业秘密　关键信息

第 8 章

西方国家科技保密的总结与思考

章首开篇语

科技安全已经成为总体国家安全观中的重要组成部分，科技竞争直接影响着我国十四五战略目标的实现。面对日益严峻的科技安全形势，保护好国家科技秘密信息具有十分迫切的现实意义。为此，系统性比较研究他国科技保密机制，对我国今后参与更大范围、更深层次的科技竞争，实现国家科技安全具有重要的理论及现实意义。

本章重点问题

- 西方主要国家科技保密的现状
- 西方主要国家科技保密的发展趋势
- 西方主要国家科技保密对中国的启示

8.1 西方科技保密工作的现状及特点

8.1.1 科技保密制度逐步建立

美、英、日等国家在科技保密制度上都形成了较为完备的法律—政策—操作手册体系。以美国为例，尽管美国既没有专门的保密机构，也没有特殊的科技部门，但美国法律制度较为健全，在此基础上，各部门根据自身情况印发指令，再由特定的部门整理形成操作手册并予以体系化公开。同样为资本主义国家的英国保密法制体系建设起步更早，内容上也更加齐全。除了 1989 年《官方秘密法》、1989 年《国家安全工作法》、1994

年《情报工作法》、1998 年《公共利益信息披露法》和 2000 年《信息自由法》这 5 部比较重要的与保密相关的成文法，还包括 1958 年和 1967 年的《公共记录法》（Public Records Acts 1958 and 1967）、1998 年《人权法》、1998 年《数据保护法》、2000 年《规范调查权力法》、2001 年《反恐、犯罪和安全法》、2006 年《知识产权执行条例》和 2018 年《商业秘密执行条例》等法律。但英国保密相关的成文法中并不涉及定密、密级、保密期限、变更、解密、保密标识、涉密载体和人员、定密禁止和限制、保密审查等具体内容，这些具体内容是通过内阁办公室颁布的一系列行政指导意见来规定的，例如 2014 年制定、2018 年修订的《安全策略框架》，2013 年制定、2018 年修订的《政府安全分类》，2014 年制定、2020 年修订的《国际涉密信息》，2014 年制定、2018 年修订的《工业安全：部门职责》等行政指导意见。日本虽然是东方最早实现现代化的国家之一，但由于第二次世界大战战败国的身份，其保密发展一直受到很大的阻碍。虽然保密体系不完善，但日本对于科技秘密的保护工作从未松懈，其主要从特定科技秘密、防止不正当竞争、关键技术保护、对外经济贸易和军事防卫五个方向制定了自身的科技保密法律法规。

8.1.2　科技保密职责日趋明晰

将科技保密置于保密工作的大环境来看，西方国家的保密整体职责指挥链非常明确。在操作手册中，非常明确地指出由谁任命谁，谁需要向谁汇报等。例如，美国国防部负责设施管理等的机构需要向国防部负责情报工作的副部长确定一名固定人员和至少一名候补人员担任机构间安全分类上诉小组与国防部的联络员；涉密违法行为以及豁免信息由国防部负责情报工作的副部长通知国会和信息安全监督管理办公室主任；高级机构官员指导国防部活动领导、指定活动安全经理；国防部活动领导书面指定活动安全经理；在适当时，以书面形式指定活动助理安全经理，可以指定活动的绝密安全控制官及助手；信息系统安全官员与活动安全经理协调信息系统安全措施和程序的实施，当发生可能或实际的危害或数据泄露时，可以通知活动安全经理等。每个人的责任是明确的，指挥、协调、汇报等都是"人对人"，而非机构对机构，可以强化个人责任意识，提升处理效率。

而英国的保密相关政策制定由内阁办公室负责，保密工作的具体执行由各部门信息专员负责，分工明确。内阁办公室的国家安全和情报局是英国的保密工作机构，下设国家安全秘书处和联合情报组织。国家安全和情报局负责安全保密政策方面的一些基础性工作，并会同其他部门制定保密方面的一些基本规章制度。在保密工作的具体执行方面，各部门和机构的部长、常务秘书或执行委员会是本部门保密工作的负责人，并由本部门的信息专员支持其工作。部门内部信息专员主要分为高级信息风险所有者、可以管理日常保护性安全的部门安全员、不同业务部门的信息资产所有者、信息风险评估和风险管理专家、与组织需求有关的其他专家五种角色。高级信息风险所有者负责制定和实施信息风险政策，并定期对其进行审查，以确保其仍然适合业务目标和风险环境。部门安全员负责制定适当的制度，在全部门范围内妥善处置载有个人信息或部门信息的电子资料或纸张资料。信息资产所有者是参与相关业务运作的高级管理人员或负责人，他们能够理解和处理信息的风险，确保信息在法律范围内充分用于公共利益，并每年就其资产的安全和使用向 SIRO 提供书面意见。信息风险评估和风险管理专家和与组织需求有关的其他专家提供专业的咨询和建议。

8.1.3 科技保密服务逐渐细化

西方国家不仅建立了相对完善的科技保密政策体系，同时也注重操作层面的可用性，规则制定极为细致，能够使工作人员在从事相关工作时从官方网站获取操作指南，清晰地了解自己应该填写哪些表格、保存在何种场所、转交给谁等。例如美国《国防部信息安全计划》操作手册分为三卷，每一卷有其对应的主题，分别为《概述、分类和解密》、《信息标记》和《保护涉密信息》。同时在官方网站获取的国防部所有指令、指南、手册等电子版本，在每个文档的首页右上角都标明了文档编号、卷号、首次发行日期和修订日期等信息，由此可以保证指南的时效性与可靠性，并在文中以图表等形式示例，即使作为刚入职的员工，也可以很清楚地从手册中获得指引，明白自己应该接受哪些培训、在遇到某类问题时同哪些部门某位人员联系等。英国的《"X清单"安全手册》也基本实现了同样的功能。

8.1.4 科技保密手段不断升级

美国和日本等国家应对数字化、网络化时代的来临，不仅积极应变，而且主动求变。例如美国国防技术信息中心的管理者需要维护一个关于安全定密指南的数据库，尽管该数据库网址是公开的，然而通过运用第三方认证、生物特征识别等方式增强其安全保密性，既提高了可访问程度，又能保证在线数据库的内容安全。而日本在《机密信息保护手册》提出了信息保护工作中的五项基本原则，即接近控制、取出困难、确保可视性、提高对机密信息的认识、增进信任。其中明确指出需要对公司内部的机密信息进行无纸化设置，以减少未经授权的人接触机密信息的机会。而且，对于电子化的机密信息，如果采取不能印刷和复制的措施，将更有助于信息保护。通过无纸化、以公司通用数据库的形式利用信息，可以促进员工之间共享每天更新的信息的最新状态。而且，通过员工交流想法等活动变得方便，还可以进一步提高共享知识的附加值和工作效率。即使在难以实施完全无纸化的情况下，对于电子化的机密信息，通过设置限制可打印数据的内容、可打印者、打印的目的等规则，并同时注意该打印物的废弃方法，也能够获得同样的效果。

8.1.5 科技保密要求日趋严格

各个国家都有自身的科技定密标准和体系，大多实行"绝密—机密—秘密"的三级分类制。美国在近年来依据本国国情，提出"受控非密信息"这一概念，将一些需要根据适用的法律、法规和政府广泛的政策进行保护或传播控制，但又不是严格意义上的国家秘密的信息进行管控，因为与机密信息相比，此前对受控非密信息的管制较少，获取受控非密信息成为竞争对手获取敏感信息阻力最小的途径，但大数据时代，将原有少量敏感信息进行聚合，会造成对国家安全的重大风险，因而实行"受控非密信息"政策能够有效提升安全防范能力。同时由于部分历史原因，美国明确规定限制数据和以前的限制数据（RD/FRD）是与核信息有关的分类标记。这是联邦法律根据1954年《原子能法》定义的仅有的两种分类。核信息在25年后不会自动解密。具有《原子能法》所涵盖的核信息的文件将被同时进行两种标记，分别是国家秘密级别（绝密、机密或秘密)以及受限制的数据或以前受限制的数据标记(RD/FRD)。尽管核信息可能会无意间出现在未定密的文件中,发现后必须重新定密。即使是由私人创建的文件也因包含核信息而被扣押并被定密,只有能源部可以解密核信息。

8.1.6 科技项目管理逐渐清晰

在市场经济国家,采购招标形成的最初起因是政府和公共部门,采购经费主要来源于法人和公民的税赋和捐赠,为保证费用被合理、有效、充分地利用,招标投标制度便应运而生。随着招标投标法律、法规和规章不断完善和细化,招标程序不断规范,招标投标管理全面纳入建设市场管理体系,其管理的手段和水平得到全面提高。但就涉密项目而言,目前我国的项目大多采用额外签订保密协议的方式明确双方的法律责任,却少有对项目承包商日常工作流程的指导。以《涉密信息系统集成资质管理办法》为例,涉密集成资质的申请、受理、审查、决定、使用和监督管理,适用该办法。对比其他国家对承包商的要求,我国对承包商的要求更集中于"资质"层面。英国则允许承包商在自己的办公场所而不是政府的场所设施中,安全地储存、加工和制造被确定为秘密或以上等级的涉密材料。《"X清单"承包商的安全要求》以非常全面的制度规定旨在保护英国工业界所持有的涉密材料。该《安全要求》列出了9个大项、近50个小项的规定,内容涵盖强制性监督要求、董事会职责、安全控制器的职责、公司安全说明、所有权变更通知、访客进入承包商处所、可接受的访客类型、会议的安全控制措施、住宿要求等方面,对参与涉密科研项目的承包商做了较为全面的规范。

8.2 西方科技保密的变化及趋势

8.2.1 设立秘密分水岭,无须审查即可解密

美国现行针对科技秘密信息解密方式包括自动解密、强制解密和系统解密三种。涉密文件如果达到了解密期限,即自动解密。系统解密相当于专项审查,即针对一个特定事项专门审查一系列的文件或者记录,无论这些文件各自保密期限是否到期,只要审查后认为应该解密的,那么这些信

息就需要被系统解密。强制解密审查制度，则是指学者、记者等对某个具体涉密文件要求进行审查后决定是否解密。然而，现行三种解密方式仍然无法应对大量的涉密事项，以至于产生了解密积压的现象。现任美国国家情报总监艾薇儿·海恩斯也认为当前的政策、做法和技术跟不上每年产生的大量科技信息，并表示希望通过研究这些挑战并确定可能需要做出哪些改变。美国参议员罗恩·怀登曾于 2021 年初表示，希望推动国家科技情报有效期以修复现行的解密系统，具体做法是设置信息可以保密的最长时间，到达截止日期的记录不需要审查，甚至不需要以任何正式方式解密，先前的涉密状态在没有任何进一步处理的情况下自动失效。这种方式与自动解密非常相似，但自动解密同时还提供了九项解密的豁免，相当于否定了解密日期的概念。在实际操作过程中需要特定人员进行大量的审查来找到并对需要豁免的信息进行处理，由此产生的解密过程并不能称之为真正的"自动"。而设立严格的时间边界则能够以几乎零成本的方式减轻大量行政负担。当然，截止日期并不能解决所有的解密问题，例如根据《原子能法》定密的有关核武器科技的信息，无论年代多久远都不能通过法令解密。但综合考虑这极小部分的信息与当前大量的解密积压，如果对保密时长已有 50 年的旧文件通过截止日期的方式进行解密，由此产生的任何残余威胁都可以被认为是可以容忍的。

8.2.2 重视科学与技术，科技顾问首进内阁

总统科技顾问的任命历来是美国政府尤其是美国总统与科技界关系的晴雨表。特朗普耽搁 18 个月后才被任命总统科技顾问，而拜登此次在正式就任前即任命，凸显其对科学的重视。不仅在正式就任前即任命科技顾问，拜登还宣布将总统科技顾问职位提升至内阁级，这是首次将总统科技顾问提高到这个地位。跻身总统内阁不仅是职位上的调整，更是一种象征，它象征着科学技术在美国面临的诸多机遇和挑战中居于中心位置。与特朗普漠视、质疑科学的态度截然不同，拜登在发布会上介绍他的科学顾问名单时，意味深长地将科学作为美国的 DNA，承诺将借助"科学和真理"领导国家，将把科学作为本政府的重中之重，将致力于"如何将不可能变成可能"，"恢复对美国处于科学和发现的前沿地位的信心"，希望在未来 10 年取得比过去 50 年都多的进展。面对国家重大挑战，拜登要求

他的科学团队重点解答五大关键问题，分别为疫情应对中的公共健康需求、重建经济、气候危机应对与就业、与中国的科技竞争、科技长远发展规划，制订国家科技战略和具体行动建议。

8.2.3 审视投入产出比，政策推行仍有摇摆

为了促进对100多种不同类别的，范围涵盖出口管制数据到隐私信息，再到信息系统漏洞等等的并未被定密但仍受到法律或政策的限制，无法广泛传播的敏感信息的保护，奥巴马总统于2010年发布了13556号总统令《受控非密信息政策》。但去年年底，时任美国国家情报总监拉特克利夫要求白宫撤销长达10年的13556号总统令。他认为鉴于该计划的复杂性，完全废除13556号法令是唯一可行的选择。然而，就当下的情况来看，13556号总统令已被大多数机构完全接受，例如国防部已经发布指令，要求在整个国防部实施受控非密信息政策。但拉特克利夫仍然认为现在的受控非密信息政策背离了其简化敏感信息标记系统和授权共享的初衷，无法证明政府在推进CUI实施所需的时间和资源是合理的。

8.2.4 跨部门同步目标，保护关键基础设施

关键基础设施是指对一个国家至关重要的物理、网络系统和资产，这些系统和资产一旦失效或破坏将对国家的物理、经济安全、公共健康等一个或多个方面产生危害。国家的关键基础设施支撑着社会的基本服务。美国已建立起工业控制系统网络安全倡议，旨在可以显著改善这些关键系统的网络安全。该倡议的主要目标是通过鼓励和促进技术和系统的部署来保护美国的关键基础设施，提供威胁可见性、指示、检测和警告等功能，并促进基本控制系统和操作技术的网络安全响应能力提升。该倡议为政府和行业合作开辟了一条道路，可以在各自的控制范围内立即采取行动应对这些严重威胁。该倡议始于电力分部门的试点工作，天然气系统紧随其后，水和废水部门及化学部门的工作将随后跟进。但关键基础设施的网络安全需求因所处部门而异。但是，需要在所有关键基础设施部门之间建立一致的、可对标的网络安全目标，并且需要对特定关键基础设施进行安全控制。美国安排国土安全部部长与商务部部长和其他机构制定和发布关键基础设施的网络安全性能目标，以促进对关键基础设施所有者和运营商应遵

循的基础安全实践的共识，进而保护国家安全。

8.2.5　科技安全政治化，"中国倡议"史无前例

特朗普政府在 2018 年制定了"中国倡议"，以干扰和遏制来自中国的国家安全威胁，在美国的政策中，以某个国家的名字命名一项大规模的司法部倡议是史无前例的。司法部在该倡议的头两年指控了五起与中国有关的科技间谍案件，以及涉及虚假陈述和欺诈的案件。普林斯顿大学助理教授 Rory Truex 表示，根据该倡议，2019 年和 2020 年为期 20 个月的调查显示 10 所美国大学或研究机构受到正式指控，其中只有 3 所涉及间谍、盗窃或知识产权转让的证据，但考虑到在美国大学中有大约 107000 名中国公民在科学、技术、工程和数学攻读研究生及以上的学位，那么目前的司法部指控意味着针对这一类人群的犯罪率还不到万分之一。将所谓的中国"威胁"与"中国偷来"的仇外心理联系起来，而不是注重案件本身。例如，在今年 1 月宣布对一名中国公民的指控时，当时的助理司法部长约翰·德默斯表示"中国科技自身无法发展的东西，是通过其他国家非法获得的。这是被告人为获取中国的不当利益而采取行动的又一个事例。"

8.2.6　保密与科研融合，规范保密责任落实

拜登已发布美国国家安全总统备忘录（NSPM－33），该备忘录旨在"加强对美国政府支持的研发的保护，使其免受外国政府的干预和侵害"，同时"保持开放的环境以促进研究发现和造福美国和世界的创新。"拜登的科技顾问兼科技政策办公室主任埃里克·兰德于 2021 年 8 月发布《研究安全与研究人员责任的明确规则》，为确保研究安全将注重披露、监督执法与资金支持三个方面。具体来说，"披露政策"是确保由联邦资助的研究人员向提供资助的机构和研究组织提供有关外部参与的、可能会影响潜在的利益冲突和承诺的信息；监督和执法是确保联邦机构对违反披露要求的后果以及有关此类违规行为的跨部门共享信息制定明确和适当的政策；资金支持是指确保获得每年超过 5000 万美元的联邦研发资金支持，用于维持充分的研究安全计划。其中，充分和透明地披露与潜在利益和承诺冲突有关的所有相关活动和信息，是研究人员确保客观性、诚实性、透明度、公平性、问责制和管理责任的一部分。为了让研究人员履行其披露

责任，联邦政府需要明确应该披露什么以及如何披露。若规则和流程过于混乱或负担过重，人们和机构往往不会认真遵守这些规则，因而可能背道而驰，无法有效提升安全性。建立清晰统一的科技保密政策和流程，以便研究人员能够轻松地遵守，而那些不诚实或恶意的研究人员则丧失了不遵守规则的理由。例如，如果让研究人员通过一个类似于电子简历的清单、模块化且统一的系统提供披露和声明，具体信息包含科学家的学位、职位、隶属关系和资金来源的信息并定期更新，当该科学家申请政府资金支持时都可以通过该系统核验信息。

8.2.7 鼓励定密异议权，促进定密自我校正

美国13526号总统令第1.8节，提出鼓励并期望当公民认为涉密信息采取不当的保密措施时，可以对该信息的密级、保密期限等保密措施提出质疑。美国政府问责办公室一份发布于2021年4月的报告列出了一个例子，一名海外军事人员提出定密异议，最终负责政策的国防部副部长办公室决定解密信息。然而，识别和质疑定密过度的程序有可能使对定密系统的现有监督成倍增加。尽管美国政府问责局报告说，国防部已经制定了定密异议程序。然而事实上，定密异议的实践仅仅集中在国防部的小部分机构，在大多数其他领域则完全没有发生。在2016财年国防部报告的633项正式定密异议中，仅美国太平洋司令部就提出了496项异议，导弹防御局提出了126项异议。同时，在2017财年报告的677项国防部定密异议中，所有大型国防部情报机构中不超过3项。国防部各机构之间存在如此巨大差异的原因尚不清楚，但可能不仅仅是由于统计上的偏差，而是因为国防部的一些部门似乎鼓励定密异议，而大多数其他部门则忽视或不知道该程序。美国国防部官员声称，现在"几乎没有正式的定密异议，更多地依赖非正式的方式提出异议"。但即使只有5%—10%的有争议的定密决定被推翻，定密异议仍然是提高定密质量的有效机制，同时也是维护定密机制完整性的重要举措。

8.2.8 定密系统精简化，建议采用两层密级

转变定密系统是美国近几年正在考虑的内容，主要体现在密级两极化和技术现代化。其中将三级划分的密级转变为两级，不仅在美国公众利益

解密委员会向总统呈报的报告中提出这一设想,也数次出现在信息安全监督管理办公室的报告中。前者是美国公众利益解密委员会依据 13526 号总统令实施备忘录而进行的调研报告,后者则是美国信息安全监督管理办公室每年向总统提交的年度报告。除此之外,还有一些学者提出了同样的观点。其中,支撑这一转变的主要理由已在信息安全监督管理办公室的年度报告中阐明,一则以工作实践为出发点,"就目前而言,定密系统事实上是一个两级系统。各机构遵循两个级别的信息系统安全性、两个级别的人员安全许可和两个级别的物理保护";二则基于统计数据,"机密级别的原始定密数量有限",因此得出结论"秘密级别可能将来迁移到两级分类系统,类似于英国已成功实施的分类系统。"从统计结果可以很明显地看出无论是原始定密还是派生定密,机密级别的数量占分类信息总数的比例非常高,而绝密和秘密级的数量则相对较少。根据美国涉密信息密级标准,"绝密"是指泄露后可能对国家安全引起特别严重损害的信息,因此该级别信息的数量少是符合预期的。同理,机密级信息的数量应比秘密级信息少,但统计结果却展示了与逻辑推理完全相反的结果。而这事实上是三级分类下过度定密的一种表现,即很多本应定为秘密的信息被列为机密,此后按照机密级别信息进行保护和解密,对合理的信息保护和共享形成障碍。结合美国保密工作实践,涉密机构往往只对绝密级别的信息投以特殊考量,而对秘密和机密级别的信息用非常相似的手段保护,二者的边界已然模糊。因此,在此类统计数据和保密工作实践的基础上,有许多学者提出密级两极化,减少过度定密带来的不必要支出,同时恢复公众对分类和解密系统的信心。有所不同的是,美国信息安全监督管理办公室官方仅提出了迁移到两级系统的可能性;公众利益解密委员会强烈建议两级化,但并未确定新密级的名称;而美国学者 Gene Ray Souza 在其研究中提出沿用"机密"概念,将原有"秘密"级别信息迁移到未定密但不公开类别下。

8.2.9 流程技术现代化,减少人工定密解密

在数字信息时代,现行的国家安全信息定密和解密方法过时且成本过高,难以为继。越来越多的载体变得完全数字化,尽管政府对定密系统进行了大量的财政投资,但过度定密仍然妨碍了信息的适当共享。解密不充

分导致整个定密系统缺乏透明度，同时也导致可信度降低。定密和解密的政策和过程并没有跟上数据迅速爆炸的步伐。在政府内部涉密电子信息越来越多以至于完全无法管理之前，应当先行设计一种新的定密和解密方法。政府需要一种适应数字化时代的范式转换，在整个政府范围内实现分类、解密政策和过程的现代化，以此来打击过度定密和改进解密效率。数字环境内在地连接了信息管理功能，包括定密、解密、记录管理和信息安全。因此，政府需要以健全和一致的方式，管理不断增长的敏感和涉密数字信息。具体到技术层面，充分利用新兴和现有信息技术的成功经验，使用包括但不限于大数据、人工智能、机器学习以及云存储和检索的工具和服务，以产生支持自动定密和解密的系统和服务，使整个政府的研发活动制度化，激励私营企业参与这些领域，并革新技术，推动定密和解密系统的现代化。事实上，美国公共利益解密委员会提到，决策支持技术已由德克萨斯大学奥斯汀分校的应用研究实验室的内容理解中心提出：科学家实现了在涉密记录中实现机器辅助敏感内容识别的能力，并开发了敏感内容识别和标记工具。在使用自然语言处理、专家系统、机器学习和语义知识表示等技术的组合，检查了里根政府的8万多条电子邮件记录以识别敏感内容，最终表明对分类信息的识别非常准确。将人工智能作为政府范围内的技术投资策略的一部分，则有望提供更准确、及时的定密和解密决策。可以在上述工具的成功经验基础上，改善信息共享、降级、修订和解密行为。总的来说，人工智能提供了最有前途的技术能力，可以改变定密和解密的过程。

8.3 西方科技保密的借鉴与启示

8.3.1 及时研判国际变化，顶层谋划保密战略

1. 充分发挥政治优势，保证政策连续性

政治因素是影响保密政策的关键性因素之一，当前，国家利益、大国博弈已经成为制定保密政策的核心依据。美国安全中心（CNAS）依国会授权于10月发布的一份报告中提到美国没有与中国共产党完善的战略竞争的策略。报告说，美国政府资源贫乏，"公共事务运作在各个政府机构之间没有很好地协调，而且大多是战术性的，着眼于日常谈话要点，而不

是数月或数年执行的战略性消息传递活动。"因而在总体布局和政策延续性上，这是我国独有的政治优势，应当将其继承和发展下去，统筹发展和安全，才能更加灵活地应对国际和国内面临的各种风险。相比之下，我国在政治上的稳定性为保密工作提供了相比西方更为坚实可靠的政治基础，以中国共产党的领导为核心的保密决策体制能够更好地实现保密政策的总体一致。

2. 研究别国安全战略，提升行动前瞻性

自90年代中期以来，当人们开始谈论"中国的崛起"时，美国在政策制定和学术研究中安全研究的主要问题就是如何应对中国未来变化的轨迹损害了美国的伟大，并威胁到其未来地位。但近些年来，美国从政治、经济、军事、科技等各方面都不遗余力地打压我国。拜登政府在其《临时国家安全战略指南》中明确提到"中国已迅速变得更加自信，是唯一有可能将其经济、外交、军事和技术力量结合起来，对稳定和开放的国际体系发起持续挑战的竞争对手。"我们应当及时研究世界主要国家的安全战略，必要时进行实地考察，才能在国际舞台上立足更加稳定，行动更加自如。2021年是美国频繁出台针对中国安全政策的一年，及时进行情报分析，了解西方的安全政策变化，能够为后续相关部门做好应对提供重要的依据。

8.3.2 制度文化共同发力，全面保护敏感信息

1. 标准化敏感信息管理体系

随着全球化的不断深入，全球各个国家所处的信息环境逐渐趋同。这就意味着美国正在面对的机构保密与信息共享的矛盾处境，同时我国也正处在这样的困境中。另外，数据挖掘、机器学习、人工智能等技术在全世界掀起的浪潮，使信息碎片的收集和大量信息的分析更为简单，我国也应当意识到潜在的危险，尽早政策布局，积极推动实施，让敏感信息标准化管理成为我国敏感信息安全的一把坚固盾牌。纵观美国受控非密政策的产生历程，直接原因是为了结束对大量敏感非密信息的混乱管理。我国的"内部"信息与美国曾用的"仅供官方使用"、"敏感但未定密"和"执法敏感"等信息具有很大的相似性，即信息未达到定密标准，不能用保护国家秘密的手段对其进行严密保护，但这些信息未经授权的披露也确实

会损害到我国国家利益，特别是一些军工或科研单位的内部信息，通过对其简单分析，很容易掌握相关领域的情报信息。而因为其没有被定密，涉及这些信息的人员也容易放松警惕，因此这些信息成为敌对势力易于获取又有较高价值的情报。我国目前对"内部"信息的管理，主要有三大特征，一是不具有足够的区分度，各类社会企业也常用"内部信息"标注与国家安全完全无关的培训资料；二是标注随意；三是尽管名称一致，却缺乏统一规范管理，即某机构标注"内部"，另一机构很容易明白这是内部信息，但由于不了解标注单位对该信息管控措施和程度，因而可能感到疑惑，作出不恰当的处理。因此可从以上三方面入手，通过添加特殊符号提高区分度、统一标记要求和管理规范等进行敏感信息标准化管理实践。

2. 重视制度设计与思想文化

一方面，通过规则、政策和程序管理敏感信息，主要包括风险导向型的指南或操作手册、安排对于责任人的培训、对项目和信息进行全过程管理和审查以及为各执行机构提供必要的支持等；另一方面，利用文化控制敏感信息则是通过责任、意识和促进对风险的理解、重视来实现的。美国推行受控非密信息政策主要解决了规则、政策和程序的问题，却也同样面临着文化上的问题，即根深蒂固的信息共享偏见和"以机构为中心"的惯性，纵观美国近年来发生的泄密事件，相关人员的信仰、责任意识单薄甚至敌对情绪让涉密信息面临了极大的风险。这都提示我们不仅要注重政策架构上的设计，更要对思想问题引起足够的重视。

8.3.3 操作层面细化要求，切实提高可操作性

1. 涉密标识的科学化

美国的保密工作非常重视涉密标识的使用，在由ISOO组织的各类培训中，均保证必要课时对涉密标识进行重点讲解，这与其相对复杂的涉密标识使用有直接的关系。相比之下，我国涉密标识在简单实用的基础上，近年来，其在保密工作中也暴露出一些缺陷，如无法明确指明密点，与现有其他规定需要磨合等，导致保密管理成本增加。系统分析西方主要国家涉密标识的设计及使用具有较为现实的意义，根据我们对西方七国密标的对比分析，密点分离、密标分解、图形分示等都具有一定的借鉴意义。

2. 标记含义丰富化

对比中美两国国家秘密标识的设计，我国的国家秘密标志包含密级、"★"和保密期限三个要素；美国则最多可包含密级、解密条件（保密期限）和传播控制三个要素，二者各有利弊。我国国家秘密通过添加"★"这一特殊符号使得国家秘密标识作为涉密信息的充要条件，美国没有相应的特殊符号能够完成这一等价任务，也就意味着美国的国家秘密标识仅是国家秘密的必要条件，即国家秘密一定标有密级标识，而标有"Confidential""Secret"或"Top Secret"的不一定是国家秘密。但美国的国家秘密标志不仅可以包含密级和保密期限两大内容，还可以包括传播控制，例如用"NOFORN"表示禁止外国传播，丰富标记含义，提升工作效率，这种将管理要求加入目标的方式在英、法、澳等国家也得到了广泛地采用。

本章小结

科技发展与科技安全之间的平衡是西方国家科技管理的核心原则，科技保密作为实现科技安全的重要保障，它通过对涉密科技项目的全流程管理等机制设计，将科技发展与科技安全有效地结合在一起，这种立足于具体科技发展需要而进行的针对性保密体制机制设计值得思考。科技安全已经成为总体国家安全观中的重要组成部分，科技竞争直接影响着我国十四五战略目标的实现。面对日益严峻的科技安全形势，保护好国家科技秘密信息具有十分迫切的现实意义。为此，系统性比较研究他国科技保密机制，对我国今后参与更大范围更深层次的科技竞争，实现国家科技安全具有重要的理论及现实意义。

关键词

科技安全　科技保密　敏感信息

参考文献

一 中文文献

鲍悦华：《国内外政府宏观科技管理的比较》，化学工业出版社2011年版。

陈传金：《近代国际关系》，江苏教育出版社1993年版。

程如烟：《国外科技计划管理与改革》，科学技术文献出版社2015年版。

[德]乌尔里希·森德勒：《工业4.0：即将来袭的第四次工业革命》，邓敏译，机械工业出版社2014年版。

邓久根、贾根良：《英国因何丧失了第二次工业革命的领先地位?》，《经济社会体制比较》2015年第4期。

丁建弘：《德国通史》，上海社会科学院出版社2012年版。

发达国家科技计划管理机制研究课题组：《发达国家科技计划管理机制研究》，科学出版社2016年版。

范海虹：《苏联与美国外层空间竞争研究（1945—1969）》，九州出版社2014年版。

封化民：《保密管理概论》，金城出版社2014年版。

冯国权：《大国策——通向大国之路的中国科技发展战略》，人民日报出版社2009年版。

高德步：《英国的工业革命与工业化》，中国人民大学出版社2006年版。

国家科技保密办公室编：《科学技术保密规定释义》，机械工业出版社2018年版。

韩毅：《美国工业现代化的历史进程（1607—1988）》，上海译文出版社1998年版。

郝韵等：《俄罗斯科学基金管理模式与资助重点分析》，《世界科技研究与发展》2017 年第 3 期。

贺晶晶等：《俄罗斯科技管理组织体系刍议》，世界科技研究与发展 2017 年第 1 期。

黄凤志：《高科技知识与国际政治权势》，社会科学文献出版社 2010 年版。

黄伟群：《政府信息公开保密审查制度研究》，人民出版社 2014 年版。

［加］阿米塔夫·阿查亚：《人的安全：概念及应用》，李佳译，浙江大学出版社 2010 年版。

姜振军：《俄罗斯科技安全面临的威胁及其防范措施分析》，《俄罗斯中亚东欧研究》2010 年第 1 期。

李大光：《国家安全》，中国言实出版社 2016 年版。

李景治：《科技革命与大国的兴衰》，华文出版社 2000 年版。

连燕华：《马维野. 科技安全：国家安全的新概念》，《科学学与科学技术管理》1998 年第 11 期。

林聪榕、李自力：《关于科技安全问题的理论思考》，《科技管理研究》2007 年第 12 期。

凌云志：《国际军事安全形势：大变局与大动荡》，https：//www.sohu.com/a/440785757_260616。

刘建飞主编：《中国特色国家安全战略研究》，中共中央党校出版社 2015 年版。

刘淑兰：《主要资本主义国家近现代经济史》，中国人民大学出版社 1987 年版。

刘学成：《非传统安全的基本特性及其应对》，《国际问题研究》2004 年第 1 期。

柳卸林、段小华：《转型中的俄罗斯国家创新体系》，《科学学研究》2003 年第 3 期。

陆忠伟：《非传统安全论》，时事出版社 2003 年版。

吕宁：《工业革命的奇迹》，北京工业大学出版社 2014 年版。

马建光、孙迁杰：《俄罗斯国家安全战略的变化及影响——基于新旧两版〈俄联邦国家安全战略〉的对比》，《现代国际关系》2016 年第 3 期。

马维野：《科技安全和我国面临的主要挑战与对策》，《中国软科学》2003 年第 4 期。

马振超：《总体国家安全观：开创中国特色国家安全道路的指导思想》，《行政论坛》2018年第4期。

梅岩：《美国"回来了"日本有喜有忧》，http//www.livejapan.cn/review/review_sound/review_sound_editorial/20210212/33365.html。

[美]阿尔文·S.奎斯特：《信息安全定密》，彭志、孙战国等译，金城出版社2014年版。

[美]W.W.罗斯托：《这一切是怎么开始的——现代经济的起源》，黄其祥、纪坚博译，商务印书馆1997年版。

[美]保罗·肯尼迪：《大国的兴衰》，陈景彪等译，国际文化出版社2006年版。

[美]戴维·弗罗斯特：《美国政府保密史——制度的诞生与进化》，雷建锋译，金城出版社2019年版。

[美]詹姆斯·多尔蒂、[美]小罗伯特·普法尔茨格拉夫：《争论中的国际关系理论》，阎学通、陈寒溪等译，世界知识出版社2003年版。

彭志：《美国涉密资质管理制度：谈美国工业安全许可》，金城出版社2017年版。

[日]日本科学技术情报中心：《科学技术情报手册》，高崇谦等译，科学技术文献出版社1988年版。

[日]山本义隆：《日本科技150年》，蒋奇武译，浙江人民出版社2020年版。

[日]武安义光等：《日本科技厅及其政策的形成和演变》，北京大学出版社2018年版。

王春霞：《非传统安全问题与政府的作用》，《理论探索》2008年第2期。

王桂芳：《国家安全战略学》，军事科学出版社2018年版。

王敬波：《五十国信息公开制度概览》，法律出版社2016年版。

王巍：《俄罗斯国家安全领域立法》，《学术交流》2017年第5期。

王喜文：《工业4.0：通向未来工业的德国制造2025》，机械工业出版社2015年版。

王智江：《保密法学政策概论》，西北工业大学出版社2016年版。

吴同斌、解玮玮：《科技人员保密必读》，金城出版社2020年版。

杨嵘均：《网络空间政治安全的国家责任与国家治理》，《政治学研究》

2020年第2期。

［英］埃里克·霍布斯鲍姆：《工业与帝国：英国的现代化历程》，梅俊杰译，中央编译出版社2016年版。

［英］巴里·布赞：《地区安全复合体与国际安全结构》，潘忠岐译，上海人民出版社出版2010年版。

［英］克拉潘：《1815—1914年法国和德国的经济发展》，付梦弼译，商务印书馆1965年版。

余潇枫等：《中国非传统安全能力建设：理论、范式和思路》，中国社会科学出版社2013年版。

虞崇胜：《新时代中国政治安全及其保障机制》，《江苏行政学院学报》2018年第4期。

张秋、岳萍：《俄罗斯科技成果转化服务模式及对新疆的启示》，《科技与创新》2020年第19期。

张群：《西方保密法制札记》，金城出版社2018年版。

张先恩：《科技创新与强国之路》，化学工业出版社2010年版。

中国21世纪议程管理中心可持续发展战略研究组：《繁荣与代价：对改革开放30年中国发展的解读》，社会科学文献出版社2009年版。

中国科学院：《科技发展新态势与面向2020年的战略选择》，科学出版社2013年版。

钟开斌：《中国国家安全体系的演进与发展：基于层次结构的分析》，《中国行政管理》2018年第5期。

二 英文文献

Barry Buzan, Lene Hansen, *The Evolution of International Security Studies*, Cambridge: Cambridge University Press, 2009.

Brandon J., Archuleta, "Rediscovering Defense Policy: A Public Policy Call to Arms", *Policy Studies Journal*, 2016, 44 (S1).

Evelyn Goh, Ryo Sahashi, Worldviews on the United States, Alliances, and the Changing International order: an Introduction. Contemporary Politics, 2020, 26 (4).

Her Majesty's Treasury. Green Book: Central Government Guidance on Appraise and Evaluation, London: HM Treasury, 2003.

Her Majesty's Treasury, The Magenta Book: Guidance for Evaluation, London: HM Treasury, 2011.

Kuhn, T. S. , The Structure of Scientific Revolutions (3rd Edition), Chicago: Chicago.

Martin Kitchen, *A History of Modern Germany*, *1800 – 2000*, New York: John Wiley&Sons, 2006.

Rommel C. , Banlaoi, Non-Traditional Security in the Asia-Pacific: The Dynamics of Securitisation (review) . Contemporary Southeast Asia: A Journal of International and Strategic Affairs, 2004, 26 (2).

Schreer, Towards Contested "Spheres of Influence" in the Western Pacific: Rising China, Classical Geopolitics, and Asia-Pacific Stability. Geopolitics, 2019, 24 (2) University Press, 1996.

后 记

2016年，习近平总书记在全国科技创新大会上指出："科技是国之利器，国家赖之以强，企业赖之以赢，人民生活赖之以好。中国要强，中国人民生活要好，必须有强大科技。新时期、新形势、新任务，要求我们在科技创新方面有新理念、新设计、新战略。"这一年，我有幸参与了中国科技保密的科研工作中。近年来，随着工作的持续开展，我日益感受到国内外科技保密形势的复杂，并形成了支撑本书的基本思路。

首先，总体国家安全观指导下的科技保密形势需要进一步研判。

依据"十四五"规划对中国科技工作的整体要求，在总体国家安全观的指导下，对科技领域的国内外形势进行总体研判，重点关注国防、芯片等典型科技领域的具体安全形势及风险。

其次，与科技创新体系相适应的科技保密体制机制是西方国家推动科技发展的重要举措。

科技发展与科技安全之间的平衡是西方国家科技管理的核心原则，科技保密作为实现科技安全的重要保障，通过对涉密科技项目的全流程管理等机制设计，将科技发展与科技安全有效地结合在一起，这种立足于具体科技发展需要而进行的针对性保密体制机制设计值得思考。

再次，不同国家结合自身国情设计了各具特色的保密制度与机制。

国家的政府结构、决策机制等都深刻影响了科技保密机制，美国的议程设置导致科技保密始终面临政商合作的影响，英国的议会制导致科技保密必须在科技发展与安全中不断博弈，俄罗斯的总统制直接影响了科技定密权的归属，日本的经济布局直接决定了其商业秘密与科技保密工作的深度结合。分析不同国家科技保密机制的深层次动因能够对各国科技保密的趋势做出有效预测。

最后，对西方国家科技保密的科学分析是构建新时期中国科技保密体系的重要依据之一。

科技安全已经成为总体国家安全观中的重要组成部分，科技竞争直接影响着十四五战略目标的实现。面对日益严峻的科技安全形势，保护好国家科技秘密信息具有十分迫切的现实意义。为此，系统性比较研究他国科技保密机制，对我国今后参与更大范围更深层次地科技竞争，实现国家科技安全具有重要的理论及现实意义。

上述观点在通过大量国内外文献、调研的基础上得到了进一步地论证，并在多方的共同支持下最终形成。首先感谢科技部政策法规与创新体系建设司、国家保密局政策法规司、宣传教育司、中央军委装备发展部国防知识产权局等多位领导及专家的大力支持，与各位的每一次交流都让我感慨于国家科技工作的任重道远与这份事业的使命担当；感谢天津大学国家保密学院马寿峰院长，在您的带领下投身保密事业，深感"学贵得师，亦贵得友"的真义；感谢天津大学人文社科处张俊艳处长、刘俊卿副处长对本书的帮助；感谢研究团队中的许梦瑶、闫永顺、张雯婷、赵艺聪、徐芸同学，为本书的撰写做出了大量的工作，特别感谢中国社会科学出版社的张林编辑，对本书的出版提供了大力支持。

习近平总书记指出："重大科技创新成果是国之重器、国之利器，必须牢牢掌握在自己手上。"国家科技保密工作顺势而生，既背景宏大，又内容庞杂，安全工作容不得懈怠，古语云："一事精致，便能动人。"科技保密工作是一份"精致"的事业，其动人之处就在于在不断精细的工作中，不断为国家科技事业提供坚强保障，这是每一名从业者坚定的信仰。

天津大学国家保密学院　陆明远
2022 年 2 月 14 日